参加と交渉の政治学

ドイツが脱原発を決めるまで

Honda Hiroshi
本田 宏

法政大学出版局

目次

1979年10月14日，当時の西ドイツ首都ボン，ホーフガルテン公園での反原発デモ。15万人が参加したとされる。福島原発事故以前ではドイツ最大の反原発デモだった。
撮影：Hans Weingartz（wikimedia commons で公開）

序章　本書の問題意識とドイツの政治体制　1

第1章　原発建設はなぜ全て止まったのか　27
　　　　1955〜1982 年

第2章　高速増殖炉はなぜ稼働できなかったのか　63
　　　　1966〜1991 年

第3章　労働組合はなぜ脱原発に転換したのか　93
　　　　1976〜1990 年

第4章　核燃料工場と脱原発政権の誕生　117
　　　　1960〜1995 年

第5章　脱原発はどのようにして法律になったのか　169
　　　　1986〜2016 年

終章　民主政治のシステムの変化と脱原発　205

参考文献　217
あとがき　227
人名索引　231
事項索引　234

序章

本書の問題意識とドイツの政治体制

前頁：連邦参議院の本会議（2013年10月11日）
915. Sitzung des Bundesrates. Blick in den Plenarsaal während der Sitzung
撮影：Bundesrat（flickr で公開）

上：連邦議会本会議にのぞむ第3次メルケル内閣（2014年9月10日）
撮影：Tobias Koch（wikimedia commons で公開）

1. 本書の問題意識

　2011 年 3 月 11 日に始まり，いまだ収束をみていない福島第一原発事故の発生から，もう 6 年経つ。しかし事故から日本社会はいったい何を学んだのか，首をかしげたくなる話題に事欠かない。原発輸出に重点をおく政府の経済成長戦略。住民の避難路も確保しないまま原発の再稼働を認めた原子力規制委員会。地方裁判所が差し止めた原発の再稼働を認めた高裁判決。米国の原発企業へ投資し巨額の損失を出して破綻した大手電機企業。放射線値が高い地域に帰還するよう被災者に強いる政府の復興政策。子どもの甲状腺検査で癌が見つかっても，放射線の影響を否定しようとする県の健康調査。原発にかかる費用を送電線利用料に上乗せして新エネルギーの事業者にも負担させる電力市場政策。

　大事故が起きて，今まで明るみに出てこなかった多数の事実を我々は知った。何も起きなかったかのようにふるまうことは，もはや許されない。6 年で風化したのは，半減期が約 30 年のセシウムや 2 万 4000 年のプルトニウムではなく，世間の関心である。しかし今まで信じていた常識を疑うことは，異なる論理で動いている他の国を具体的に知らないと，なかなかできないのかもしれない。脱原発を決めた国はどんどん増えているが，日本にとって最も示唆に富むのはやはり，経済大国ドイツである。

　ドイツは福島の事故の後まもなく原発の段階的廃止を確定させた。この決定は事故発生国の日本で特に関心を集めたが，それは主にエネルギー政策に向けられた。しかし大事故を防ぐことができなかった日本社会から見て，国内で大事故が起きていないのに脱原発に踏み切ることができたドイツ政治の特質を問わずにはいかない。原子力技術の開発・利用に莫大な国家資源を投入したのも，また一旦確立した原子力産業から撤退したのも，すぐれて政治的な決定である。本書は，ドイツが脱原発を決定するまでに，どのような政治過程を積み重ねていったのかをたどりながら，その民主政治の特徴を明らかにしようとするものである。

　政治とは，一個人の力では成しえない目的を実現するため，社会の構成員

全体を拘束する方針を決定し，それに基づき社会的資源を動員し配分すると同時に，個々の構成員の協力を確保しようとする営みである。このうち社会の全構成員が参加する統治形態が民主制である。一般構成員が社会や組織の意思決定に参加することは，民主制が機能し続けるために不可欠の要素である。しかし社会の規模が拡大し，直面する課題も複雑化すると意思決定は困難を増すので，多数派の意見を全員の意思と見なしたり，公選の代表や非公選のエリート（裁判官，官僚，専門家など）に判断を委ねることも必要になる。

だがエリートにまかせても，それだけでは正しい判断は保障されない。社会全体にとって危険な決定をしてしまうこともある。しかし間違った決定が行われたと考えた人々が声を上げ，それが社会に共有され，過去の決定を見直すことができる政治になっていれば，民主主義は健全である。

民主政治の全般的特徴については，後述するレイプハルトによる多数決型（英国型）と合意型（中欧小国・EU型）の区別が知られている。多数決型は，僅差でも多数派となった政党・政治家が勝者として全体を代表する相対多数代表制，いわゆる小選挙区制を採用し，単独政権間の交代や二大政党間の競争，首長と議会野党の対決を特徴とする。特に英国では中央政府・与党に権力が集中し，裁判所による違憲立法審査権は弱い。これに対し合意型は比例代表選挙制度を採用するので多党制となる。通常，共同統治となるので，連立与党間や議会の与野党間，さらに連邦国家の場合は連邦・州間の交渉が必要になるほか，裁判所が違憲立法審査権を行使する。

原発政策の違いと関連づけてみると，多数決型の英米仏は原発を維持するのに対し，合意型の典型とされるベルギーやスイス，また合意型に近いスウェーデンやドイツは，脱原発の目標を宣言している。もちろん英米仏の原発政策と核兵器保有との関連を無視するわけにはいかない。また，ベルギーやスウェーデンは脱原発を宣言しながらもその実施に長年二の足を踏んできた。これらの小国よりも原子力産業が大きく発展していたドイツはなぜ，脱原発を決断できたのか。

西ドイツの政治体制については分権的で「拒否権プレイヤー」が多いことがしばしば強調され，政策は徐々にしか変化しないと見られてきた。例えばカッツェンシュタインは，連邦と州が協力を求められる「協調的連邦制」，

図 0-1 民主制の7つの論理

強力な労使の利益団体，半官半民の団体による公共政策の執行，連立政権，司法の判断といった要素が政策の急激な変更を抑制するとして，これらの総体を「半主権国家」と表現した（Katzenstein 1987）。またキッチェルトは，米，仏，西ドイツ，スウェーデンの原子力政策の現状と反原発運動の盛衰を，彼が「政治的機会構造」と呼ぶ国内政治システムの特徴で説明しようとした（Kitschelt 1986）。それによると，社会からの新しい要求を受けとめる段階で，少数の既成政党に支配された西ドイツの政界は閉鎖的だったために，反原発運動を激化させ，緑の党の結成を助長した一方，分権的な構造のため政策を決定し実施する力に欠けるという。カッツェンシュタインと同様，彼も緑の党が変化の担い手だと見ていた。しかし小党の影響力には限度があると考えると，緑の党の議会進出をきっかけに，既成の政治システムがどの程度変わったのかも問われよう。

レームブルッフは，連邦政府と州，連邦議会と州の代表機関である連邦参議院が分権的構造のため妥協を促される「交渉民主政」と，与野党間の競争が激しい「競争民主政」の側面が，ドイツの政治体制には混在すると見ている。これらが齟齬をきたすと政治の停滞を招くとして，彼は連邦制にふさわしい与野党間の協力が必要だと指摘した（Lehmbruch 2000）。しかし競争の政治が交渉の政治にうまくかみ合えば，新しい政策の決定も可能ということだろう。またドイツ政治には競争と交渉以外の論理も働いている。市民の活発な政治参加に加えて，ナチズムの経験から，大衆の政治参加と多数派政府の暴走に歯止めをかけるための立憲主義・法治国家的制度や，批判的なジャーナリズムも特徴である。さらに行政は専門家や利益団体に公共政策の形成や実施を委ねてきたが，そのような政策が思わぬ危険を社会にもたらすことも

あるので，市民や多様な見解の専門家を参加させる討議の場が設けられている。

　以上のことから，ドイツの民主政治は，少なくとも7つの異なる論理に基づく部分システムと考えることができる。競争政治，交渉政治，法治国家，政治参加，団体政治，討議政治である。これらは様々な制度や主体の関係に支えられ，異なる論理に従って機能する。

　競争政治とは，競争の勝者が意思決定を主導するシステムである。脱原発を掲げる政党やその連立ブロックが多数派を形成し政権を獲得すると，脱原発の決定に向かう一歩となる。

　交渉政治とは，連邦と州，連立与党間，与野党間，労使間，政府と電力業界など，利害の異なる相手の協力がなければ意思決定が困難な状況において，交渉や妥協による合意形成が図られることを指す。原発を推進する連邦政府が脱原発派の州政府と交渉せざるをえなくなると，連邦は政策の転換や修正を迫られるだろう。交渉はまた連立政治の形で競争政治の中にも存在しうる（Lehmbruch 2000: 29）。しかし連立与党の関係が安定すると，与党間の交渉よりも与野党間の競争の方が重要性を増すだろう。

　法治国家のシステムでは，安全を求める個人の権利や，財産権の保護を求める電力会社の要求，連邦と州の権限，立法の合憲性をめぐる争いが司法判断に委ねられる。裁判所の決定は，例えば原発の工事中断や，政府の原発政策の撤回をもたらしうる。

　政治参加のシステムでは，政党・労組の大会や社会運動，行政手続きへの市民参加の拡大が，エリートに応答責任を果たすように圧力をかける。

　団体政治のシステムでは，特権的な利益団体のみでなく，利害や意見の異なる団体も行政や企業の政策形成・実施過程に統合されるにつれ，多元化・民主化が進む。例えば原子力に批判的な「対抗専門家」（カウンター・エキスパート）は多くの国で組織化されてきたが，ドイツではさらに安全性に関する鑑定業務を行政から委託され，行政の諮問委員会のメンバーや行政職員に登用されるようになった。こうして脱原発派の影響力は行政過程においても強まったのである。すでに政策過程に統合されている団体，特に既存の専門家団体や労組が原発に批判的になったことも同様である。

討議のシステムとは，原子力のように社会的に論議を呼んでいるテーマについて，通常の議会政治や行政過程とは別の場を設けて，賛否両方の立場の市民や専門家の参加を保障し，熟議を行うことを指す。

　最後に，メディアのシステムも抗議行動や裁判に対する好意的・否定的な報道や，世論調査の公表，対抗専門機関の調査に関する報道，事故や不祥事の掘り起し，政治家や専門家の発言の引用によって，政治に影響を及ぼす。

　これらの論理のいずれかが民主政治において果たす役割を特に強調すると，それぞれ競争型・交渉型民主政治，立憲民主制，参加民主主義，民主コーポラティズム，熟議民主主義，メディア多元主義ということになる。しかしこれらの要素はいずれも幾らかの割合で現代民主国家には見られるだろう。

　本書は，原発をめぐる政治過程において，これらの部分システムがどのような変化や相互作用を起こし，脱原発にとって重要な諸決定を可能にしていったのかを明らかにする。

　まず序章の残りの部分では，ドイツの民主政治の理解に不可欠なヴァイマル共和国崩壊の経験と，それを踏まえて再編された戦後西ドイツの政治体制やメディアシステムの特徴を整理する。さらに民主政治の部分システムの具体的中身をもう少し詳しく明らかにする。

　第1章は，1950年代に始まる原子力開発利用の展開に触れた上で，反原発運動が全国的に台頭した1970年代後半から緑の党が各州議会に進出を始める1980年代初頭までの時代を見ていく。まずヴィール原発計画が中止に追い込まれる過程を見る。次に，それ自体は建設が続行されたブロックドルフ原発計画をめぐる紛争が，ドイツの原発建設全般を困難にしていく過程を政治参加，法治国家，報道，競争政治の連鎖から解きほぐす。

　第2章は，高速増殖炉の建設をめぐる政治過程を扱う。1970年代末から競争政治が流動化する中，連邦議会では多元的な専門家を統合した討議の場が設定された。また社会民主党（SPD）が主導する立地州政府は，許認可権限や批判的専門家に鑑定を委託できる権限を駆使し，認可を迫る連邦政府に抗して，運転開始を目前に建設を中止に追い込んだ。このような結果をもたらした要因を分析する。

　第3章は，SPDの最大の支持団体であるドイツ労働総同盟（DGB）が，ブ

序章　本書の問題意識とドイツの政治体制　　7

ロックドルフ原発問題を機に原発の賛否で割れ，議論を積み重ねながら
1986年のチェルノブイリ原発事故の前後に脱原発路線に転換した事情と意
義を明らかにする。

　第4章は，ドイツの全原発の核燃料を製造していた工場をめぐる政治過程
に焦点を当てる。工場のあったヘッセン州では，参加民主主義を重視する緑
の党が州議会に進出して多数派形成の鍵を握り，当初敵対していた州の長期
政権党であるSPDと，交渉を通して接近する。こうして両党のシンボルカラ
ーから「赤緑」連立と呼ばれる政権が1985年末に州レベルで初めて誕生する。
まもなくチェルノブイリ原発事故が発生したため，連邦の保守連立政権と競
争が強まったが，「赤緑」州政権は核燃料工場をめぐって決裂する。しかし
1991年に成立した第2次「赤緑」州政権は，対抗専門家の助言を受けながら，
労組の変化も追い風に，1995年に核燃料工場を閉鎖に追い込むのである。

　第5章は，原発の新設が不可能になり，高速増殖炉や再処理工場を前提と
する核燃料サイクル計画が挫折したのを受け，脱原発の立法化が進んでいく
過程を扱う。電力業界と連邦・州政府は1990年代以降，脱原発の時期と条
件をめぐる交渉を積み重ねていく。その間，脱原発の社会的・政治的合意が
拡大し，連邦の行政過程においても批判的専門家が進出していくのである。

　終章は，5つの事例を通貫した分析を行う。各章で取り上げた原発に関す
る主要な決定を細分化し，脱原発の決定までの道筋を確認する。次に，こう
した諸決定に7つの部分システムの変化や相互作用がどのようにかかわって
いたのかを整理した上で，最後に，ドイツの脱原発の決定を可能にした政治
的条件とは何かを明らかにしたい。

　なお，厳密な使い分けではないが，政治の実態面には「民主政治」，制度
面には「民主制」，他のイデオロギーと合体したときは「民主主義」の語を
用いる。以下ではまず制度面の特徴を概観する。

2. 戦後の民主制再編

　第一次世界大戦の敗戦後の1919年に初めて男女20歳以上の普通・平等選
挙権に基づく国政選挙が行われた。その後，ヴァイマルで憲法制定議会が開

かれ，新憲法が発効した。しかし当時世界で最も民主的と見られていた新憲法体制には幾つかの弱点があった（塩津 2003: 39-50, 70-75）。

　第1に，基本権の保障に関してである。新憲法は国民主権を宣言するとともに，57条にわたる詳細な基本権を明記した。なかでも社会主義革命への対応として社会権に関する規定が多く盛り込まれたのは注目に値する。しかし基本権の多くは法律の留保の下に置かれ，後述する大統領の緊急措置権によっても制限された。違憲審査制も不十分だった。

　第2に，革命運動に見られた国民の参加意識の高まりに配慮し，直接民主制を多く取り入れたことも，憲法体制を不安定にした。例えば議会の議決した法律でも大統領の決定があれば国民投票に委ねなければならなかった。右翼勢力は戦争賠償の負担に対する反感を国民請願運動であおった。またナチス政権は1933年，国民投票法を決定し，政府の強引な決定，特に1933年末の国際連盟脱退や1938年のオーストリア併合を国民投票にかけることで，国民の政治参加の欲求を独裁者への支持にねじ曲げた（Schmidt 2010: 338）。

　第3に，直接公選される大統領の権限が強すぎたことである。任期7年の大統領は，条約締結権，軍隊指揮権，緊急措置権，首相や大臣の任命・解任権，議会解散権を持っていた。これに対し，首相は議会の信任を失うと辞職しなければならず，1933年のナチスの全権掌握までの14年間に20近くの政権が次々と交代した。また大統領の緊急措置権を根拠づけた憲法48条2項により，人身の自由や住居の不可侵，信書・郵便の秘密，意見表明の自由，集会・結社の自由，所有権の保障の停止が可能になった。第2代大統領ヒンデンブルクは経済的混乱の解決などにも緊急措置権の適用を拡大し，議会の信任と無関係にヒトラーを含む4人の首相を選んだ。同大統領の緊急措置権を根拠に，ヒトラーは1933年2月の国会議事堂放火事件後，政敵への弾圧を進めた。続いて3月には，政府に法律を制定する権限を付与する「授権法」を議会で可決させ，議会の機能を停止させた。授権法成立後，ナチス政権は強制的同質化と呼ばれる政策の一環として，ナチス党以外の全政党や労働組合など，国家から自立した団体の解散，マスメディアを使ったプロパガンダ，州の自立性の剝奪，行政，特に警察や司法の同質化，ユダヤ人からの市民権の剝奪，強制収容所の設置を次々と推し進めていった。

第 4 に，純粋比例代表選挙制度にも助長された「分極的多党制」の現実があった。民主政治を支えたカトリック中央党，民主党，SPD の 3 党から成る「ヴァイマル連合」の合計得票率は，1919 年 1 月時点では 76.2 ％もあったが，相次ぐ危機によって次第に低下し，1932 年 7 月には 37.9 ％に落ち込んだ（石田 2015: 111）。左右両極の政党（共産党，ナチス，国家人民党）はヴァイマル連合とのイデオロギー上の距離も大きかった。社会民主党と共産党の亀裂も深く，労働組合もイデオロギー（社会民主主義，自由主義，カトリック）や身分（労務者，職員，官吏）で細分化され，民主制を守るために結束できなかった。

第 5 に，私益を代表するものとして政党を低く評価し，議会での交渉や妥協も敵視する政治文化が帝政時代から受け継がれていた（Vorländer 2010: 81, 85）。統治エリートと市民のどちらも，強い指導者に解決をまかせようとする権威主義の傾向があった。

最後に，国際環境や景気の悪化，社会不安が指摘できる。屈辱的な多額の賠償金を強いたヴェルサイユ条約や，仏軍のラインラント進駐が引き金を引いたハイパーインフレ，1929 年以降の大恐慌に伴う大量失業は，「匕首伝説」，すなわち軍隊は戦争に負けていなかったのに銃後で左翼が騒動を起こしたから負けたという陰謀論や，反ユダヤ主義，中小自営層の没落に対する恐怖感を高め，政府への不満とナチス支持を拡大した。

第二次世界大戦後，ドイツは連合国に分割占領され，冷戦の進行に伴い，米英仏 3 カ国の占領地域がドイツ連邦共和国（西ドイツ），ソ連占領地域がドイツ民主共和国（東ドイツ）となった。西ドイツの首都ボンでの憲法制定議会の草案に基づき，1949 年 5 月に可決・公布された憲法は，ドイツ再統一までの過渡的措置として「基本法」と称された。その内容は，上述したヴァイマル共和国崩壊・ナチス独裁の教訓と，東西冷戦に規定されて，以下のような特徴を持つ。

第 1 に，憲法の基本原則の優位性が確認され，法治国家の原理が実質化した。ドイツ帝国からヴァイマル憲法時代までは法律の妥当性を問わない形式的な法律国家主義が支配的だった。これに対し，基本法は 79 条 3 項で 1 条（人間の尊厳の不可侵と，国家権力による尊重・保護義務）および 20 条の基本原

則（民主制，社会国家，連邦国家，国民主権，法治国家）の改正を禁じるとともに，1条3項で基本権が三権（立法・行政・司法）を直接拘束することを明確にした。現在までに基本法の改正は50回以上に及ぶが，これは連邦と州の役割分担が詳細に規定されているためである（塩津 2003: 122-123）。また憲法の規範性を守るため，1951年に連邦憲法裁判所が設置された。任期12年の16人の裁判官は半数ずつ，連邦議会と，州の代表機関である連邦参議院でそれぞれ3分の2以上の賛成を得た人が選ばれ，連邦と州や二大政党間のバランスが政治的中立よりも重視される[1]。

第2に，司法の独立を中心とする水平的権力分立に加え，連邦と州の間の垂直的分立も連邦制によって保障された。連邦制自体はドイツ帝国時代からヴァイマル共和国まで採用されてはいたが，保守的な貴族層・軍人の拠点だったプロイセンが圧倒的に大きな権限を持っていた。敗戦によってプロイセンは解体，西ドイツは11州に再編され，1990年の再統一後はこれに東部の5州が加わることになる。州議会は選挙で選ばれ，議員内閣制に基づいて州首相を選出する。州政府の代表は連邦参議院を通じて連邦の立法過程に参加する。基本法改正や州の財政上・執行上の負担の大きい事項を定める法案は連邦参議院の同意を要する。連邦法の大半は州の行政が執行する。

第3に，大統領の公選制の廃止と儀礼的機能への限定である。国家元首として国際法上，連邦を代表する大統領は，連邦議会議員と各州代表が半々ずつを占める「連邦集会」で選出される。連邦首相は，連邦議会の多数派によって選出された候補を，連邦大統領が任命する。大統領は，政治的・倫理的な基本理念に関する演説をしたり，政争を超えた国民統合の象徴として機能する（田口・中谷 2006：124, 130-133）。

第4に，ナチスに乱用された国民投票制度の廃止である。ただし州や自治体では住民発案や住民投票が制度化されている（Schmidt 2010: 336-339）。

第5に，内閣と議会制の安定である。議会が内閣に不信任を表明するには，連邦議会の全議員の過半数で後任の連邦首相を選ばねばならない。倒閣だけを目的とした不信任を禁じる建設的不信任という制度である。連邦首相にも議会解散権がなく，次回選挙を自らの再選に好都合な時期に指定できない。首相が任期満了よりも議会を前倒しで解散するには，信任投票を要求し，与

党に棄権させることで信任を否決させた上で，大統領に連邦議会の解散を認めてもらう必要がある（Schmidt 2011: 176-177）。「宰相民主制」という語は主に初代連邦首相アーデナウアーの強気の政権運営手法を指すが，連邦首相の権限は英国首相ほど強くはない。

　第6に，政党が民主制に不可欠な存在として憲法上認められた。基本法21条1項は，「政党は，国民の政治的意思形成に協力する」と定め，続いて3項は，政党に関する規律は詳細には法律で定めること，「政党の内部秩序は，民主制の諸原則に合致しなければならない」ことを規定した。21条3項を受けて1967年7月に政党法が制定され，政党の概念，党則・綱領，党大会，党員の権利，候補者の推薦，選挙活動の費用の公的助成，会計報告などにわたって詳細に定めた。これらの規定は参加民主主義の根拠も提供した。それ以前からなされていた選挙活動への公的助成は，1966年の連邦憲法裁判所判決で，さらに政党の活動全般への公的助成も1992年の判決で容認された（塩津 2003: 162-163, 165-167）。

　統治エリートの中核は政党から補充される。政界以外のエリート層の51.4％が政党党員であり，これは市民における比率のほぼ20倍に当たる。行政職員や裁判官，企業取締役，労組幹部の多くが政党の党員資格を持つ。連邦憲法裁判所の裁判官も大半は政党の党員であり，その選出には法律家としての能力とともに政党バランスが関係する[2]（Schmidt 2011: 230, 260）。さらに公営企業や公営放送局の監督機関にも，政党からの推薦人事が入り込む。こうした「政党国家」の特徴は，政党を民主制の安定要素として積極的に位置づけたことの代償と見られている（Vorländer 2010: 91）。行政機関においては，党員資格を持つ正規職員に加え，大臣による職員の政治任用が認められる。政権交代の際，野党所属の行政職員が職にとどまることもあれば，官吏の身分を保持したまま休職扱いにもなりうる。行政への政党の浸透を通して，政党の政策選好は行政による政策実施過程にまで及びうる。また官吏法60条によると，一般の官吏は職務遂行に関する限りで政党活動からの中立が求められるが，その職務を離れた一般市民としては政治活動に関わる自由を保障されている（石村 2011: 112-114）。

　さらに基本法21条2項は「自由で民主的な基本秩序を侵害もしくは除去

し，またはドイツ連邦共和国の存立を危うくすることを目指す」政党を違憲だと規定した（塩津 2003: 167-168）。「闘う民主制」と呼ばれたこの規定に基づき，1953 年にはナチスの後継と見なされた社会主義帝国党が，1956 年にはドイツ共産党が連邦憲法裁判所によって違憲と判断された。背景には，ナチスに対し自己防衛の術を持たなかったヴァイマル民主制の教訓に加えて，冷戦下の共産党への警戒感があった。1951 年から個別立法や政府の命令により，共産党の政治活動は著しく制限され，1960 〜 62 年には年間 500 人もの共産党員が訴追された（ルップ 2002: 187）。その後，違憲政党の指定は乱用を恐れて慎重に運用され，例えば連邦憲法裁判所は 2017 年 1 月，極右の国民民主党（NPD）の違憲指定を却下した。

　第 7 に，選挙制度の変更である。ヴァイマル憲法は 22 条で比例代表制を明記していたが，戦後の基本法は連邦選挙法に具体化を委ねた。現行の「小選挙区・比例代表併用制」は「人物を加味した比例代表制」とも呼ばれる。全国での第 2 票の得票率に応じて各党に議席が比例配分され，次にこれが各州での得票率に応じて比例配分され，各党議席がまず決定される。投票率の高い州では当選者も増えるので，さらに投票率を高める効果もある（加藤 2003）。こうして州別に配分が決定した各党議席数のうち，第 1 票の小選挙区で当選した者に議席が優先的に配分され，残りの議席を各州の各党の比例代表名簿の登載順に当選させる。小選挙区の候補者は比例代表名簿にも重複立候補するのが通例だが，日本のように「小選挙区の落選者を比例で復活させる」という捉え方はされない。また全国比例代表制で 5% を超えるか，小選挙区で 3 議席を獲得するか，いずれかの条件を満たした政党のみに議席を与え，泡沫政党を排除する「阻止条項」も 1953 年から導入された。

　第 8 に，「分極的」多党制の克服である。他の西欧諸国の多くでは伝統的な社会的対立構造に沿って多党制が 20 世紀初頭までに確立し，第二次世界大戦後も 1970 年代まではかなりの程度持続した。これに対し，ドイツは戦前は多党制だったが，戦後は二大政党へ集約が進んだ。プロテスタントが多数派を占めていたドイツ帝国において，カトリック教徒の利益のために結成された中央党は，ナチスが台頭しても，宗派の枠を越えて連携できなかった。また東部の大都市所有地主と産業ブルジョワ層の利害も異なっていた。そこ

で戦後は幅広い保守層の結集が目指され，キリスト教民主同盟（CDU）が創立された。なおバイエルンの姉妹政党はキリスト教社会同盟（CSU）を名乗っている。両党は連邦議会で常に共同会派を組み，連邦首相候補も共同で指名する。また左翼では，労働者階級が多い東部の工業地帯が東ドイツやポーランドに奪われたという不利な条件にもかかわらず，社会民主党（SPD）は，ソ連占領政策に反発して共産党の支持率が下がる中，着実に議席を増やした。CDU・CSU と SPD の二大政党はいずれも福祉国家の確立を支持し，資本主義経済の穏健化と民主制との両立に寄与した（Vorländer 2010: 90-91）。このほかプロテスタントの農家や中小自営・商工業者に基盤を置く小党，自由民主党（FDP）が定着した。しかし連邦議会選挙における二大政党の有効投票に占める割合は 1949 年の 60.3％から増え続け，1976 年の 91.2％で頂点に達した。CDU のアーデナウアーと SPD のシューマッハーがいずれも対決路線をとったため，両極化，すなわち単独政権を志向するゼロサム関係の形成が進み，大連立はごくまれとなった（Lehmbruch 2000: 37-39）。1980 年代に緑の党が，1990 年代に民主社会党（PDS）が連邦議会に定着したため，「穏健な多党制」[3] にはなったが，二大政党が対峙する形は 2005 年の大連立政権誕生まで基本的に維持された。

　第 9 に，戦後は組織労働者の 8 割がドイツ労働総同盟（DGB，1949 年結成）に統合された。例外は，ホワイトカラーを組織するドイツ職員労組（1945 年結成），公務員の一部を組織したドイツ官吏労組（1949 年結成），キリスト教労組同盟（1959 年に DGB から分裂）の 3 つの小さな労働団体だった。労働総同盟の「基本綱領」は，政府，政党，宗教各派，使用者からの独立や思想的，宗教的，政治的寛容をうたっているが，政党からの独立とは「政党から指図を受けない，相互に財政的に依存関係がない，政党の目的遂行に服従しない，政党と労組との活動領域の分業は存在しない」ことであり，「政治的中立」を意味しない。現実に組合員の大多数は SPD 党員である。CDU・CSU に対しては同党の議員である組合員を通じて影響力を持ち，労働総同盟の 2 名の副会長のうち 1 名は必ず CDU の党員とする不文律がある（堀田 1986：209-211）。SPD 議員の大半は労働組合員でもあるが，CDU や緑の党など，他の政党の議員にも労組出身者はおり，政党と労組の完全な系列

化は回避されてきた。

　最後に，ナチス体制下でラジオ放送が世論操作や強制的同質化の道具となったことを踏まえ，メディアも各連合国の占領地区で再編され，社会的多元性の確保が図られた[4]。メディアシステムにはドイツの政治体制の特徴が刻印されているので，以下で概観しておきたい。

3. 報道メディアとジャーナリズム

　ハリンとマンチーニは欧米のメディアについて，国営放送局と党派的新聞を主体に発展した「地中海型・分極的多元主義型」（スペイン，伊，仏など），私企業主体の自由主義型（英，米，カナダなど），「民主コーポラティズム型」（ドイツを含む北・中欧型）の3つを区別している。このうち北・中欧型では報道の自由や新聞産業が早期に発展し，新聞の発行部数が当初から多く，政党その他の団体の系列新聞が強かった歴史を持つ。メディアの構造と政党制との対応関係は1970年代までに弱まりつつも名残が見られるが，商業報道も活発である。メディアは国家が責任を持つべき社会制度と見なされており，報道の自由が保障される一方，明確な基準による助成と比較的強い規制（例えばヘイトスピーチやナチスのプロパガンダ，ホロコースト否認の禁止）も行われている。公共放送の監督には政党と社会団体が関与し，各局にはそれぞれ政治的志向があるが，放送界全体で多元性を確保しようとしている。放送専門職の自律性も高い[5]。ジャーナリズムは批評精神を残しつつ，中立専門職が担う情報提供も重要性を増している（Hallin and Mancini 2004: 74, 166）。

　ヴァイマル共和国時代のメディアは「分極的多元主義」型に近かった。政党機関紙はこのころ最盛期を迎え，報道界の3分の1が政党の系列で，残りは商業紙と非政治的な地域紙だった。やがて極右の国民人民党の大物であるフーゲンベルクは大衆紙や通信社，広告会社，映画製作を傘下とするメディア企業集団を築いた。ナチスが権力を掌握すると，報道界は国家プロパガンダの手段になった。第二次世界大戦後，ドイツの報道界は連合国の政策の下で再建された。なかでも米国は，中立的商業報道の移植を図ると同時に，反ナチスの姿勢が明確な個人や組織に優先して新聞の認可を与えた。こうして

米国占領地区で初めて認可されたのが『フランクフルター・ルントシャウ』（FR）である。西ドイツのメディアは全体主義の再現を避けるため，国家権力を抑えようとする志向が強く，その点では自由主義型にも近くなった。連邦憲法裁判所も連邦や州の政府が統制を強めようとしたとき，何度も放送の独立の擁護に回った（Hallin and Mancini 2004: 155-156, 168）。

　今日のドイツの新聞・雑誌報道は，内容や政治的傾向で区分すると以下のようになる（Rudzio 2015: 457-458）。

　広域日刊紙　政治路線が明確で水準も高く，全国世論を形成する。右派の『ヴェルト』，右派自由主義の『フランクフルター・アルゲマイネ』（FAZ），左派自由主義の『南ドイツ新聞』（SZ），左派の『フランクフルター・ルントシャウ』（FR），緑の党に近い『ターゲスツァイトゥング』（タッツ），旧東独共産党機関紙で左翼党系の『ノイエス・ドイチュラント』がある。

　地方日刊紙　種類と発行部数が比較的多く，大半は中道志向か政治色が薄く，州の政治に重点を置く。『シュトゥットガルター・ツァイトゥング』など。

　地域日刊紙　単一や少数の市・郡に配布地域が限定され，政治色は希薄で，自治体政治に重点を置き，他の新聞の地域版のこともある。

　大衆タブロイド紙　低俗で紙面が少なく，街頭で販売される。全国的なものは『ビルト』，大都市では『BZ』（ベルリン）や『エクスプレス』（ケルン），『アーベント・ツァイトゥング』（ミュンヒェン）が知られる。

　報道週刊紙・誌　政治路線が明確である。最も影響力のあるのは左派自由主義の『シュピーゲル』誌と『ツァイト』紙，右派自由主義の『フォークス』誌である。

　その他の週刊・月刊誌　写真を多用した雑誌や，専門雑誌，業界紙など。政治報道もする重要な週刊誌に『シュテルン』がある。

　2005年のアンケート調査によると（1536人の記者），政治ジャーナリストが定期的に参照するメディアは，『南ドイツ新聞』35％，『シュピーゲル』34％，『フランクフルター・アルゲマイネ』15％，『ツァイト』11％，『ビルト』10％，『タッツ』7％，『シュテルン』6％，『フォークス』5％，『ヴェルト』『フランクフルター・ルントシャウ』『フィナンシャル・タイムズ・ドイツ』各4％，放送局ではARDターゲスシャウ（20時のニュース）19％，ARDタ

図 0-2 ドイツのメディアと政党の左右軸上の位置

注：ARD は「ターゲステーメン」，ZDF は「ホイテ」，RTL は「ナーハリヒテン」。
出典：Hallin and Mancini (2004: 182)

ーゲステーメン（22時15分のニュース）14％，ZDFホイテ・ジャーナル（21時45分）8％，ntvおよびZDFホイテ（定時のニュース）各4％である。ウェブメディアでは，2007年調査で601人の常勤記者たちの大半（53％）がシュピーゲル・オンラインを利用し，南ドイツ新聞（9.8％），ターゲスシャウ（9.5％），ビルト（9.2％），ヴェルト（5.5％）を引き離した（Rudzio 2015: 458）。

民間テレビ局は1980年代後半にようやく設立されるが，政治・情報番組の割合は低く，その信頼性や能力について視聴者の評価は高くない。報道においては公共放送局の方が重要であり，その収入の大部分を全家庭から徴収される受信料に頼っている。公共放送局は1つまたは複数の州を担当区域としている。西ドイツ放送WDR（ノルトライン・ヴェストファーレン州），南西ドイツ放送SWR（バーデン・ヴュルテンベルク州とラインラント・プファルツ州），北ドイツ放送NDR（ハンブルク，メクレンブルク・フォアポメルン，ニーダーザクセン，シュレースヴィヒ・ホルシュタインの4州），バイエルン放送BR，中部ドイツ放送MDR（ザクセン，ザクセン・アンハルト，テューリンゲンの3州），ヘッセン放送HR，ベルリン・ブランデンブルク放送RBB，ザールラント放送，ラジオ・ブレーメンである。これらの公共放送局は全国レベルでドイツ公共放送局連盟（ARD）を構成し，第1テレビ放送を担う。ARDとゆるやかに結びついているのが連邦の対外ラジオ放送局，ドイチェ・ヴェレである。このほか連邦所有のドイツラジオ放送と，第2テレビ（ZDF）がある（Rudzio 2015: 462, 464）。

州ごとに放送局を設置する体制は占領下で導入された。放送は州政府の権限に属するため，州ごとに組織や内容が微妙に異なる。様々な政治志向のバランスを連邦全体で図る「外部多元主義」の特徴と言える[6]。この組織原理

序章　本書の問題意識とドイツの政治体制　17

表0-1 ドイツのジャーナリストの支持政党

	1979	1980	1991	2005
無回答・その他（全回答者の％）	15	18	—	23
以下は政党支持者中の％				
SPD	65	54	42.9	26
CDU・CSU	16	20	24.4	9
FDP	19	24	18.9	6
同盟90・緑の党	—	—	13.8	36
PDS	—	—	—	1

出典：Rudzio (2015: 471).

は民間放送局にも適用された。SPD が長年統治するノルトライン・ヴェストファーレン州の RTL（『シュピーゲル』や『シュテルン』と同じベルテルスマン・グループ）はやや左よりだが，バイエルン州にある Sat 1 は右よりである。バランスを考慮した比例代表制はジャーナリストや他の主要人事にも適用される。こうした放送体制は，政党と社会団体が運営に関与する「社会団体 (civic) 型」と位置づけられる（Hallin and Mancini 2004: 167-168）。

連邦憲法裁判所の要求に従い，放送局の監督機関は政治組織（政府，会派，政党）の代表と様々な社会団体の代表で構成される[7]。監督機関は番組編成や放送会長選出を担当する放送委員会と，経営を担う管理委員会に分かれる。

ジャーナリストの政治志向については，「特定の価値や考えの擁護」を重要と考える記者の割合が，ドイツではイタリアと並んで高い（71％と74％）のに対し，英国は45％，スウェーデン36％，米国21％だった。ただしドイツの新聞は選挙に際して特定の政党に公然と肩入れすることはない（Donsbach and Patterson 2004: 263; Hallin and Mancini 2004: 180-181）。また表0-1が示すように，幾つかの調査によるとドイツのジャーナリストには政党支持者が多く（1979年に85％），しかも左翼政党を支持する人の割合が目立って多い。例えば SPD 支持者は1979年に65％，1991年に42.9％もおり，SPD の支持が低下すると（2005年に26％），緑の党支持者が1991年に13.8％，2005年に36％へと増えた（Rudzio 2015: 470-471）。

ジャーナリストが専門職として自立しているのもドイツの特徴である[8]。4カ国に関する別の調査によると，上司や編集委員からの圧力が記者の仕事

に重大な制限をかけているかとの問いに対し，ドイツが最も少なく 7 %，米国が 14 %，英国が 22 %，イタリアが 35 %だった。自律の重視は全体主義の経験に基づく。他業種とは異なり，労働者の経営参加はメディア企業に義務づけられていない（Hallin and Mancini 2004: 174–175）。

4. 民主政治の部分システム

第二次世界大戦後，ヴァイマル共和国の崩壊とナチズムの台頭や，ソ連との冷戦対立を背景に，政治参加よりも代表選出に大衆の役割を限定すべきとするシュンペーター流の考えが米国から西側世界に広がった。その際，自由市場経済の論理が政治にも適用され，利益団体や政党の自由競争，政権交代の確保が重視された。こうして英米で確立した二大政党制や小選挙区多数代表制，単独政権間の交代といった多数決原理に基づく競争民主制がモデルとなった。このうち中央集権的な英国型はウェストミンスター・モデルと呼ばれる。一方，中央政府への不信感に根差した米国型は連邦制や大統領と議会の分立，司法の独立，二院制議会といった権力分割も特徴とする。

ドイツでも戦後しばらく英米型を模範とする考え方が強かった。大統領公選制と国民投票の廃止，首相権限の強化，大連立の減少，欧州・連邦・州・自治体のいずれかで頻繁に行われる選挙，力の拮抗する二大政党・二大ブロックの形成が，民主制の競争的性格を強めている。

しかし 1960 年代以降，黒人差別やヴェトナム戦争，環境問題，女性差別を告発する社会運動が米国の内外で高まるにつれ，英米型の民主政治にも問題があるという認識が広がっていく。そこで，これとは異なる論理に従って民主政治が安定している国が注目されるようになった。なかでもドイツのレームブルッフは，オーストリアとスイスの事例を観察して，比例代表や合意を重視する民主政治の概念を提唱する。両国は宗派や言語，階級などの点で複数の部分社会に分断されていたため，単純な多数決による政治運営では少数派が常に排除されかねなかった。そこで公職・官職は比例原理によって選出され，各部分社会のエリートによる共同統治が行われていた。同様の傾向をレイプハルトは母国オランダに見出し，「多極共存型」民主制の概念を編

序章　本書の問題意識とドイツの政治体制　19

み出した。

　レームブルッフは多極共存型民主政治の起源を中西欧で 17 世紀の宗教戦争以降に宗派間の紛争を平和的に調停するために発展した対等代表制（パリティ）の慣行に求め，その痕跡を現代の交渉による利害調整に見出した（Lehmbruch 1996）。例としては，二大政党や全主要政党の参加する過大規模内閣や，少数派の拒否権を尊重する全会一致制，公職の配分が比例・対等代表に則ることが挙げられる（Schmidt 2010: 308–310）。とはいえ，多極共存型はむしろ歴史的概念として扱われ，現代の政治システムについては「交渉型」民主政治の概念が用いられる。

　一方，レイプハルトは，包括的な「合意型」の概念を考案した。多数決型と対比するため，各 5 項目の制度的指標から成る権力共有（政府・政党形成）と権力分割（連邦制）の 2 次元座標軸に 36 カ国を位置づけている。政策面の業績の比較も試みており，合意型の方がやや優れていると結論づけ，多党制・比例代表制の下でも民主政治が十分安定しうることを示そうとした（Lijphart 2012）。

　この類型論は大きな反響を呼んだものの，様々な批判も受けた（小堀 2012: 230–245）[9]。本書の視点から見て問題だと思われる点を幾つか整理しておきたい。第 1 に，2 次元座標軸の導入にもかかわらず，レイプハルトは英国型と中欧小国型の 2 類型しか提示できていない。4 類型の可能性はむしろ他の研究者によって読み込まれており，多数決型は単一国家（英国）と連邦国家（米国）に，合意型は単一国家（スウェーデン）と連邦国家（スイス）に分類されている（Bormann 2010）。同様の前提に立つシュミットは，ドイツを多数決型と多極共存型の混合型で権力分割制だと捉える（Schmidt 2010: 325–326）。

　第 2 に，関心の重点が政治制度に移動したため，政治文化を無視した解釈がされやすくなっている[10]。同一の制度が政治文化の異なる民主政治で採用され，異なる働きをすることは十分ありうる。

　第 3 に，連邦制と立憲主義的制度（司法の独立，違憲審査権，憲法改正の制限）を同じ「権力分割」次元にまとめた点も疑問である（Kriesi et al. 2013: 77）。立憲主義的制度は，確かに連邦国家では州の権利を保障するのに重要だが，同時に個人の人権を保障したり，日本のように軍事力を抑制する機能も持つ。

20

表 0–2　レイプハルトの民主政治の 2 類型

制度	多数決型	合意型
権力共有（政府・政党形成）次元		
選挙制度	小選挙区多数代表制	比例代表制
政党制	二大政党制	多党制
内閣	単独	連立
政府・議会関係	首長の優越	均衡
利益媒介	利益集団多元主義	コーポラティズム
権力分割（連邦制）次元		
中央・地方関係	単一国家制	連邦制
議会	一院制	二院制
憲法	軟性	硬性
違憲審査制	なし	あり
中央銀行	政府への従属	政府からの独立

　第 4 に，民主制をエリート間の競争・交渉のみでとらえ，民主制に不可欠な市民の役割が指標に含まれていない（Kriesi et al. 2013: 70, 74）。

　第 5 に，政治過程の分析抜きに，政治制度の特徴によって政府の業績を評価しようとすることには限界がある（Schmidt 2010: 327–328）。

　こうしたことから，むしろ政治文化を考慮するレームブルッフの議論の方が本書の問題意識に適っている。ドイツの政治文化には彼が「ゲームのルール」と呼ぶ紛争調停原理として，少なくとも競争型の民主政治，交渉型の民主政治，階統制の 3 つが混在しているという（Lehmbruch 2000）。また西ドイツや欧州共同体を例に，交渉型民主政治への考察を深めたシャープは，中央政府が大きな政策変更の機会を持つ国と比べて，連邦国家ドイツでは多数決や交渉，命令といった異なる行動様式が混在し，拒否権プレイヤーも多数いるため，意思決定は遅れると論じている（Scharpf 1993）。同じことをシュミットは，政党間競争や連邦・州間紛争が激化しやすい一方で，協力も余儀なくされる「大連立国家」と表現する（Schmidt 2011: 41–42）。同様に，カッツェンシュタインは「半主権国家」の概念を打ち出した。交渉を促すのは，連立与党間・省庁間の権限分割と連邦・州間，EU 内の権力分割である。

　交渉型の特徴はドイツの立法過程に強く表れる。連邦議会が連邦の立法を主導するが，州の権限や連邦制度に関わる法案には，州政府の代表機関であ

る連邦参議院の同意を要し，2006 年の連邦制改革以前は全法案でその割合が半数以上に達したこともある。参議院を通じて野党系の州は，州の事項に直接かかわらない法案でも，連邦の決定に干渉できる。参議院で過半数が異議を唱えた場合，連邦議会は定数の過半数での再可決を要する。また憲法改正には両院の 3 分の 2 の特別多数が必要である。国民投票も求める日本国憲法の方が，改正が難しいように見えるかもしれないが，様々な州政府与党で構成される連邦参議院で 3 分の 2 を確保するのは容易でない。このほか連邦議会の定数の 4 分の 1 以上の議員は，連邦憲法裁判所に抽象的法令審査を提起できるので，野党にとって武器となる（Schmidt 2011: 146–147）。

　野党が行使できる手段には，大質問（一会派や，議員の 5% 以上の要求により，審議日程にのる質問），小質問（文書での回答を要求），一議員の個人質問（口頭・文書での回答）などがある。米国議会とは異なり，連邦議会の委員会では各党の議席率に応じて委員長のポストが配分される。また与野党討論に重点を置く「闘技場型議会」の英国下院とは異なり，野党は立法に共同参画するほか，閣僚人事に対する不同意・解任動議の提出や，議会調査委員会の設置，建設的不信任案を提出する権利を持つ（Schmidt 2011: 156）。

　一方，連邦参議院は，各州に同数の議席を割り当てる米国やスイスの上院とは異なり，州の人口規模に応じて異なる議席を割り当てている。総議席数は 1957 年のザールの編入により 45，ドイツ統一後の 1995 年末で 68，さらに 1996 年にヘッセンの人口増加を受けて 69 になった。西ベルリンは 1990 年 5 月まで州としての完全な表決権を持たなかった。どの州にも最低限 3 議席を保障し，1990 年からは人口 200 万以上で 4 議席，600 万以上で 5 議席，700 万以上で 6 議席を割り当てている。人口が最も多いのはバイエルン，バーデン・ヴュルテンベルク，ニーダーザクセン，ノルトライン・ヴェストファーレンの 4 州である。各州政府もほとんどは連立政権だが，参議院での州の表決権は連立与党が一体として行使することが憲法判例で確立している。参議院での多数派とは，例えば SPD と緑の党が連邦議会与党の場合，SPD単独与党の州と両党連立与党の州の合計を指す。それ以外の組み合わせでSPD が政権に入っている州はしばしば中間的態度をとる。ブラントからシュミットまでの SPD・FDP 連邦政権（1969 〜 82 年）や，CDU・CSU と FDP

が連立したコール政権も 1990 年代の大半は，連邦参議院の多数派を確保できなかった。1998 年 10 月に誕生した連邦の「赤緑」（シュレーダー）政権は，1999 年 2 月のヘッセン州議会選挙での敗北により，また 2005 年に成立した第 1 次メルケル大連立政権は 2009 年 2 月のヘッセン州議会選挙の結果，さらに 2009 年秋に誕生した CDU・CSU と FDP の連立（第 2 次メルケル）政権も 2010 年 5 月のノルトライン・ヴェストファーレン州議会選挙で敗北して以降，参議院での多数派を失った（Schmidt 2011: 203-204, 206）。

　与野党間や連邦・州間の対立は，しばしば司法による裁定に持ち込まれる。プロイセン国家に起源を持つ階統制的な紛争調停システムは，戦後西ドイツで司法府による法治国家・立憲主義の保障に発展した。

　ドイツの司法制度は民事・刑事裁判を担当する通常裁判所と，行政，税務，労働，社会という分野別の裁判所，憲法裁判所から成る。また連邦の裁判所は上訴審であるカールスルーエの連邦通常裁判所，ライプツィッヒの連邦行政裁判所（以前はベルリン），エアフルトの連邦労働裁判所，カッセルの連邦社会裁判所，ミュンヒェンの連邦税務裁判所だけである。中・下級審は州の裁判所であり，州は独自の憲法裁判所も持つ。州は州裁判所の人事権を持ち，法曹も養成する。連邦憲法裁判所も重要な政治的機能を担っており，その権限は以下の 5 点である。①連邦と州など，憲法上の機関同士の憲法紛争，②連邦政府や州政府，連邦議会構成員の 4 分の 1（2009 年末までは 3 分の 1）が提起できる抽象的法令審査，③各裁判所が申し立てる具体的法令審査，④個人が提起できる違憲訴訟，⑤民主制・法治国家の保障（違憲政党の禁止，裁判官の弾劾，連邦大統領の弾劾裁判など。政党違憲の申立ては連邦議会や連邦参議院，連邦政府，州議会が行う）。連邦憲法裁判所は 1951 年から 2009 年末までに連邦の 441 の法律や命令，個別規範を部分的・全面的に無効または基本法と両立しないと判断した。連邦議会が 2009 年までに可決した法律 7037 件に比べて少ないとはいえない（Schmidt 2011: 227, 230-232）。

　ドイツには，公共的規制業務をかなり社会団体に委ねる「委任国家」の伝統もある（Schmidt 2011: 41）。社会保健組合や，賃金交渉における労使の団体，放送行政，技術監査協会への車検業務の委任などである。原発問題の文脈でも，原子炉安全委員会のような諮問機関や技術監査協会のような半官半民の

序章　本書の問題意識とドイツの政治体制　23

鑑定・検査団体が立地手続きや検査業務に組み込まれていた。1970年代末以降，社会運動の中から対抗専門家の団体が組織され，政党間や連邦・州間の競争・交渉政治や法廷闘争，討議政治を補強する働きを担ってきた。

　エリートの競争・交渉や判断にまかせるのではなく，市民参加を拡大し政治過程に反映させようという欲求は，特に1960年代末の学生反乱以降，強まった。参加の機会は政党や労組の地方組織，社会運動がもたらす。また党内意思決定に関する政党法の規定や，各政党固有の規約（例えば緑の党の「底辺民主制」や，男女交互に候補者を登載したクォータ制に基づく比例代表名簿），企業の従業員代表委員会，選挙権年齢の引き下げ，行政手続きにおける市民参加制度（聴聞会，資料開示）でも保障されている。さらに「新しい社会運動」が定着して以降，ドイツはデモなどの抗議行動が日常化した「社会運動社会」になったともいわれる。

　環境問題については，多くの国で代表民主制の枠を越える特別の対話や討議の場が設定されてきた。原発問題は単に利益の配分方法をめぐる争いではなく，価値観の変化に根差した状況認識の相違が関係しており，しかも紛争の過程で自然科学者や技術的専門家が「真理」の保障者としての権威を失う一方，社会運動の中から対抗専門家が登場してきた。討議の場の設定は，するどい対立があることをふまえた上で，その克服が必要だという認識が共有された段階で可能になる。その上で対話の場の公平な設計が課題となる[1]。ただし討議の場は特別に設置されるにもかかわらず，政府や議会，選挙競争から完全に独立しているということはない（Barthe and Brand 1996: 75, 83–85, 87）。図0–1の中心に討議の場を置いたのは，政党・諸政府間の競争や交渉，専門家間の論争，一般市民の参加などと，様々な接点を持ちうることを示している。

　以上見てきた部分システムが，原発をめぐる政治過程で具体的にどのように作用したのかは，次章以降順次明らかにする。

注
1)　憲法裁判所長官も二大政党の推す候補から交互に選ばれる。裁判官の宗派別や地域別のバランスも考慮される。基本法95条は連邦裁判官任命への議会の関与も認めている。

2) ドイツのほか，オーストリア，イタリア，スペイン，スロベニア，ベルギーが判事の政党所属を認めている。ポルトガルとフランスでは法務就任中は党員資格が停止される。

3) 主要政党の数が3〜5で，政治体制の基本原則が共有されているのが「穏健な」多党制。

4) このほか旧軍隊の解体と再軍備後の連邦軍の多国間軍事同盟への組み込み，良心的兵役拒否の容認，高度経済成長と福祉の充実による社会経済的安定，連邦や州の政治教育センター設置に見られる民主主義教育といった要素も，民主制の定着に寄与した。統治機構の特徴だけで民主制が安定するという見方は現実的でない。

5) BBCの「専門職モデル」は放送運営を政府や政党・社会団体から隔離し，中立の放送専門職に委ねようとするのに対し，民主コーポラティズムの諸国は政治的・社会的勢力の統合こそが放送運営の多元性を確保するための前提と考える。

6) これに対し，内部多元主義は各メディア組織内で多様性やバランス，あるいは中立性を実現しようとする（Hallin and Mancini 2004: 29-30）。

7) 例えば2014年3月時点で北ドイツ放送の放送委員会を構成する58人のうち，ニーダーザクセンが25人，他の3州が各11人を派遣している。委員構成は以下の通りである（Rudzio 2015: 462-463）。①政界代表が計11名，自治体代表1名。②社会団体代表41名。うち労組6名，使用者・自営業者団体6名，キリスト教会・ユダヤ教会5名，社会福祉団体5名，環境保護団体4名，女性・フェミニスト団体3名，スポーツ団体2名。移民統合委員会，高齢者団体，家主・地主団体，借家人団体，消費者団体，子ども保護団体，教会系平和団体「償いの印」，元政治犯，保護者団体，郷土団体の計10団体から各1名。③青年，作家，音楽家，芸術家，市民教育の領域から計5名。

8) 約7万人のジャーナリスト（うち2万人はフリーランサー，約2700人はヴォランティア）の約3分の1は日刊紙，23％はラジオ・テレビ放送，各14％は雑誌と広報部門，4％はオンライン企業に雇用されている（Rudzio 2015: 471）。

9) 分析技術上の問題（概念やその指標の定義・選択・数値化，対象とする国の選択，時間枠），米国の大統領制やスイスの直接民主制の扱い，中央銀行を指標に加えたこと，政府・政党次元に利益団体を含めたことなども批判されている。最後の点についてクリージは，合意型民主制における多党制とコーポラティズム，多数決型民主制における二党制と利益集団多元主義の補完性を指摘し，レイプハルトを擁護する（Kriesi et al. 2013: 76-77）。

10) 例えば日本の一党優位政党制では，できるだけ幅広い多数派を要求する西中欧的発想とは異なり，特権的利益集団に基盤を置く与党と，政権から排除される野党との関係が階統制的・非対称的である。硬性憲法や二院制議会，および昔の自民党の派閥連合的側面などから日本を「合意型」と見なす見解が政治学や憲法学に散見されるが，疑問である。

11) バルトとブラントは①「主要な」立場全ての包括，②紛争当事者の相互尊重，互いの論拠の合理性の容認，③主要な立場・論拠に平等に発言の機会を与え，当事者間の

権力格差を中和する手続き，④交渉の対象や手続き，モデレーター（議論の膠着状態を解消し，討議を制御し，手続き規則の順守を監視する紛争仲介者）についての事前の合意が公平な討議の場にとって重要だと指摘する。その上で対話が成果を上げるには，対立していた立場の間に意外な共通項を見出し，連携を構築していくことが必要になるという。

第1章

原発建設はなぜ全て止まったのか
1955〜1982 年

1981 年 10 月 30 日，ブロックドルフ原発建設地点でのデモ。催涙弾の中を歩く
撮影：Matthias Wetzels（flickr で公開。©All rights reserved. Courtesy of the photographer）

1. 原子力開発と初期の住民運動

　旧西ドイツでは建国以来 20 年にわたってキリスト教民主・社会同盟（CDU/CSU）が政権を主導し，その下で原子力の研究開発体制も整備された。連邦政府は 1955 年 10 月，連邦原子力問題省を設置した[1]。原発を 1 基も作ったこともない段階で原子力省を設置したのは異例だが，当時の連邦首相アーデナウアー（CDU）や初代大臣シュトラウス（CSU）は軍事利用の可能性も念頭に置いていた[2]。1956 年 1 月には大臣の諮問機関として，産業界・学界・政府の三者で構成されるドイツ原子力委員会が，1958 年には原子炉安全委員会が発足した。しかし原子力法制の整備は遅れ，ようやく 1959 年末に「原子力の平和利用及びその危険の防止に関する法律」（原子力法）が制定され，1960 年に発効した。1960 年には原子力施設の許認可手続令と第 1 次放射線防護令，1962 年には原子力損害賠償令が発布された。その間，西ドイツは英国（1956 年）や米国（1957 年）との 2 国間原子力協定の締結やユーラトム（欧州原子力共同体）を通じて核燃料の供給や原子力技術の提供を受けており，法的根拠のないまま原子力開発は進められていた。

　保守政権は，東ドイツの共産主義体制に対抗して「社会的市場経済」を基本原理に掲げており，エネルギー政策においても国家介入を抑え，市場原理を重視する傾向があった。これは石炭から石油へのエネルギー転換には合致していたが，巨額の投資が必要な原子力開発には，結局は国家の支援が求められた。その一方で連邦や州が出資する原子力研究所が進めていた重水炉などの開発の経済性に電力業界は懐疑的であり，より安価と喧伝されていた米国型軽水炉を建設していくことを選んだ[3]。

　初の発電炉は，ライン・ヴェストファーレン電力（RWE）とバイエルン電力がバイエルン州のカールシュタインに共同で発注した軽水実験炉であり，1961 年から運転を開始した。1960 年代後半からは電力会社が多数の原発を発注し，原子力産業が急速に発展した。原子炉の出力も急速に巨大化し，1971 年には 1300MW（130 万 kW）級の原発が発注された。輸出も開始され，ジーメンスは 1968 年，アルゼンチン初の原発の入札で重水炉を受注し，

第 1 章　原発建設はなぜ全て止まったのか　　29

1969 年にはオランダのボルセレ原発の受注を獲得した。さらに 1975 年には
ブラジルと西ドイツの間で原発やウラン濃縮工場，再処理工場の建設をめぐ
る交渉が開始された。続く 1976 年にはイラン政府が原発 2 基を西ドイツに
発注した（Hatch 1986: 83）。

　電力大手の RWE は企業間の競争を促進して費用を抑えようと，1960 年代
にはジーメンスと AEG に交互に発注した。しかし 1966 年に誕生した大連立
政権の後押しもあり，1969 年にジーメンスと AEG は共同出資でクラフトヴ
ェルクユニオン（KWU）社を設立した。KWU はその後ジーメンスの完全子
会社となり，西ドイツの原発製造をほぼ独占した（表 1-1）。米国ゼネラルエ
レクトリック（GE）社に技術力を依存した AEG が福島原発と同じ沸騰水型
軽水炉（BWR）を導入してつまずいたのに対し，ジーメンスは重水炉開発で
技術力を磨き，米国ウェスチングハウス社から導入した加圧水型軽水炉
（PWR）の改良に活かすことができた。やがてドイツの原発の大半は KWU
社製となる。高速増殖炉の開発会社，インターアトムも 1969 年にジーメン
ス傘下に入った。原子力委員会は当初，主に原発企業間の利害調整の場とし
て機能していたが，KWU 一社への集中が進むにつれ，必要性が低下し，
1972 年末に廃止された（Radkau and Hahn 2013: 78-79, 141, 210-211）。

　次に電力業界に触れておきたい（表 1-2）。かつては電力資本の 6 割以上を
公共機関が保有していた。ノルトライン・ヴェストファーレン州は RWE,
バーデン・ヴュルテンベルク州はバーデン電力，バイエルン州はバイエルン
電力の大株主だった。州の閣僚は電力会社の監督役会役員だったが，州政府
は原発の許認可も担当していたため，癒着が批判された。連邦や州は電力会
社が準備する過大な需要予測に基づいてエネルギー政策を策定した（Nelkin
and Pollak 1981: 17）。

　ドイツの電力業界は，配電を中心に多数の事業者で構成される（約 1000
企業）。しかし 1970 年代には 7 社だった大手電力会社は相互に株式を持ち合
い，多数の地方事業者を支配した。また上位 2 社の RWE とフェーバ（合同
電力鉱山株式会社）だけで西ドイツ全土に供給される 50％以上を発電してい
た。1994 年の総発電量は，発・送・配電を垂直統合している大手が 70％，
残りを産業用発電所と，地方企業や自治体企業が占めていた[4]。

30

表 1-1　旧西ドイツの原発

		炉型	出力	発注	運転	閉鎖	製造企業
1	VAK カール（カールシュタイン）	BWR	16	1958	1961	1985	AEG
2	AVR ユーリッヒ	HTGR	15	1959	1969	1988	BBK
3	MZFR 多目的研究炉カールスルーエ	PHWR	58	1961	1966	1984	ジーメンス
4	グントレミンゲン A	BWR	252	1962	1967	1980	AEG/ ホーホティーフ
5	リンゲン	BWR	252	1963	1968	1979	AEG
6	オーブリッヒハイム	PWR	357	1964	1969	1985	ジーメンス / ホーホティーフ
7	グロースヴェルツハイム（カールシュタイン）	BWR	25	1964	1970	1971	AEG
8	ニーダーアイヒバッハ	HWGR	106	1964	1974	1974	ジーメンス
9	KNK カールスルーエ	SCTR	21	1966	1972	1974	インターアトム
10	シュターデ	PWR	672	1967	1972	2003	ジーメンス
11	ヴュルガッセン	BWR	670	1967	1972	1995	KWU
12	ビブリス A	PWR	1225	1969	1975	2011	KWU/ ホーホティーフ
13	ブルンズビュッテル	BWR	806	1970	1977	2011	KWU
14	フィリップスブルク 1	BWR	926	1970	1980	2011	KWU
15	ネッカーヴェストハイム 1	PWR	840	1971	1976	2011	KWU
16	ビブリス B	PWR	1300	1971	1977	2011	KWU/ ホーホティーフ
17	ウンターヴェーザー（エーゼンスハム）	PWR	1410	1971	1979	2011	KWU
18	イーザル 1（オーウ）	BWR	912	1971	1979	2011	KWU
19	THTR-300 ハム・ユーントロップ	HTGR	308	1971	1987	1989	BBC, HRB, ヌーケム
20	SNR-300 カルカー	FBR	312	1972	—	1991	INB 他
21	クリュムメル	BWR	1316	1972	1984	2011	KWU
22	ヴィール	PWR	1362	1973	—		
23	KNK-II カールスルーエ（KNK を改造）	PBR	21	1973	1979	1991	インターアトム
24	ミュルハイム・ケアリッヒ	PWR	1302	1973	1987	2000	BBC/BBR
25	グントレミンゲン B	BWR	1344	1974	1984	2017	KWU/ ホーホティーフ
26	グルトレミンゲン C	BWR	1344	1974	1985	2021	KWU/ ホーホティーフ
27	グラーフェンラインフェルト	PWR	1345	1975	1982	2015	KWU
28	グローンデ	PWR	1430	1975	1985	2021	KWU
29	フィリップスブルク 2	PWR	1458	1975	1985	2017	KWU
30	ブロックドルフ	PWR	1440	1975	1986	2021	KWU
31	イーザル 2（オーウ）	PWR	1475	1980	1988	2022	KWU
32	ネッカーヴェストハイム 2	PWR	1400	1980	1989	2022	KWU
33	エムスラント（リンゲン）	PWR	1400	1982	1988	2022	KWU

注：出力は MW（1000 MW = 100 万 KW）。上記は着工に至った原発。このほか発注はしたが着工に至らなかった 4 基や発注に至らなかった 10 基以上の計画がある。なお旧東ドイツの原発は全 6 基がドイツ統一後に閉鎖された。25 以降の原発の閉鎖は予定。炉型は英語表記で BWR =沸騰水型軽水炉，HTGR =高温炉，PHWR =加圧重水炉，PWR =加圧水型軽水炉，HWGR =重水ガス冷却炉，SCTR =ナトリウム冷却実験炉，FBR =高速増殖炉。
出典：本田・堀江編（2014）に加筆。

　最大手の RWE は，ルール工業地帯を本拠とし，1960 年代までは炭鉱開発と石炭火力発電所に重点を置いていたため，商業用原発の本格的な建設には消極的だった。連邦研究相シュトルテンベルクは 1967 年，市場競争によっ

表 1-2　大手電力会社の変遷

1976 年（西ドイツ）	原発への出資	2011 年
ライン・ヴェストファーレン電力（RWE）	1, 4, 7, 12, 16, 20, 24, 25, 26	RWE
合同ヴェストファーレン電力（VEW）	5, 8, 19, 33	RWE
プロイセンエレクトラ（PREAG: フェーバ傘下）	10, 11, 13, 17, 21, 28, 30	E.On
北西ドイツ発電（NWK: PREAG 子会社）		E.On
バイエルン電力（BAG: VIAG 傘下）	1, 4, 18, 25, 26, 27, 31	E.On
バーデン電力	3, 6, 14, 22, 29	EnBW
シュヴァーベン・エネルギー供給（EVS）	6, 14, 22, 29, 32	EnBW
ハンブルク電力（HEW）	10, 13, 21, 30	Vattenfall
ベルリン都市電力事業（BEWAG）		Vattenfall

注：出資した原発の番号は表 1-1 の各原発に対応。原発 2, 9, 23 は原子力研究センターが運営。
　原発 15, 32 はドイツ鉄道などが出資。
出典：本田・堀江編（2014）。

　て RWE に圧力をかけるため，ヴュルガッセン原発計画をプロイセンエレク
トラ社に，シュターデ原発計画をその子会社の北西ドイツ発電と，ハンブル
ク電力に発注させ，製造企業も一方は AEG，他方はジーメンスに受注させた。
プロイセンエレクトラは元々，RWE の拡大に歯止めをかけたいプロイセン
政府が設立した会社であり，RWE はこの件を挑発と受け止めた。RWE は輸
送費がかかる褐炭は不利と感じ，長期的には原子力に転換するほかないと考
えた。1969 年，RWE はビブリス原発を発注し，原子力への転換を成し遂げ
た（Radkau and Hahn 2013: 134-139）。

　原子力施設の建設に反対する動きは 1950 年代という早い時期から一部に
はあった。カールスルーエとユーリッヒの二大原子力研究所も反対運動にあ
っている。1960 年代にはルートヴィヒスハーフェンに化学企業 BASF 社が原
子炉を建設する計画が浮上したが，政治的配慮や人口密集地に建設する不安
から断念された。このほかバーデン・ヴュルテンベルク州の黒森（シュヴァ
ルツヴァルト）高地で発見されたウラン鉱をめぐって，観光業への影響を懸
念して事業規模を抑えたい村側と，採掘権を持つ州政府や採掘事業者との間
で紛争が生じた。オーブリッヒハイム原発（同州北部）をめぐっては，周辺
地域で小さな住民運動が発生したが，企業側による懐柔策が功を奏した。企
業側は自治体や地元紙と連携し，住民の一部をカールやグントレミンゲン，
英国ウインズケールの原子炉見学に招待した（Rüdig 1990: 119-121）。このよ

図 1-1　ドイツと周辺諸国の原子力施設

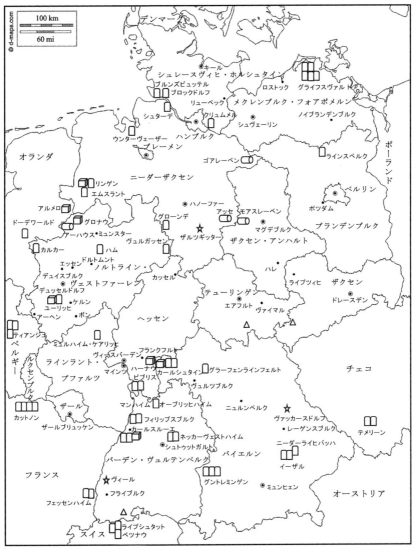

□ 原発　　☐ 核燃料関連工場　　☐ 核廃棄物貯蔵施設　　△ ウラン鉱山　　★ 他の係争地点　　● 州都
出典：筆者作成。

第1章　原発建設はなぜ全て止まったのか　　33

うに原発にまず疑問を持ったのは，地方議員や自治体，小規模な住民運動であり，それも原子力技術自体よりは，大都市近郊ならではの不安や，地場産業への影響が主な動機であった。

　しかし1960年代末に原発建設が本格化すると，市民イニシアチヴという新しい組織形態をとる住民運動が登場し，1970年にはすでに200以上のグループがあったといわれる（Oppeln 1989: 29）。この頃の住民運動は穏健であり，異議申立ての署名集めや行政訴訟，小規模なデモに限られていた。署名運動は，ニーダーザクセン州エーゼンスハム（ウンターヴェーザー）で4万筆（1971年秋），バイエルン州グラーフェンラインフェルトで3万6000筆（1972年夏），バーデン・ヴュルテンベルク州のブライザッハ（1972年9月）で6万5000筆，ヴィール（1974年5月）で9万筆など，地域住民の大部分を動員するほどになった（Redaktion Atom Express 1997: 47）。しかし地域を越えて注目を集めることはなく，訴訟で勝つこともなかった。ただし後に事故が頻発するヴュルガッセン原発の建設は差止めなかったものの，連邦行政裁判所は1972年の判決において，核技術の推進と安全確保の目標を併記した1959年の原子力法1条の規定を初めて安全優先と解釈し，後の原発裁判に影響を与えた（Radkau and Hahn 2013: 301）。

　西ドイツではまた，原子力に関する専門家や技術者が1960年代初頭の早い時期から，原子力の個別問題について，かなり批判的な見解を一般書や教科書で率直に述べていた。例えば短期的には望めない経済性，放射線の有害性，核廃棄物，中央集権化や警察国家化の問題である（Rüdig 1990: 63）。1970年代に入ると，米国で1960年代末から活発化した原子力安全論争が西ドイツにも知られるようになり，原子力批判の啓蒙書が出版されるようになった。環境意識の高まりとともに，こうした批判は次第に共感を呼ぶようになる。

2.　ヴィール原発予定地の占拠

　1974年10月，社民・自民連立政権は，連邦のエネルギー計画の第1次改定を発表し，原発大増設の目標を掲げたため，各予定地では緊張が高まった。反原発運動が全国に拡がったのはバーデン電力とシュヴァーベン・エネルギ

ー供給（EVS）がドイツ南西部のバーデン・ヴュルテンベルク州ヴィール村に原発建設を計画したことがきっかけだった。村はフランスやスイスとの国境に近いバーデン地方にある。村の人口は 1970 年代初頭に 2700 人，とくに産業がなく，勤労人口の半分は周辺の市町村で働いていた。農林業従事者が比較的多く，特に村の南東 4 km から北へ広がる高地カイザーシュトゥールは，西ドイツで最も温暖でブドウ栽培に最適な地域でもあり，ワイン醸造業が栄えていた。その中心地はブライザッハの町である。村の北西 25 km には大学町フライブルクもある。

　当初の予定地はブライザッハだった。1971 年までに反対運動が組織された。まず医師や薬剤師など科学教育を受けた中間層の人々を中心に，住民団体（市民イニシアチヴ）が結成された。フライブルクでは若い化学者たちが情報の普及活動を始めた。さらに環境保護を唱える民族主義的な「生命保護世界同盟」（WSL）という団体もブライザッハに代表者を派遣した。当初の計画では，ライン川から取水した冷却水を利用後，そのまま川に戻す予定で，水生生物への影響が懸念された。そこで温排水を高所から水滴上に落下させて冷却する方式に変更したが，巨大な冷却塔から出る高温蒸気が局地的な気象条件を変え，ワインの質を低下させかねないと農家は考え，住民団体を結成した（Rüdig 1990: 129-130）。ブライザッハでは多数のデモが繰り広げられ，1972 年 9 月には農民が 650 台ものトラクターでデモ行進した。

　ライン上流域の 3 カ国国境地帯では言語的・文化的に非常に近い住民たちが国境を越えて日常的に交流していた。この地帯には 1970 年代前半，環境に重大な影響を及ぼしうる工業施設の建設が多数計画されていた（Redaktion Atom Express 1997: 47; Rucht 1988: 130, 141-143）。アルザス地方では，フェッセンハイム原発に反対して，1970 年に住民団体が結成された。1971 年にはフランス初の全国規模の反原発デモが行われ，1500 人が参加した（Flam 1994: 137, 157）。こうした最中にブライザッハの原発計画が浮上したため，独仏住民は最初から手を携え，両原発計画に反対する独仏の共闘組織「ライン上流域委員会」を結成した。ドイツ側住民は，例えば 1972 年 5 月にフランス側でのデモに参加し，9 月にはフランスの農民 600 人が川をはさんだドイツ側で原発反対デモを実施した（Koopmans 1995: 160）。

第 1 章　原発建設はなぜ全て止まったのか　　35

原子力法が認可手続きの一環として開催を義務づけている聴聞会は 1972年 10 月に開かれ，約 6 万 5000 筆の異議申立てが審議に付された。聴聞会には農家や中小自営業者，学生ら数百人が参加した。議事進行役の州経済中小企業交通相は認可の担当者ながら，州が株式の 4 分の 3 を持つバーデン電力の副理事長でもあったことから，不信感を呼んだ。バーデン・ヴュルテンベルク州首相フィルビンガー（CDU）も，バーデン電力の理事長で，批判を受けて 1975 年 6 月，理事長職を州財務相に譲った。

　1973 年 7 月，ブライザッハからヴィールへ予定地を変更するというスクープをラジオが伝えた。経済的に停滞するヴィール村長は，原発によって営業税収入が増えればプールやスポーツ施設，集会所を建設でき，雇用が増えれば村外に通勤しなくてもよくなると期待し，バーデン電力の代表者を招いた住民説明会を開催した。村議会も乗り気で，村有地を売却する案に賛成した。8 月には原発推進派の住民団体も結成された。

　バーデン電力と EVS 社は事業主体として南部原子力発電所会社を設立し，KWU に 1300MW 級原発 2 基の建設を発注する予定だった。冷却塔は高さ150 m，直径 135 m，高温高密度の蒸気を年間 2100 万トン出す。また 1 日960 m^3 も地下水を取水したり，通常運転でも微量の放射能を放出する。さらにヴィール村とザスバッハ村にまたがる予定地は，周辺に三日月湖や小川が点在する景観保全地区だった。工事による森林の伐採も懸念された。ブライザッハやフライブルクのほか，ヴァイスヴァイル，ザスバッハ，エンディンゲンといった周辺自治体では反対運動が活発になった。

　1974 年 3 月，ヴィールが化学工場や鉄鋼・アルミ製錬所などが立ち並ぶ大工業団地になることを想定した原子力安全報告書が公開される。原発認可手続きが正式に始まると，反対運動に火がついた。4 月には農民が 400 台のトラクターでデモを行った。また地元の狩猟協会からの寄付を使って外部の専門家を雇い，気象や農業に与える影響を検討した。5 月，原発計画の概要が官報に公示されると，4 週間の申立期間中に約 9 万人が，それとは別に 8自治体と 50 団体，330 人の個人が異議を申し立てた。3 日間の予定で 6 月にヴィールで始まった聴聞会では，電力会社側の専門家が主導権を握り，州政府役人の態度は尊大で不公正と映った。結局，反対派は 2 日目に集団で退場

してボイコットし，彼らを支援していた 1972 年結成の環境保護市民イニシアチヴ全国連盟（BBU）は審査のやり直しを要求した（Nelkin and Pollak 1981: 61-62; Rucht 1988: 130-132, 141-144, 149-150; Rüdig 1990: 130）。

反対派からの批判にもかかわらず，州政府は強気の姿勢を崩さなかった。バーデン・ヴュルテンベルク州は比較的人口が多く（1970 年時点で約 890 万），連邦参議院で当時最大の 5 議席を割り当てられ，経済的にも最も豊かな州の一つである。同州は 1953 年以来，常に保守の CDU が首相を輩出し，1972 年からは単独政権が続いていた。同州の CDU は，党員数も 1970 年の 4 万 5000 人から 1978 年の 8 万人に増え，南部の農村だけでなく北部や都市部でも支持を伸ばしていた（Hartmann 1997: 72）。また，連邦政府とともに州政府が財政的に支援していたカールスルーエ原子力研究所センター（KFK）を始め，多数の原子力施設がすでに州内にあり，バーデン電力を経営しながら原発計画も推進していた。州議会野党の社会民主党（SPD）では，後に全国的に党内環境派の指導者になるエプラーが州党の議長を務め，対話路線を主張した。自由民主党（FDP）は強引な進め方に批判的だった。しかしいずれもヴィール原発計画には基本的に賛成しており，両党が連立を組む連邦政府への配慮から，1974 年 11 月に開かれた州議会ではヴィール問題について積極的には審議に参加しなかった。

州政府による認可が迫る中，ヴィール村長は村有地売却の是非について州法が定める住民投票を実施することにした。州政府は村が土地の売却を拒否するなら土地収用に訴えると警告した。反対派は著名な科学者やフライブルク大学の教員に働きかけ，約 20 人の科学者が原子力の環境や健康への危険を警告する声明に署名した。住民投票は 1975 年 1 月に実施され，投票率 92 ％で投票者の 55％が土地の売却に賛成し，43％が反対した。ヴィールの住民だけにしか投票権は与えられていなかった。住民投票の結果を受け，州政府当局は 1975 年 1 月 22 日，第 1 次認可を下すとともに即時着工命令も出した。

これに対し，4 つの周辺自治体はフライブルクの行政裁判所に提訴した。初回の審理で裁判所は，審理の行方について暫定的に判断できるまで，着工を延期するよう州政府に勧告した。しかし州政府はこれを拒否し，2 月 17 日，事業者は予定地にフェンスを建て，樹木の伐採を始めた。翌日，市民グルー

第 1 章　原発建設はなぜ全て止まったのか　37

表 1-3　バーデン・ヴュルテンベルク州議会選挙の結果と州政府

	CDU 席(%)	SPD 席(%)	FDP 席(%)	緑の党 席(%)	極右 席(%)	その他 席(%)	州首相	与党
1972	65(52.9)	45(37.6)	10(8.9)	0(—)	0(0.0)	0(0.6)	H.フィルビンガー(1966.12～)	CDU
1976	71(56.7)	41(33.3)	9(7.8)	0(—)	0(0.9)	0(2.2)		CDU
1980	68(54.2)	40(32.5)	10(8.3)	6(5.3)	0(0.1)	0(0.5)	L.シュペート(1978.8～)	CDU
1984	68(51.9)	41(32.4)	8(7.2)	9(8.0)	0(0.0)	0(0.5)		CDU
1988	66(49.0)	42(32.0)	7(5.9)	10(7.9)	0(3.1)	0(2.1)		CDU
1992	64(39.6)	46(29.4)	8(5.9)	13(9.5)	15(11.8)	0(3.9)	E.トイフェル(1991.1～)	大連立
1996	69(41.3)	39(25.1)	14(9.6)	19(12.1)	14(9.1)	0(2.8)	G.エッティンガー(2005.4～)	CDU/FDP
2001	63(44.8)	45(33.3)	10(8.1)	10(7.7)	0(4.4)	0(1.7)	S.マップス(2010.2～)	CDU/FDP
2006	69(44.2)	38(25.2)	15(10.7)	17(11.7)	0(3.2)	0(5.0)		CDU/FDP
2011	60(39.0)	35(23.1)	7(5.3)	36(24.2)	0(2.1)	0(6.3)	W.クレチュマン(2011.5～)	緑 /SPD

注：極右は NPD と共和党の合計。
出典：Hartmann (1997: 69-70); Jun (2008: 104-110).

プは現地付近で西ドイツ放送や地元放送局に対して記者会見を行った。周辺の村からは，時間に余裕のある女性たちを中心に 300 人が現地に集まり，機械と作業員に近づいたため，伐採作業は中断し，集会参加者が占拠した形となった（Vandamme 2000: 64）。

　ここに至るまでには過程があった。半年以上前の 1974 年 7 月，ヴィールからライン川と国境をはさんでわずか数 km のマルコルスハイム村に鉛工場を建設する計画をフランス政府が認可すると，鉛工場とヴィール原発に反対する約 2000 人のデモがライン川の両岸で行われた。3000 人が参加した 2 回目のデモの後，国際共闘組織「バーデン・アルザス市民イニシアチヴ」が結成され，両建設予定地の占拠を最後の手段として検討しなければならないと宣言した。9 月に基礎工事が始まると，アルザスとバーデンの各所から集まった数百人の市民が予定地を占拠した。女性グループが指揮したので衝突もなく，建設作業員はしぶしぶ占拠を許した。占拠を抗議手段としたのはフランスの方が早く，すでに 1974 年春には南仏・ラルザックの農民が軍事演習場の拡張に反対する運動の中で巧みに用いていた（Koopmans 1995: 160）。マルコルスハイムの占拠は 1975 年 2 月まで続き，1974 年 11 月には「運動の，運動のための，占拠者新聞」を副題とする新聞「我々の望むもの」が発刊された。代々のヴィールの占拠者にこの仕事は引き継がれ，ドイツの反原発運動初の新聞として 1981 年まで月刊で発行された。

ヴィールの占拠が始まると，続々と人が集まり，団結小屋が建てられ，炊事用具が持ち込まれた。占拠者は大半が地元住民だったが，夜は学生が交替して寝泊まりし，一度帰宅した住民が翌朝再びやって来た。アルザスからも農民が応援に来た。占拠2晩目の未明，700人の機動隊が周辺を封鎖して夜明けとともに突入し，56人を逮捕した（Rüdig 1990: 133-134）。それでも2月23日，主にバーデン地域から，警察発表で2万8000人が現地のデモに参加した。警察は敷地に通じる道路を鉄条網で封鎖したが，封鎖を突破する者が次第に増えたため阻止を断念し，撤退した。再び敷地は占拠され，警察による再度の排除に備え，今度は約2000人が現地で一夜を明かした。州政府も，大勢の参加者を見て再排除を断念した。占拠は9カ月間続いた。

　ヴィールの反対派は占拠地に500人収容可能な木造家屋を建て，そこに「ヴィールの森人民大学」を開設し，フライブルク大学教員の協力で63の市民講座やコンサートなど，総計115の催しを開いた。テーマは原子力が中心だったが，地域の文芸や非暴力主義，農業技術，「成長の限界」など多岐にわたった。講師には原発賛成の者も招かれ，6月にはSPDのエプラー議長も呼ばれた（Nelkin and Pollak 1981: 63; Rucht 1988: 134, 137, 139; Redaktion Atom Express 1997: 47-48）。

　「人民大学」における科学的な批判は，いわゆる「エコ研究所」にも生かされた。エコ研究所は，ヴィールの裁判闘争で反対派弁護人となったデヴィットを中心に，哲学者・神学者のアルトナーやジャーナリストのユンクも呼びかけ人となって，1977年にフライブルクで結成される（Vandamme 2000: 71-72; Nelkin and Pollak 1981: 93）。1980年にヘッセン州のダルムシュタットに支部が開設され，原子力と化学物質による汚染や廃棄物を担当するようになると，フライブルクでは主にエネルギーとバイオ・テクノロジーの問題が扱われるようになった。1986年にダルムシュタット支部は研究者10名を含む専従スタッフ12名を擁しており，会費収入に加えて，原子力に批判的な州政府や緑の党，自治体からの委託研究費を受けて運営していた（高木1999）。エコ研究所は運動のキャンペーンからは一定の距離をとり，ドイツ最大の「オルタナティブ」な研究機関に成長した。

　なお，ヴィール闘争では地方選挙への参入も試みられた。1975年4月の

ヴィール村議会選挙で，原発反対派は全議席数 12 のうち，CDU の 3 議席より多い 4 議席を獲得した。近隣のエンディンゲンでも 1975 年の村議会選挙で原発反対派の候補者が大差で CDU の候補者を破った。ビショッフィンゲン村の CDU 支部は原発に抗議して解散した（Vandamme 2000: 66-68）。

3. 立地手続きと裁判

　州政府の戦略も対決から交渉へと転換する。これに影響を及ぼしたのは裁判である。ここでドイツの原子力法の特徴を整理しておこう。まず原子力施設の建設手続きの概略を以下に示す[5]。計画地点を管轄する州行政庁は，①事業者から認可申請書類の提出を受けると，②民間団体の技術監査協会（TÜV）に安全審査に必要な鑑定を委託する。そのための研究は原子炉安全協会（GRS）が行うことも多い。③並行して申請書類を州行政庁から回付された連邦内務省（BMI）は，④原子炉安全委員会や放射線防護委員会に安全審査を委託する。⑤州行政庁はまた水や土地の利用など，原子炉以外の計画に問題がないかどうか州の関係省庁と協議し，⑥内務省も研究技術省（BMFT）など連邦の関係省庁と協議する。

　州と連邦の安全審査が進むと，⑦州政府は市民参加の手続きとして，計画の公示，申請書類の縦覧，⑧その期間中の異議申立て，⑨それを審議する聴聞会という手順をとる。聴聞会の終了後，⑩州行政庁は州と連邦が委託した鑑定書が出てくるのを待ち，⑪申請の認可または却下の決定を下す。⑫その際，連邦内務省が同意しないと，州政府は認可を出すことができないが，現実に問題となったのは逆に州政府による認可の却下を連邦官庁が認めず，認可を指示する場合である。⑬それでも州が認可を拒否すると，連邦憲法裁判所への提訴に発展する場合がある。部分認可と同時に⑭即時着工命令が出されることが多い。⑮同様の手続きは工期ごとに繰り返され，最後の運転認可に至るまで，第〇次部分認可のように段階的に認可が出される。認可に対しては，異議申立期間中に異議を申し立てた市民なら誰でも，⑯取消しを求めて行政訴訟を起こすことができる。

　部分認可制の元々の趣旨は，原発技術が発展途上である一方，建設には多

くの時間がかかるので，少しずつ段階的に認可している間に技術が発展し，最新技術を導入できるというものだった（山下 1989: 108）。しかし第 1 次認可が全体の適法性を保証しないとすると，事業者には投資上のリスクがある。この懸念に配慮して 1977 年 2 月の原子力法手続令は，各認可を出す前の暫定審査において，施設全体の設置や運転に関する一応の要件を事業計画が満たしうるという「肯定的暫定全体判断」を州行政庁が示すことを義務づけた。その結果，今度は反対派住民の方が，そのような判断を受けて第 1 次認可が出てしまうと，なし崩し的に残りの認可も出されることを懸念するようになった。

　以上のような手続きは，次のように要約できる。第 1 に，連邦が州政府に許認可を委任している。連邦と州が原子力推進で一致している限り，手続きは円滑に進むが，州が脱原子力を追求しだすと軋轢が表面化する。

　第 2 に，手続きが何段階もあることである。施設全体が一括して審査される日本やフランスとは異なり，事業者は工期毎に認可を得なければならず，その都度，鑑定や異議申立て，聴聞会，行政訴訟の可能性がある。

　第 3 に，にもかかわらず市民参加の機会はやや形式的である。米国の地方公聴会や英国の公聴会のような対決や証人の反対尋問はない。聴聞会の結果，認可が拒否されることもなく，茶番と見なされていた（Rüdig 1990: 309）。審議される異議申立ては，周辺市町村の住民や外部の専門家も提出できるが，聴聞会は通常は 1 日〜数日間しか開かれない。また行政や事業者は聴聞会をう回する方法を画策することもある。このため反対派はさしあたり訴訟を活用せざるをえない。ドイツの司法は，1975 年のヴィール原発についての決定を境に，特に下級審が原子力に関する対立を和らげる役割を積極的に果たそうとするようになった。この変化の要因としては，SPD・FDP 連邦政権下での聴聞会や行政訴訟の増加，裁判官の増員，学生運動の理念の影響と裁判官の世代交代，州が下級審である分権的な司法制度が指摘される（Nelkin and Pollak 1981: 164-165）。

　第 4 に，核廃棄物処理能力の確保を原発の運転や建設の再開の条件とした 1976 年 8 月の原子力法改正も重要である。これについては第 6 節で述べる。

　原発訴訟の判例上，とりわけ重要なのはミュルハイム・ケアリッヒ原発の

第 1 章　原発建設はなぜ全て止まったのか　　41

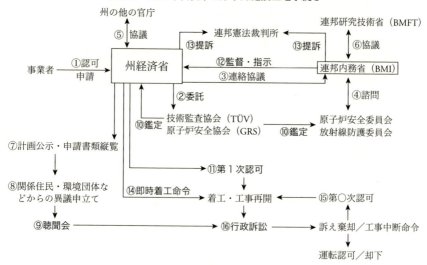

図1-2 1970年代後半の原子力施設立地手続き

事例である。同原発はラインラント・プファルツ州にRWEが建設を計画した。製造企業はKWUではなく、原発建設の実績のないバブコック・ブラウン・ボベリ原子炉有限会社だった（Radkau and Hahn 2013: 210）。1975年に第1次認可により着工した後、地震の危険性が確認されたため、当初の計画から約70 mずらして建設する「個別許可」が、また1977年には第2次認可が出された。第1次認可取り消し訴訟の控訴審裁判所は、最終的に訴えを1985年に棄却したため、同原発は第8次認可により1986年3月に運転を開始した。ところが上告審の連邦憲法裁判所は1988年9月、認可の変更は個別許可では不可能だと断じて第1次認可を取り消した。こうして同原発はわずか100日の運転実績で送電網から外された。その後1990年、州の行政庁が新たな第1次認可を出したが、コブレンツの州高等行政裁判所判決で取り消された。これに対し、連邦行政裁判所は1993年の判決で「地震時の安全性以外の問題点は再度の認可ですべて解消された」と判断して原判決を破棄した。このため地震問題に絞って審理を行った州高等行政裁判所は1995年に再び認可を取り消した。この判断を連邦行政裁判所の1998年判決は、地震の危険性のため全く新しい認可手続きが必要という理由で、支持した[6]。

新たな認可は申請されず，同原発の閉鎖が決まった（Hohmuth 2014: 40-41）。

　ヴィール闘争の事例に戻ると，1975 年 3 月にフライブルク行政裁判所は，即時着工命令の正当性を認めず，部分認可自体の有効性についての判断が下されるまで工事は中断することになった。しかし控訴審であるマンハイムの州高等行政裁判所は 10 月に事業者の訴えを認めた（Rüdig 1990: 134）。これで工事再開は法的には可能となったが，その頃までに州政府は交渉を通じて紛争を解決する柔軟戦略に転換していた。

　CDU 指導部内の交代もこの方針転換に関係していた。強硬路線を代表する州首相フィルビンガーは，反対派が共産主義者に煽動されていると繰り返し主張した。第 1 回占拠の強制排除で警察が外国人や左翼学生風の活動家を狙い打ちに逮捕したのは，反対派の地元住民との間に楔を打ち込む意図があったと見られる（Rucht 1988: 156）[7]。また州首相が理事長を務めるバーデン電力も強硬路線の一端を担っており，電気料金値上げを発表したほか，7 月には敷地占拠によって 4 万 6500 マルクに及ぶ損害賠償が生じたとして裁判所に提訴した（Nelkin and Pollak 1981: 63）。

　しかし州議会 CDU 会派議長シュペートの主導のもと，州政府は訴訟を交渉材料に使いながらも，話し合いを通じた占拠の解消を提案した。バーデン・アルザス市民イニシアチヴは 10 月，5000 人の参加した集会において，予備交渉入りを決定した。州政府側は正式な交渉を始める条件として占拠の終了を求め，反対派は見張り役のみを残して自発的に退去した。退去後に開始された正式交渉の末，1976 年 1 月，協定の草案が完成した。それによると，州政府と事業者は当面工事を中断し，工事用機械の破損など占拠による損害に関する訴訟を取り下げる。市民団体側は完全に退去するとともに，ヴィール原発事業について専門家の鑑定を待つとある。市民団体は議論の末，4 月に協定への同意を決めた。

　その後，1977 年 3 月，第 1 次認可取り消しを求める訴訟を審理していたフライブルクの裁判所は，原子炉の設計が「科学と技術の水準」にみあった耐久性を備えていないとして建設を差し止める決定を下した[8]。これを不服とした州政府と事業会社は控訴し，その主張は 1982 年 3 月末にマンハイムの州高等行政裁判所によって認められた。しかしマンハイム判決の翌日には

第 1 章　原発建設はなぜ全て止まったのか　　43

農民がカイザーシュトゥールで 120 台のトラクターをつらねてデモを行い，翌 4 月 1 日にはフライブルクで 1 万人のデモがあり，4 月 4 日には現地の集会に数万人が参加した（Redaktion Atom Express 1997: 48, 50, 92: Rucht 1988: 135–136, 151–153, 157）。反対派の上告はベルリンの最高行政裁判所によって 1985 年末に棄却された。これによって工事再開を阻むものは法的にはなくなったが，計画の遂行は政治的に困難となっていた。フィルビンガーの後任の州首相シュペートは 1983 年，従来の電力需要見通しが過大だったことを認め，ヴィール原発が当面，緊急の課題ではないとすでに明言していた。1986 年 4 月のチェルノブイリ原発事故を経た 1987 年末の州エネルギー計画は，ネッカーヴェストハイム原発 2 号炉を除き，20 世紀中には新規の原発をこれ以上州内に建設しないとしている。ヴィール原発計画は静かに消滅した。

4. 新しい社会運動

　ヴィールの占拠の成功に刺激され，各地の住民運動は活発化し，相互の連携も進んで全国規模の反原発運動が生まれた。特に 1968 年の学生反乱を経験した新中間層の青年世代が大勢加わると，反原発運動は勢力を拡大した。連邦と州の政府はこのころ，赤軍派のテロ活動を理由に過激派条例の導入を進め，公務員志望者の思想調査などを行っていた。これに青年層は強く反発した。彼らのバイブルは，反ナチ抵抗運動を経験したジャーナリスト，ロベルト・ユンクのルポである。最初に『シュテルン』誌に発表された後，『原子力帝国』として出版されたこのルポは，原子力の民生利用が，労働者や科学者に対する監視や人権侵害，下請け労働者の被曝労働，軍事利用の可能性を論じて，大きな反響を呼んだ。当初は「ブルジョワ的」市民運動に懐疑的だった若者たちも，敷地占拠の急進性に注目し，警察の弾圧にさらされる住民運動に連帯感を抱き，大挙して参加するようになった。こうして反原発運動は警察国家化に抗して民主制を擁護する闘争と見なされ，さらに社会システム全体を問い直していく。反原発デモを通じ，他の様々な「新しい社会運動」もネットワークを形成し，緑の党の基盤にもなった。反原発運動は，かつて権威主義的と評された西ドイツの政治文化の民主化にも貢献したのであ

る。

　反原発運動は，西欧，特にドイツの社会科学では「新しい社会運動」の典型として扱われている。日本ではかつて住民運動や市民運動の概念が広く用いられたが，これに近いのは1970年代の西ドイツで反原発・環境運動全般に見られた「市民イニシアチヴ」である[9]。日本と共通するのは，「古い社会運動」の典型とされる労働運動との違いを強調する点である。この研究分野の権威であるロートとルフトの定義によると，以下のようにまとめられる（Roth and Rucht 2002: 297-298）。

　新しい社会運動の概念は，1960年代後半から議会外反対運動や学生運動に続いて登場した。「新しい」という形容詞は，古典的な「古い」運動である労働運動との違いを強調している。両者の橋渡しをしたのが学生運動である。しかし学生運動が労働運動から受けついだ反資本主義や革命志向は，新しい運動の不可欠の要素ではない。これに対し，ヒエラルヒー的組織への批判は学生運動と共通である。新しい社会運動は，連帯や自己決定とともに主に再生産領域における生活条件の改善を重視する。その主な活動分野が，女性の解放やエコロジー，平和・軍縮，自己管理的生活・労働，第三世界の飢餓・貧困，人権である。これらの周辺には，社会福祉分野の自助グループや，同性愛者の運動，空き家占拠，戦闘的な「自律派」セクトがいる。

　この定義によると，新しい社会運動は労働運動とは基本的に区別されるが，環境・反原発・平和・人権といった日本の市民運動と共通する争点のみならず，学生運動から派生した都市の若者や，女性や性的少数派の運動も含んでいる。これに対し，1990年代末から台頭してくる反新自由主義・反グローバリズムの運動は，市民運動とともに労働運動や農民運動の一部，右翼グループも入ってくるので，イデオロギー的には一層不均質である。

　新しい社会運動の担い手は，例えば反原発地域闘争のような場合には住民のほぼ全階層を含む。しかし持続的な活動家においては，対人サービス専門職，特に医療や福祉，学問や文化に関係する専門職やフリーランサーが多い一方，大企業や官庁の管理職や工学系専門職は少ない。

　新しい社会運動が登場した背景は様々に説明されてきた。いずれも大きな社会経済変動が，個人の価値観やリスク認識，不満を変化させ，新しい運動

第1章　原発建設はなぜ全て止まったのか　　45

への参加を促したという点で一致する。なかでも近代化の否定的効果に注目したのがハーバーマスとベックである。ハーバーマスは，近代化で生まれた国家と市場経済という 2 つのシステムが肥大化し，その論理を一面的に「生活世界」に押しつけ，ますます「植民地化」しているとし，これへの対抗力を「市民社会」に求める。この視点を発展させたコーエンとアレイトは，2つのシステムと生活世界の媒介役として「政治社会」（政党，選挙など）や「経済社会」（労組などの利益団体）を位置づけ，その狭間の公共圏として市民社会を捉える（Cohen and Arato 1992）。「新しい社会運動」や NGO（非政府組織）などは市民社会の重要な構成要素となる。

　一方，ベックによると，近代化は原発事故など新しいリスクをブーメランのように社会にもたらしてきた。新しいリスクは時空や社会に限定されず，被害は国境や世代，階級，地域にまたがって広がる。これが彼のいう「再帰的近代化」である（ベック 1998）。このような新しいリスクにさらされた「リスク社会」においては，従来の政治・行政による対応は十分な効果を上げられない。意思決定の単位と被害の広がりがずれている上に，リスクの評価や被害の認定に不確実性が大きく，異なる価値観に基づく論争が生じやすい。この状況では，国民意識や階級・地域利害よりも，リスク認識を共有する「不安からの連帯」，すなわち「新しい社会運動」の可能性も開かれる。

　これに対し，近代化が個人の価値観の変化と知的資源の増大をもたらし，運動に参加する潜在力を高める側面に注目したのがイングルハートである。彼の『静かな革命』によると，1960 年代に成年に達した高学歴の若者は，全般的には安定した政治環境と経済的繁栄の下で育ち，高等教育の普及やメディアの発達の中で政治意識や行動力を身につけた。こうした世代では，所得の増大や法秩序の安定を重視する「物質主義的」価値観よりも，生活の質や自己実現，政治参加を重視する「脱物質主義的」価値観が，次第に優勢になっていくという（イングルハート 1978）。

　これらとは別に，具体的な不満の形成に注目したものとして，「相対的価値剥奪」論がある。これは，絶対的窮乏よりも相対的地位低下に直面した人々が，抗議運動に参加すると見る。ヴァイマル共和国時代にナチスを支持した者が中間層に多かったことが，議論の出発点にある。戦後ドイツでは，

石油危機後の若年失業率の増大と，緑の党の支持拡大を結びつける議論があった（Alber 1985）。ただし若者たちの不満は経済的なものだけではない。先述した過激派条例に基づき，1970 年代末までに 150 万人近くの公務員志願者が政治信条を審査され，総計 1000 人が採用を拒否された。このことは若者世代の反発や不安を深めた（ルップ 2002: 236; Koopmans 1995: 63-64）。

　「1968 年運動」に感化された若者は，旧世代の慣習や価値観，政治や企業，学校，大学の権威的な関係を批判し，親世代のナチス時代の振る舞いを問いただした（Reichardt 2008: 76, 80）。学生運動で形成された価値観は，失業の増加や公務員志願者の思想審査，環境危機や核戦争の脅威の高まりと連動して，「新しい社会運動」に流れこんだ。

　「新しい社会運動」の担い手たちは「古い社会運動」との違いを強調しようとし，緑の党も「底辺民主制」を掲げて既成政党との違いを際立たせようとした。その結果，学問的にも新旧の運動の違いを強調する傾向が見られる。新旧の運動の違いは特にドイツで目立った（Brand 1998）。労働組合や教会，既成政党が新しい価値観や不満，参加の受け皿になるのが遅く，限定的だったためである。労働組合は日本に比べてはるかに体制内に組み込まれ，SPD は政権獲得のため現実路線に転換した。戦前は欧州最強だったドイツの共産党が，戦後は東西分断により大半が東側に移り，西ドイツ側では違憲政党として禁止されたことも，新しい社会運動や緑の党がその穴を埋める機会を開いた（Koopmans 1995: 41, 43）。プロテスタント教会が新しい平和運動に積極的に関与し始めるのは 1980 年代初頭からであり，反原発運動にもあまり関わらなかった。カトリックの多い CDU・CSU 支持層で反原発運動に共鳴する人は一層限られていた。

5.　報道と「市民対話」

　ヴィールの原発予定地を占拠した人々が強制排除されにくかったのは，裁判の動向もあったが，マスメディアが熱心に報道したせいでもある。住民運動が弾圧を牽制するには，幅広い世論から好意的な反応を得る必要がある。

　バーデン地方で支配的な新聞はフライブルクに本社を置くバーデン新聞で

第 1 章　原発建設はなぜ全て止まったのか　　47

ある[10]。同紙はヴィール闘争の報道を続けはしたが，新聞社自身は原発を必要悪として受け入れる姿勢を維持した。ラジオやテレビも当初は同様だった。

しかし敷地占拠は全国メディアの注目を引いた。西ドイツ放送（WDR）のテレビ番組「現地から」は占拠の映像を含むヴィール事件の特集を1975年2月，夜8時台に全国放映した。左翼過激派が背後にいると州政府は繰り返し非難していたが，警察が地元の農民夫婦らを泥だらけにして引きずり出す映像は衝撃だった（Rüdig 1990: 135）。これ以後，当局による情報操作に対抗して，運動側も大企業や政府機関のむき出しの力から故郷を守ろうとする「普通の礼儀正しい市民」というイメージを印象づけようとした（Rucht 1988: 154-155）。WDRの番組放映後，ヴィールの反対運動は全国に報道されるようになり，州政府当局は強制排除に訴えることが難しくなった。

メディアが反原発運動に果たした役割に関する研究は少ない。ケプリンガーは，1965～1986年の報道を分析している。対象は最も影響力のある活字報道媒体（『フランクフルター・ルントシャウ』『南ドイツ新聞』『フランクフルター・アルゲマイネ』『ヴェルト』『ツァイト』『シュピーゲル』『シュテルン』）である（Kepplinger 1988）。原子力に関する報道は1969年から否定的な方向へ転換し始め，1972年に初めて否定的な論調が優勢となり，石油危機が起きた1973年に一旦肯定的になったものの，1974年から一貫して否定的になる。1977年と1981年，1983年に賛否は同程度となったが，1984年以降，否定的評価がさらに進行する。報道は1974年以降増加し，米国スリーマイル島原発の大事故があった1979年の前年に一旦ピークとなり，その後逓減した後，1985年に若干上向きとなり，チェルノブイリ原発事故の起きた1986年に激増した。

保守系紙の中では『フランクフルター・アルゲマイネ』が原子力にやや否定的な姿勢に変化し，『ヴェルト』だけは明確に肯定的だったものの次第にトーンダウンした。左翼的な3つの週刊紙・誌のうち，『シュテルン』は全面肯定から明確な否定まで最も劇的に変化した。『ツァイト』や特に『シュピーゲル』は早くから否定的だったが，他の媒体の転換を促したかどうかはわからない。『フランクフルター・ルントシャウ』や『南ドイツ新聞』も肯定から否定に転換した。

ケプリンガーはまた，報道姿勢と世論の長期的連関について，アレンスバッハ世論調査研究所が 1975 年以来 8 回行ってきた代表サンプル調査に依拠して検討し，一致しているのを確認している。当初は原子力を肯定的に見ていた世論は 1975 年から肯定的意見が減少し，1979 年ごろから否定的な認識が優勢となる。特にチェルノブイリ原発事故をめぐる報道が続くと世論も完全に否定的となった。

　参考までに図 1–3 で Emnid 社の西ドイツ世論調査を示す（Dube 1988; Emnid-Institut 1986, 1988）。設問は，「あなたは原則的に原発の建設に反対ですか，それとも原発が建設されようとなかろうとどちらでもよいですか」。1970 年代後半から 1980 年代前半まで，賛否は拮抗し続け，チェルノブイリ事故後に反対派がようやく明確に優位となる。

　別の調査によると，原発報道の件数は，ヴィール原発予定地の占拠があった 1975 年以降に増え，特に後述するブロックドルフ原発デモ（1976 年秋〜1977 年春）とスリーマイル島原発事故の際に激増した（Overhoff 1984: 33）。

　しかし運動側は，マスメディアが依然として公平に報道していないと感じつづけた。独自の新聞を発行するヴィールの反対派の試みは，そこから生まれた。また西ベルリンでは様々な新しい社会運動や緑の党の支持者によって，『ターゲスツァイトゥング』（タッツ）が 1979 年に創刊され，原発問題についても積極的にとり上げるようになった（林 2002）。

　ヴィール原発について，連邦研究技術相マットヘーファー（SPD）は，州政府の抑圧的な対応のせいで対立が激化したと見ていた。彼は，原子力に関する決定は，徹底した情報提供と市民参加なしには受けいれられないだろうと考えていた（Abelshauser 2009: 344）。スウェーデン政府の原子力情報キャンペーン[11] を参考に，彼は 1975 年 7 月，「原子力市民対話」と呼ばれる試みを始めた（Altenburg 2010: 62）。討論会やセミナーを開くとともに，原子力に関する情報提供を行ったほか，市民の教養講座や教会，労組，政党，青年団体による学習会を助成した。どの集会でも推進派と反対派の両方の観点が提示され，そこで出た意見は連邦研究技術省発行の小冊子に掲載された（Matthöfer 1977）。同省は 1975 年に 75 万マルク，1976 年に 300 万マルク，1977 年に 400 万マルクを市民対話に費やした[12]。運動側は原発建設を続けようとす

第 1 章　原発建設はなぜ全て止まったのか　49

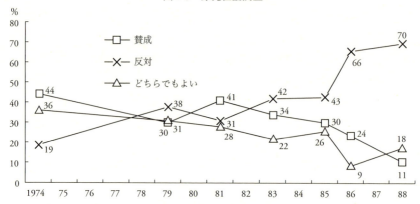

図 1-3　原発世論調査

る政府には批判的だった (Nelkin and Pollak 1981: 171-172)。原発をめぐる対立が激化すると、このような枠組みでは対応できなくなるのである。

6. ブロックドルフ原発闘争

　ヴィール村の占拠が成功したのを受け、1976〜1977年に西ドイツの反原発運動は全国規模で急成長を遂げ、敷地占拠戦術が模倣された。なかでもドイツ北部シュレースヴィヒ・ホルシュタイン州のブロックドルフは反原発運動の焦点となった。

　ブロックドルフはエルベ川下流沿いの農村で、大都市ハンブルクの市民が余暇に訪れる地域にあり、主要産業は牧畜だった。1973年10月、州政府はこの村に原発を建設する計画を正式に発表した。事業主は北西ドイツ発電と、ハンブルク電力であり、両社は共同で、すでにエルベ河畔の3地点で原発を運転（シュターデ原発）または建設（ブルンズビュッテル原発、クリュムメル原発）していた。

　北西ドイツ発電の親会社は、フェーバコンツェルン傘下のプロイセンエレクトラ社だった。フェーバ（合同電力鉱山株式会社）は1929年にプロイセン州政府が電力・石炭分野の国営持ち株会社として設立したもので、戦後は西ドイツの国営企業となり、1965年から1987年にかけて徐々に民営化された。

RWEと並ぶドイツ最大・最古のエネルギー企業集団だった。同様にフェーバ傘下の配電会社シュレースヴァクは，その電力の全量を北西ドイツ発電から購入し[13]，シュレースヴィヒ・ホルシュタイン州の全家庭の60％に販売していた[14]。同州に建設された原発には隣の州のハンブルク電力も資本参加しており，発電された電力の約半分をハンブルクに移出していた（Rieder 1998: 151–152）。なおハンブルク市は州の資格をもつ都市州である。

　計画が発表された翌月，疑問を抱いた地元の観光協会会長やブロックドルフ村長，建設予定地のヴィルスター湿地の6農家によって「エルベ下流域市民イニシアチヴ」が結成された。彼らがブロックドルフ村と隣のヴェーヴェルスフレート村の全住民に原発の可否についてアンケート調査を実施したところ，回答率3分の2で，その75％（784名）が反対，20％（202名）が賛成で，無回答は500名だった。ところが地元の建設事業への資金援助を電力会社が約束すると，ブロックドルフ村長は賛成へ態度をひるがえした。以後，周辺町村の方が強く反対するようになった。シュレースヴィヒ・ホルシュタイン州では1970年代初頭からCDUの単独政権が続いており，シュトルテンベルク首相は反対派を過激派扱いした。

　1974年3月，州政府に原発の認可が申請された。8月に申請書類が公開され，異議申立期間が始まると，市民イニシアチヴは2万1000人の署名を集めた。他の幾つかの市民団体は4万筆で異議申立てを支持した。11月の聴聞会では農民や漁民とともに，ブレーメン大学の専門家や，米国の原子力安全論争で活躍した科学者タンプリンが反対の論陣を張った。全国的な環境団体，生命保護世界連盟とドイツ環境自然保護連盟（BUND）も支援を約束した。1976年3月にはエルベ川からの冷却水取水に関する聴聞会が開かれたが，例えば反対派は住民と部外者に分けられ，別々の聴聞会が開かれたため，住民は専門家の支援を十分受けられなかった。

　電力会社や州当局は当初，推進派の市民団体を支援したり，広報センターを開設するなど，穏健な手段で対抗していたが，しだいに強硬姿勢をとる。ヴィールのように敷地を占拠されることを恐れたのである。州政府は10月25日，密かに第1次認可を即時着工命令とともに出した。これを受け電力会社は州政府と協議の上で翌日未明，数百人の警官に守らせながら予定地へ

第1章　原発建設はなぜ全て止まったのか　51

建設機械や資材を搬入した。警察は予定地の周囲に濠を掘り，鉄条網のフェンスを張り巡らした。こうした措置はかえって州政府への不信感を強めた。10月30日，市民イニシアチヴの呼びかけで反対派8000人が現地に集結し，うち500〜2000人が警察の封鎖を突破して予定地に進入し，半分を占拠した。その夜，警察は馬や犬，警棒，高圧放水，催涙ガスを用いて占拠者を排除し，52名を逮捕，数名を負傷させた。翌31日，警察の暴力に抗議するデモがエルベ河畔で行われ，4000人が参加した。さらに11月13日，4万5000人が予定地へ向かった。警察と連邦国境警備隊は濠やフェンスを強化し，1300人の警官を投入して道路を封鎖した。デモ隊が占拠を試みると，警察は放水車や犬，ヘリコプターからの催涙ガス弾投下で応戦し，デモ隊の500人と警官50人が負傷，100人以上が逮捕された（Nelkin and Pollak 1981: 64-66; Rüdig 1990: 150-151; Redaktion Atom Express 1997: 47, 52）。

　ヴィールでは，農民を中心とする地元住民と，フライブルク大学や外部からの学生活動家が，占拠する際も非暴力を貫徹する点で一致していた。ところがブロックドルフでは教条的左翼と呼ばれるセクトの一部が警察との衝突を煽動した。1977年に西ドイツでは赤軍派などの極左グループによるテロと治安機関による弾圧が激化し，「ドイツの秋」と呼ばれる緊迫した状況に発展していく。そうした中で「内戦」と称されるほどの衝突に発展したため，世論は反原発運動に対して賛否両極に分かれた。

　メディアでは暴力の責任を警察よりもデモ隊に負わせる論調がめだった。地元住民も急進派から距離を置き始めた。教条的左翼セクトが現地デモを呼びかけたのに対し，市民イニシアチヴや，それを支援してきた市民イニシアチヴ全国連盟，シュレースヴィヒ・ホルシュタイン州SPDはブロックドルフから少し離れたイッツェホエ村でデモをすると決めた。1977年2月，どちらのデモにも約3万人が参加した（Rüdig 1990: 305; Koopmans 1995: 164-165）。

　解決に向けて動いたのは裁判所である。シュレースヴィヒ・ホルシュタイン行政裁判所は，1976年12月に工事の中断を命じたのに続いて，上記のデモの直前の1977年2月，原子力法で義務づけられた核廃棄物処分の検討が不十分だという理由で，第1次認可の合法性を疑問に付し，当面の工事を禁止した（Rüdig 1990: 152）[15]。この判決によって，ブロックドルフ原発の工事

は 1981 年まで中断した。また 1977 年 7 月から約 4 年間，西ドイツの原発新設認可は皆無になった。

　占拠では満足ゆく結果を得られないことは，カルカーの高速増殖炉計画についても確認された。ここではノルトライン・ヴェストファーレン州を統治する SPD と FDP の連立政権が，巧妙にデモを封じ込めた。州内務相はデモの権利を認めながら公共秩序の維持も重要と語り，平和的なデモを保障するためにあらゆる措置をとると言明した。1977 年 9 月，警察は現地へ通じる主要道路に検問を敷き，反原発活動家に貸さないようバス・レンタル会社に圧力をかけた。それでもデモ隊は約 1000 台のバスをチャーターし，オランダ人 1 万人とフランス人 1000 人以上がやって来た。警察と国境管理所は目的地までの間に最大 10 回もバスを検査し，活動家の到着を遅らせた。警察のヘリコプターは都市からの列車を止め，乗客全員に検問を行った。妨害にもかかわらずデモには 5 万人が到着した。とはいえ，非暴力主義と無党派性を維持できなくなったと見た市民イニシアチヴ全国連盟はこのデモの数日後，大規模デモと敷地占拠を主要な手段とはしないことを表明した（Nelkin and Pollak 1981: 66-68）。ここから反原発運動の戦略は，緑の党を結成して選挙政治に参入したり，対抗専門家を組織して政策を提言するやり方にシフトしていくのである。

7.　政党政治のゆらぎ

　ブロックドルフ原発の問題は政党や利益団体の間にも亀裂を生んだ。1976 年 11 月の衝突後，カトリックやプロテスタントの各青年組織，大学の学生評議会，環境団体が反原発運動への支持を表明し，原発を抱える州では SPD や FDP，特に両党の青年組織や労組に原子力批判グループが生まれた。

　とりわけ重要なのは SPD の動揺である。シュレースヴィヒ・ホルシュタイン州の SPD は 1971 年の州議会選挙綱領では原発を容認していた。ブロックドルフ原発に市民が反対するようになると，町村レベルの党支部は反原発に転じたものの，シュタインブルク郡の支部は原発を支持しつづけたため，1975 年 4 月の州議会選挙綱領はエネルギー問題に触れなかった。しかし 7

第 1 章　原発建設はなぜ全て止まったのか　　53

月の州党大会では，青年部が原発の建設や運転，輸出の3年間の凍結を要求した。1976年10月にひそかに第1次認可が下りていたことが明らかになると，前年の州党大会で議長に選ばれていたヤンセンが率いる執行部も3年間の凍結を求めることにした。これに対し，SPD会派議長のマティーゼンは州議会で反対の立場を表明したものの，次回州議会選挙でFDPと連立を組もうと考えており，原発推進派の連邦首相との対立は避けようとした。それでも州党執行部は11月，激しい議論の末，原発の建設や輸出の停止を求める動議を採択し，全国のSPD内で原発推進から転換した最初の州党組織になった。この月のデモにはヤンセンを始め，SPDの党員も多数参加した。ただし別の日には電力会社従業員5000人がブロックドルフで原発推進デモを行った。また州議会SPD議員30名のうち，北西ドイツ発電の監督役会役員でもあった公務運輸労組支部長ら労組派の議員5人は，原発工事の停止を求める会派の動議を支持しなかった。それでも1977年6月の州党大会は「全ての原発」の認可・建設・運転開始の停止を求める決議を大多数で採択した（Tretbar-Endres 1993: 348-362）。

　その背景には緑の党の登場があった。最初のきざしは，ニーダーザクセン州（1977年10月）とシュレースヴィヒ・ホルシュタイン州（1978年3月）の郡議会選挙における「緑のリスト」を名乗る候補者グループの参加である。前者では，ドイツで一般的な得票率5％の議席獲得要件がなかったため，2つの自治体で各1議席を得票率1〜2％台で得た。また後者では，ブロックドルフ原発計画を抱えるシュタインブルク郡で6.6％の得票率で3議席を獲得した。1978年6月にはニーダーザクセン州議会選挙で自然保護活動家を中心とした「緑のリスト・環境保護」（GLU）が得票率3.9％を獲得した。同じ6月のハンブルク州議会選挙では隣接する州にならって結成された緑のリストと，「多色のリスト」の2団体が，それぞれ3.5％と1.0％を獲得した。「多色」は反原発や女性運動，現場労働者のグループなど，大都市の多様な社会活動家の参加を表現していた。両団体は次回1982年のハンブルク州議会選挙で「緑・オルタナティヴ・リスト」（GAL）に合流し，得票率5％の壁を突破することになる。1978年10月にも2つの州議会選挙があったが，バイエルンでは緑のグループの得票率は1.8％にすぎず，またヘッセンでは3

グループが乱立し，合計で 2.1％にとどまった。

　それでもこうした初期の緑の選挙団体は得票率以上の影響を及ぼした。例えばニーダーザクセンとハンブルクの各州議会選挙では，緑の党に票を奪われた FDP が得票率 5％に届かず，全議席と連立与党の地位を失った（Hatch 1986: 104-106）。緑のリストは 1979 年 10 月のブレーメン州議会選挙で初めて得票率 5％を突破し，4 議席を獲得した。ブレーメン緑のリスト（BGL）は当初，SPD の離党者で占められていたが，同時にかつての社会主義学生同盟（SDS）や「議会外反対運動」（APO）のカリスマ的指導者，ドゥチュケが支援したことも象徴的である（Raschke 1993: 284）。彼は学生運動が退潮に向かっていた 1960 年代末，当時流行だった毛沢東主義の影響を思わせる「制度内への長征」という言葉を用い，学生活動家が回り道でも実社会の様々な職に就いて社会変革を続けることを説いた。SPD の青年部，次いで緑の党はそうした社会変革の場に見えたのである。

　各地の緑のリストやオルタナティヴ・リストの連携も進み，1979 年の欧州議会選挙への参加を契機に全国団体「その他の政治結社・緑の人々」（SPV）が結成された[6]。これは 1980 年 1 月に全国政党としての緑の党結成に発展し，10 月の連邦議会選挙に参加した。このとき議席獲得は果たせなかったが，1981 年以降は多くの州議会に進出していった。1981 年のベルリンで「オルタナティヴ・リスト」（AL）が 7.2％，1982 年 6 月と 12 月の 2 回のハンブルク州議会選挙で GAL が 7.2％と 6.8％，1982 年のニーダーザクセン州議会選挙で緑の党が 6.5％，1982 年 9 月のヘッセン州議会選挙で緑の党が 8.0％と，得票率も増やしていった。

　1979 年 4 月のシュレースヴィヒ・ホルシュタイン州議会選挙では，ブロックドルフ原発計画や隣の州のゴアレーベンの再処理工場計画と，米国スリーマイル島原発事故の発生が原子力を主要争点に押し上げた。州の SPD は原発反対を強調して 41.7％という 1947 年以来最高の得票率をたたき出したものの，「緑のリスト」が得た 2.4％に対応する 1 議席分，過半数に届かなかった（Rave 1988: 618）。FDP は票を減らしつつも 5％を確保した。1979 年 10 月の同州 SPD 党大会は青年部からの脱原発を求める動議を採択し，それまで態度を曖昧にしていた稼働中と建設中の原発にも踏み込んで反対した。し

第 1 章　原発建設はなぜ全て止まったのか　　55

表1-4 シュレースヴィヒ・ホルシュタイン州議会選挙の結果と州政府

	CDU 席(%)	SPD 席(%)	FDP 席(%)	緑の党 席(%)	SSW 席(%)	極右 席(%)	その他 席(%)	州首相	与党
1971	40(51.9)	32(41.0)	0(3.8)	0(—)	1(1.4)	0(1.3)	0(0.6)	G. シュトルテンベルク(1971.5〜)	CDU
1975	37(50.4)	30(40.1)	5(7.1)	0(—)	1(1.4)	0(0.5)	0(0.5)		CDU
1979	37(48.3)	31(41.7)	5(5.7)	0(2.4)	1(1.4)	0(0.2)	0(0.3)		CDU
1983	39(49.0)	34(43.7)	0(2.2)	0(3.6)	1(1.3)	0(0.0)	0(0.3)	U. バルシェル(1982.10〜)	CDU
1987	33(42.6)	36(45.2)	4(5.2)	0(3.9)	1(1.5)	0(0.0)	0(1.5)	H. シュヴァルツ(1987.10〜)	CDU
1988	27(33.3)	46(54.8)	0(4.4)	0(2.9)	1(1.17)	0(2.0)	0(1.0)	B. エングホルム(1988.5〜)	SPD
1992	32(33.8)	45(46.2)	5(5.6)	0(4.97)	1(1.9)	6(7.5)	0(0.0)	H. ジモニス(1993.5〜)	SPD
1996	30(37.2)	33(39.8)	4(5.7)	6(8.1)	2(2.5)	0(4.3)	0(2.3)		SPD/緑
2000	33(35.2)	41(43.1)	7(7.6)	5(6.2)	3(4.1)	0(1.0)	0(2.7)		SPD/緑
2005	30(40.2)	29(38.7)	4(6.6)	4(6.2)	2(3.6)	0(1.9)	0(2.8)	P. カルステンセン(2005〜)	大連立

注：1992年は小選挙区当選者が比例区の議席を12議席超過し，総議席数が異常に増加。極右はNPD，DVU，共和党の合計。SSWはデンマーク系少数派の政党で，得票率5%未満でも議席配分を受ける。
出典：Hartmann (1997); Jun et al. (2008).

かし州党の立場は12月にベルリンで開かれたSPD連邦党大会では少数派にとどまった。CDUの州政府は，シュレースヴィヒ行政裁判所の判断（1979年12月，1980年3月）とSPDの連邦首相の後押しを受け，1981年2月にブロックドルフ原発の第2次認可を出した。これを受けて企画された現地デモをめぐっては地元の郡役場が出した禁止令をめぐって行政訴訟が起こされたが，高裁と連邦行政裁判所はデモ禁止令を認めた。その結果違法デモとなったにもかかわらず，1981年2月末のデモには10万人が参加した[17]。だが翌年に州議選を控えた1982年10月の州党大会の頃には，クリュムメル原発は運転開始寸前，ブロックドルフ原発は第5次認可を残すのみとなっていた（Tretbar-Endres 1993: 365-370）。

　ブロックドルフ原発は，シュレースヴィヒ・ホルシュタイン州で野党だったSPDよりも，ハンブルク州で与党だったSPDに深刻な亀裂をもたらした。1974年11月に当時の西ドイツ最年少の州首相に就任したSPDのクローゼは，青年層に広がる原発批判を受け，ブロックドルフ原発反対の姿勢に転じた（西田 2012）。彼は，住宅への熱供給を33万戸へと倍増させるエネルギー政策を構想し，そのための財源は同原発の建設中止でまかなおうとした。地元の火力発電所で発生した排熱も温水として供給する方が，エネルギー効率と価格の両面で望ましいという理由である。熱電併給（コジェネレーション）

表 1-5　ハンブルク州議会選挙の結果と州政府

	CDU 席(%)	SPD 席(%)	FDP 席(%)	GAL(緑) 席(%)	その他 席(%)	州首都	与党
1970	41(32.8)	70(55.3)	9(7.1)	0(—)	0(4.8)	H. ヴァイヒマン(1965.6〜)	SPD/FDP
1974	51(40.6)	56(44.9)	13(10.9)	0(—)	0(3.6)	P. シュルツ(1971.6〜)	SPD/FDP
1978	51(37.6)	69(51.5)	0(4.8)	0(4.5)	0(0.3)	H-U. クローゼ(1974.11〜)	SPD
1982. 6	56(43.3)	55(42.7)	0(4.8)	9(7.7)	0(1.5)	K.v. ドーナニー(1981.6〜)	SPD
1982.12	48(38.6)	64(51.3)	0(2.6)	8(6.8)	0(0.7)		SPD
1986	54(41.8)	53(41.8)	0(4.8)	13(10.4)	0(1.1)		SPD
1987	49(40.5)	55(45.0)	8(6.5)	8(7.0)	0(1.0)		SPD
1991	44(35.1)	61(48.0)	7(5.4)	9(7.2)	0(4.3)	H. フォシェラウ(1988.6〜1997.11)	SPD/FDP
1993	36(25.1)	58(40.4)	0(4.2)	19(13.5)	8(16.8)		SPD/Statt
1997	46(30.7)	54(36.2)	0(3.5)	21(13.9)	0(11.0)	O. ルンデ(〜 2001.10)	SPD/GAL

注：1978 年の GAL は Bunte Liste 3.5％，GLU 1％の合計。1993 年の「その他」のうち，抗議政党 Statt（「代わりに」の意）が 5.6％で 8 議席。
出典：Hartmann（1997: 253-254）.

の活用である。ところが州政府が株式の 72％を保有していたハンブルク電力は暖房用電力の大幅拡大を追求しており，州政府の政策に抵抗した。同社の監督役会に州政府は 4 議席しか持たない一方，10 議席分を割り当てられていた社員代表たちは，金属労組のハンブルク支部の指導の下に，早期の原発着工を求めて活動していた。また同社の従業員は，従業員株により利潤分配にも与っていた（Mohr 2001: 148-152）。

　ハンブルク SPD は，1981 年 2 月に開かれた特別州党大会で，同原発計画に州は参加しないよう求める決議を採択したが，執行部や州議会 SPD 会派内では原発支持派が優勢であり，閣内は割れていた[18]。結局，この件で一致をみなかったこともあって，クローゼ州首相は 1981 年 5 月に辞任に追い込まれた（Rieder 1998: 169-170）。後継のドーナニーは，「緑・オルタナティヴ・リスト」が初めて議席を獲得した 1982 年 6 月の州議会選挙で一旦過半数を割ったが，半年後の再選挙で回復し，原発容認に戻った。

　なお，前掲表 1-3，1-4，1-5 を比較すると，バーデン・ヴュルテンベルク州ではヴィール原発計画を撤回に追い込む勢いで緑の党が 1980 年 3 月に州議会に進出するが，SPD が低迷を続けたため，ようやく福島第一原発事故後の 2011 年に両党連立の脱原発政権が誕生した。これに対し，シュレースヴィヒ・ホルシュタイン州ではブロックドルフ原発の阻止には間に合わなか

第 1 章　原発建設はなぜ全て止まったのか　　57

ったものの，SPD が緑の党の議会進出を 1996 年まで抑え，1988 年には単独で脱原発政権を誕生させた。ハンブルクでは，緑の党の州支部である GAL が急進的で，州の支配政党 SPD との折り合いが悪く，脱原発を目指す両党の連立政権はようやく 1997 年に成立した。

1980 年代初頭は一時的に原発建設を再開する方に振れた。1979 年初めのイラン革命を契機に第二次石油危機が発生し，続いて勃発したイラン・イラク戦争は原油価格を高騰させたため，西ドイツ経済は再び打撃を被った。SPD・FDP 連立政権の当面の維持を決定づけた 1980 年 10 月の連邦議会選挙後から，連邦の原子力に関わる 3 省（内務・経済・研究技術）は主要電力会社や原子炉製造企業の重役，諮問機関の専門家と協議し，続いて連邦政府と州政府の原発認可所管省が会合を持った。その結果，シュミット連邦首相を長とする原子力閣僚会議は 1981 年 10 月，原発の規格統一化を含む許認可手続きの簡略化・迅速化措置を承認した。1982 年 2 月，久しぶりに新規の原発が 3 基，立地は異なるが同じ規格という理由で，連邦内務省によって一括認可された。バイエルン州のイーザル 2 号炉とネッカーヴェストハイム 2 号炉，ニーダーザクセン州のエムスラント原発である。この 3 基の原発はいずれも 1980 年代末に運転を開始する（Hatch 1991: 85, 96）。

とはいえ，これらは結果的に西ドイツで建設される最後の原発となった。SPD の連邦，州，地方支部など各レベルの党大会にはエネルギー政策関係の動議が多数提出されるようになった。またソ連が中距離核ミサイルを配備したため，NATO はその撤去を求めて交渉しつつ，西欧諸国の米軍基地にパーシング II ミサイルを配備するという「二重決定」を行った。これにより核戦争の危険が高まるとして，西欧各国で平和運動が空前の盛り上がりを見せた。西ドイツでもシュミット首相が NATO の決定を支持したため，特に米軍基地のある州で平和運動が高揚し，反原発運動との提携も進み，緑の党の台頭に拍車をかけた。

FDP も緑の党の脅威にさらされ，党内にも亀裂が走ったが，党指導部は保守路線への転換に活路を見出した。1982 年 9 月，財政再建策をめぐる対立を直接の契機に FDP の 4 閣僚が辞任し，SPD だけの少数政権となった。CDU・CSU と FDP は連立協定を締結した上で 1982 年 10 月，CDU 党首コ

ールを新首相候補とした建設的不信任案を連邦議会に上程し，シュミット首相を退陣に追い込んだ。連立を鞍替えした FDP への批判は強く，また緑の党に票を奪われ，FDP は 1982 年 9 月のヘッセン州を皮切りに 3 つの州議会選挙で 5％の得票率を超えられず，これらの州議会から姿を消した。

　連立鞍替えによる政権交代の信任を国民に問うため，1983 年 3 月に繰り上げ実施された連邦議会選挙では，SPD と FDP が票を減らし，バイエルンの CSU は現状維持，CDU が票を増やして保守政権維持を確認したが，その一方で緑の党が得票率 5.6％で 27 議席を獲得し，初めて連邦議会に進出した。連邦で野党に転じた SPD は緑の党への接近を模索するとともに，徐々に脱原発路線に向かうのである。

8.　建設はなぜ全て止まったのか

　ここまで旧西ドイツの原子力開発と初期の反原発運動を概観し，脱原発の発端をつくった 2 つの反対運動に焦点を当てた。いずれも参加の論理，すなわち反原発運動の直接行動が変化の起点となった。

　ヴィール原発の事例では，農民と学生の協働による占拠戦術が，全国メディアの注目を集めると同時に，裁判闘争で州裁判所の工事中断命令を引き出し，さらにバーデン・ヴュルテンベルク州政府の路線転換を促した。この事例は単なる地域闘争に終わらず，エコ研究所という対抗専門組織を派生させ，一般市民や団体の参加する討議の場を設けるなど連邦政府にも対応を促した。これに学生運動世代の多数の若者が触発され，各地の反原発運動に参加した。ドイツ原子力法の特徴である多段階的な手続きは行政訴訟の機会を増やしたものの，市民参加の制度的保障は不十分だった。このため運動の広がりは若者の価値観の変化から理解されねばならない。

　運動が激化したブロックドルフ原発闘争も重要な変化を引き起こした。推進する CDU 主導のシュレースヴィヒ・ホルシュタイン州政権に対抗し，原発に批判的な若年有権者を強く意識して，州野党の地位にあった SPD は原発反対に転じた。今や原発問題は政党間競争のテーマになったのである。同時に，警察との衝突をきっかけに，再び州裁判所が工事中断を命じ，今度は

核廃棄物処理の確保を原発認可の条件としたため，全国で工事が中断した。またメディアが原発問題について積極的かつ批判的に報道するようになり，世論も急進的なデモの是非や原発の賛否で割れた。さらにブロックドルフ原発へのハンブルク電力の出資をめぐり，ハンブルク州与党の SPD 内に亀裂が生じた。原発をめぐり，連邦や各州の SPD の対応が分かれるなか，緑の党の議会進出が各地で進む。その結果，政党間競争の論理が強まり，特に SPD は政治戦略の見直しを迫られた。連邦の政権交代直前の混乱期にブロックドルフ原発の工事は再開され，3 基の原発新設も認可されたものの，これらは西ドイツで最後に建設された原発となるのである。

注

1) 1957 年に連邦原子力・水管理省，1961 年に連邦原子力省，1962 年に連邦科学研究省，1969 年に連邦教育科学省，1972 年に連邦研究技術省。

2) シュトラウスは，核武装能力の取得を唱える彼の持論を厳しく批判する雑誌『シュピーゲル』に対して有名な言論弾圧事件を 1962 年に引き起こす。

3) 原子力の大研究所は 8 つある。カールスルーエ（KFK），ユーリッヒ（KFA），ハンブルク近郊のゲーストハハト（GKSS），ハンブルクの電子シンクロトロン（DESY），ベルリンのハーン・マイトナー（HMI），ミュンヒェン近郊ガルヒンクのマックス・プランク・プラズマ物理（IIP），ミュンヒェン近郊ノイビーベルクの放射線・環境研究協会（GSF），ダルムシュタットの重イオン研究協会（GSI）である（Czada 2003: 67–68）。

4) 1990 年のドイツ統一後，旧東ドイツの国営電力会社は西ドイツ企業に分割吸収された。さらに EU 電力市場自由化の流れの中で大手電力会社は 4 社に再編された。

5) 立地手続の流れは Hatch（1991: 95）と保木本（1988）を参考に作成。

6) Joachim Scheer, Bürgerinitiative gegen das AKW Mülheim-Kärlich, Atomkraftwerk Mülheim-Kärlich. Eine Chronologie, August 2008, PDF; NVwZ（Neue Zeitschrift für Verwaltungsrecht）1993, 603; NVwZ 1998, 628（Beck Online）.

7) 1978 年，フィルビンガーは第二次大戦中に彼が海軍軍事法廷の裁判官として脱走兵の処刑を命じた事実がジャーナリストによって暴かれ，世論の批判を浴びて州首相と議員の職を辞任した。「当時合法的だったことは，今日でも合法であるべきだ」との彼の発言は，戦争責任への鈍感さと法実証主義的思考の病理の典型として有名になった。

8) NJW（Neue Juristische Wochenschrift）1977, 1645（Beck Online）.

9) 市民イニシアチヴについては青木（2013）参照。

10) バーデン・ヴュルテンベルク州には 1995 年時点で 10 万部以上発行する地方紙が 9 紙あり，うちバーデン新聞は第 2 位の約 17 万 5000 部であった（Hartmann 1997: 78）。

11) 反原発運動の登場や野党，中央党による原発問題の追及に直面したスウェーデンの

社会民主労働党政権は 1974 ～ 75 年，原子力に関する勉強会開催を 65 万ドルもの予算をかけて市民教育団体に助成した。市民教育団体は各政党の系列下にあるものも多く，約 8 万人の学習会参加者のうち半数以上は社民党員だった。当時の首相は 1975 年，参加者の多くが原発を支持したと強弁したが，実際には原発支持は広がらなかった。社民党は政権を 1976 年に譲り渡した（Flam 1994: 176）。

12) 原子力市民対話の予算によって 1976 ～ 80 年まで 1000 件以上の催しが助成を受けた。BT-Drs. 8/4371, 2. 7. 1980.

13) 北西ドイツ発電は 1985 年に親会社であるプロイセンエレクトラに統合された。

14) 同州内の他の配電会社の大半もプロイセンエレクトラから電力供給を受けていた。シュレースヴァクの他には約 40 の電力企業があったが，大半は都市の配電公社であり，キールやフレンスブルク，ノイミュンスターでは自前の発電施設も持っていた。

15) NJW 1977, 644（Beck Online）.

16) SPV は 1979 年 3 月の欧州議会選挙で得票率 3.2 ％，89 万 3683 票を獲得し，これに応じて 490 万 DM を選挙戦経費の補償として受け取った（Raschke 1993: 895）。

17) NJW 1981, 1088（Beck Online）.

18) Spiegel 7/9.2.1981: Brokdorf. Atomfilz über Hamburg.

第2章

高速増殖炉はなぜ稼働できなかったのか

1966〜1991 年

原子炉を稼働させなかったので放射能で汚染されなかったカルカー高速増殖炉。現在，オランダの業者によってテーマパークとして再利用されている（2016年撮影）
撮影：Pieter Delicaat（wikimedia commons で公開）

1. 高速増殖炉とは何か

　日本政府は 2016 年 12 月に原子力関係閣僚会議を開き，1 兆円の国費を投じながら 20 年以上ほとんど運転していない高速増殖炉「もんじゅ」（福井県敦賀市）の廃炉を決めた。

　原子力発電は大量の電気を一度に生み出すことはできるが，事故が起きると大量の電気を供給できなくなる欠点がある。有限のウランを燃料に用いる点では，化石燃料を使う火力発電と変わらない。石油と異なり，原子力は発電にしか利用できず，高熱・高放射線を発する処理困難な廃棄物を出してしまい，事故時の放射能汚染や，通常運転時に放出される温排水，低レベル放射性物質による環境汚染も懸念される。発電時にも，他の発電方式と異なり，原発は 1 日や年間の需要の変動に合わせて出力調整ができず，一度起動すると次の定期点検まで約 1 年間，24 時間運転をしなくてはならない。頻繁に起動と停止を繰り返すと，燃料を破損し放射能を放出しかねないからである。しかしせっかく生み出した電気はかなり無駄になる。こうした欠点を補って余りある利点をもたらすには，特別の仕掛けが必要だった。燃料の増殖という構想である。

　天然ウランに含まれる同位元素の約 99％は核分裂性をもたない「燃えない」ウラン（U238）であり，残りの 1％未満の核分裂性の「燃える」ウラン（U235）の働きを用いるのが通常の原子力発電である。標準的な軽水炉では「燃える」U235 の割合を 5％前後まで少し高めた「低濃縮ウラン」を燃料にする。それでも「燃えない」U238 は核燃料の大部分を占めるが，U238 の原子は発電時に発生した中性子を 1 個吸収すると Pu239（プルトニウム）に変化する。プルトニウムは核分裂性なので核燃料に利用できる。原発の運転をするうちにプルトニウムを効率的に増やそうというのが増殖炉の目的である。

　増殖炉として有力視されたのは，米国が先行開発していた高速増殖炉である。これは高速で増殖するという意味ではなく，高速のままの中性子を用いて燃料を増やす炉の意味である。軽水炉では，エネルギーを生み出す核分裂を維持するため，中性子の速度を落とす。そのための「減速材」に水を使い，

原子炉を冷却し，蒸気を発生させ，タービンを回すのにも水を使う。これに対し，高速増殖炉は，高速のままの中性子を余分に発生させ，炉心を囲むように配置しておいた「燃えない」U238 の「ブランケット」にそれを吸収させることで，プルトニウムに変え，燃料の増殖を図る。ところが中性子を減速してしまう水は炉の冷却に使えない。代わりに熱して液体にした金属のナトリウムで原子炉を冷却する。だがナトリウムが循環する一次系で発生した熱を電気に変えるには，水が循環する二次系配管に熱を伝え，そこから蒸気発生器・タービンに導いて発電しなくてはならない。また炉心にはプルトニウムとウランを混ぜた MOX（混合酸化物）燃料を用いる。

しかし高速増殖炉の技術には致命的な難点がある。第 1 に，炉の熱を電気に変えるには水蒸気を発生させタービンを回す必要があるが，ナトリウムが漏れて水分と接触すると，火災や爆発を起こす性質を持つことである。

第 2 の難点はプルトニウムの危険性である。重金属毒性があり，微量でも致死量に達する。またアルファ線を発するが，これはガンマ線のように透過力は強くないものの，逆に検知が難しく，呼吸や飲食を通じて生体内に取り込まれると排出されにくく，内部被曝を引き起こす。プルトニウムの半減期は 2 万年以上と長いので，事故が起きて放出されると土壌などに残留する。

第 3 の難点は，長崎型原爆にも使われたようにプルトニウムで核兵器が製造できることである。高速増殖炉や再処理工場の建設に固執するのは，政府が核兵器の原料を確保したいからだという疑念には一理ある。

第 4 に，様々な核施設の建設が必要になる。例えば高速増殖炉用の燃料をつくるには，軽水炉の使用済核燃料からプルトニウムを取り出すための再処理工場[1] と，ウランと混ぜて MOX 燃料に加工する工場が必要になる。高速増殖炉で発電した後の使用済燃料は，軽水炉のものとは組成が異なるので，別の再処理工場に回さねばならない。各種工程では大量の核物質を扱うので事故が起きたり作業員が被曝するリスクが大きい。使用済核燃料の裁断・溶解時に環境に放出される気体・液体の放射性物質の量は膨大であり，英仏の再処理工場周辺では白血病の多発が報告されている。

第 5 に，原発は高熱を発する炉心を冷却し続けねばならないので維持費が高くなるが，高速増殖炉の場合，常温では固体の冷却材ナトリウムを液状に

66

図 2-1　核燃料サイクル（再処理を行い，高速増殖炉を利用する場合）

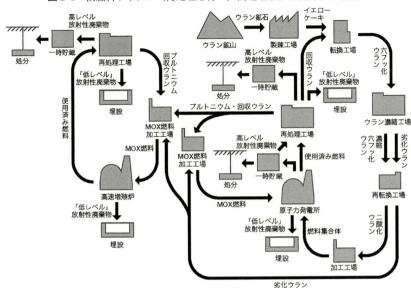

出典：原子力資料情報室『原子力キーワードガイド』2006 年，7 頁。

保つための加熱もしなくてはならないので，維持費が高額になる。

　第 6 に，燃料増殖の効率はきわめて低く，例えば「もんじゅ」では耐用年数を超える 46 年をかけても 16％しか増えない（増殖比 1.16）と試算されている[2]。

　こうした難点のため，高速増殖炉や再処理工場の建設が計画された国では反対運動が起きたほか，核不拡散を懸念する米国政府の介入を招き，さらに安全性を高めるための設計の変更によって建設・運転費用は増大した。再処理工場がいまだにあるのは，元々核兵器工場として建設した少数の国のみである。高速増殖炉の開発はほとんどの国で放棄された。

　日本では，1977 年に実験炉「常陽」（茨城県大洗町）が運転を開始した。反対の運動を押し切って，次の「原型炉」として「もんじゅ」が運転を 1994 年に開始したが，翌 1995 年にナトリウム漏れから火災を起こした。動力炉核燃料開発事業団は事故を撮影した映像の改竄・隠蔽を図ったとして強い批判を受け，組織再編を繰り返した。以来，「もんじゅ」は長期停止を余

儀なくされ，2003年には名古屋高等裁判所金沢支部が原子炉設置許可を無効と判断して，日本の原発裁判史上初の原告勝訴判決を出した。この判決は2005年に最高裁に覆されたが，運転再開は遅れ，改良工事を経て2010年に14年ぶりの運転を始めて間もなく，炉内に大きな部品が落下して回収困難となる事故を起こした。さらに約1万点にのぼる重要機器の点検漏れが見つかったため，2013年に運転再開が禁じられた。この間，「もんじゅ」の稼働日数は250日間程度にすぎないが，維持費は1日5000万円，年間200億円かかっていた。

　こうした惨憺たる成績にもかかわらず，「もんじゅ」の廃炉は長年先送りされてきた。高速増殖炉を放棄すると，再処理の是非や使用済核燃料の貯蔵場所など，原子力政策の全面見直しが必要になるからである。同時に，それまで行ってきた多額の投資が無駄になるという論理も働いたであろう。政府は「もんじゅ」廃炉を決めてもなお，新たな高速増殖炉の実証炉計画をフランスと共同で進める可能性に含みを残す。

　日本とは対照的に，ドイツは1991年，多額をつぎ込み，ほぼ完成していた高速増殖炉の運転開始を最終段階で思いとどまった。このような意思決定はなぜ可能だったのか。それを明らかにするため，本章は高速増殖炉をめぐるドイツの政治過程を詳しく分析する。

2. 社民・自民連邦政権——市民参加と科学的計画化

　高速増殖炉 SNR-300 の建設は，ドイツ社会民主党（SPD）が参加した連邦政府の下で決定され，その中止には SPD の単独統治下にあったノルトライン・ヴェストファーレン州政府が重要な役割を果たした。そこでまず SPD 主導の連邦政府と原子力政策の関係を見ておきたい。SPD は，1950年代後半にはドイツ労働総同盟（DGB）とともに，核軍備・核実験反対運動を組織的に支援した。しかし1959年のバート・ゴーデスベルク綱領の採択によって，社会主義革命を放棄し，労働者階級から支持層を拡げて政権を獲得し，福祉国家を実現する現実路線に転換した。この転換は功を奏し，1966年にSPD は CDU・CSU との大連立政権に参加した。そして1969年9月の連邦

表2-1　旧西ドイツ連邦議会選挙の各党得票率と議席

	投票率	CDU/CSU	SPD	FDP	緑の党	その他	総議席
1949. 8.14	78.5	144(31.0)	140(29.2)	57(11.9)	0(—)	80(27.9)	421
1953. 9. 6	86.0	249(45.2)	162(28.8)	53(9.5)	0(—)	45(16.5)	509
1957. 9.15	87.8	277(50.2)	181(31.8)	44(7.7)	0(—)	17(10.3)	519
1961. 9.17	87.7	251(45.4)	203(36.2)	67(12.8)	0(—)	0(5.7)	521
1965. 9.19	86.8	251(47.6)	217(39.3)	50(9.5)	0(—)	0(3.6)	518
1969. 9.28	86.7	250(46.1)	237(42.7)	31(5.8)	0(—)	0(5.4)	518
1972.11.19	91.1	234(44.9)	242(45.8)	42(8.4)	0(—)	0(0.9)	518
1976.10. 3	90.7	254(48.6)	224(42.6)	40(7.9)	0(—)	0(0.9)	518
1980.10. 5	88.6	237(44.5)	228(42.9)	54(10.6)	0(1.5)	0(0.5)	519
1983. 3. 6	89.1	255(48.8)	202(38.2)	35(7.0)	28(5.6)	0(0.5)	520
1987. 1.25	84.3	234(44.3)	193(37.0)	48(9.1)	44(8.3)	0(1.4)	519

出典：Bundeswahlleiter (2015: 20-22). 得票率は1949年のみ第一票，他は第二票（比例代表）。

議会選挙には，人気のあった元西ベルリン市長のヴィリー・ブラントを首相
候補として前面に押し出して勝利を収めた。選挙後の10月，SPDは自由民
主党（FDP）と連立に合意した。

　キリスト教民主・社会同盟（CDU・CSU）が日本の自民党のように一党優
位となる可能性もある状況で，SPD主導政権が誕生したことは，競争民主
制の定着を表していた。ブラント政権の理想主義はまた，1968年の学生反
乱を経験した若者世代にも魅力的に映った。外交面では保守政権が西欧・米
国・イスラエルとの和解を優先したのと対照的に，積み残されていた東欧諸
国との関係改善を目指した。内政面では「もっと民主主義に挑戦しよう」と
いう標語で市民に政治参加を促した。1971年には西ドイツ初の連邦政府環
境計画も発表した。そこには合理的計画の対象として社会をとらえる傾向も
うかがえた。それでもSPDやFDPの青年組織に入党する若者が増えた。
SPDの党員数は1964年から1973年にかけて70万人も増加し，大卒や新中
間層の党員の割合が増した。1972年には社民党員の75％が40歳未満であり，
20％近くは21歳未満だった。この年11月の連邦議会選挙でSPDの得票率
は45.8％の頂点に達し，CDU・CSUをわずかに上回った（Reichardt 2008：
73）。若者の意欲に応えて，1970年の基本法改正で選挙権は21歳から18歳
に引き下げられ，被選挙権も1974年の法律改正で25歳から18歳に引き下
げられた（塩津2003: 158）。1974年に外相に転じるFDPのゲンシャー副首相

表 2-2 歴代連邦政府一覧

議会	政権開始	首相・内閣	与党	環境担当相	研究技術相
4	1961.11	アーデナウアーIV	CDU/CSU, FDP		
4	1962.12	アーデナウアーV	CDU/CSU, FDP		
4	1963.10	エアハルト I	CDU/CSU, FDP		
5	1965.10	エアハルト II	CDU/CSU, FDP		
5	1966.12	キージンガー	大連立		
6	1969.10	ブラント I	SPD, FDP	H-F. ゲンシャー（FDP）	H. エームケ（SPD）
7	1972.12	ブラント II	SPD, FDP		
7	1974. 5	シュミット I	SPD, FDP	W. マイホーファー（FDP）	H. マットヘーファー（SPD）
8	1976.12	シュミット II	SPD, FDP	G. バウム（FDP）	V. ハウフ（SPD）
9	1980.11	シュミット III	SPD, FDP	J. シュムーデ（SPD）	A. ビューロー（SPD）
9	1982.10	コール I	CDU/CSU, FDP	F. ツィンマーマン（CSU）	H. リーゼンフーバー（CDU）
10	1983. 3	コール II	CDU/CSU, FDP	W. ヴァルマン（CDU）	
11	1987. 3	コール III	CDU/CSU, FDP	K. デプファー（CDU）	
12	1991. 1	コール IV	CDU/CSU, FDP		

出典：Hohmuth (2014: 673) に加筆。環境担当相は連邦初の環境計画策定（1971 年）以降の担当大臣のみ。1986 年 5 月までは連邦内務相，それ以降は連邦環境相。

も最初は環境政策を担当する連邦内務相についていた。

　連立政権は経済や社会の近代化に積極的な役割を果たす国家像を追及した。しかし「国民経済の近代化」は，次第に民主的な市民参加との矛盾を顕在化させていく。矛盾が端的に現れたのがエネルギー政策である。1956 年にミュンヒェンで開かれた SPD 党大会では，原子力の軍事利用を否定しながら「平和利用」に賛意を示していた（Oppeln 1989: 208）。バート・ゴーデスベルク綱領もその前文で，核兵器が解き放った根源的な自己破壊力を人間は恐れなくてはならないが，日々拡大する自然支配力を平和目的に利用し生活を豊かにすることが，「原子力時代」の希望だと述べている[3]。

　社民・自民連立政権は，原子力が「国民経済の近代化」に寄与すると考えた。安価なエネルギーの安定供給により経済が成長し，製造業の国際競争力も向上し，福祉も充実するとしたのである（Flam 1994: 266-271）。連邦政府は，原子力の所管省を再編し，研究開発は連邦教育科学省から新設の連邦研究技術省に移管し，立地手続きや安全規制は連邦内務省，エネルギー政策は連邦経済省とした。また原子力委員会を 1971 年 12 月に廃止して機能を分散し，放射線防護部門は放射線防護委員会に改組した。

70

しかし1974年5月，秘書が東ドイツのスパイだったことが発覚したブラント首相が辞任し，危機管理に長けた実務家型で原子力推進派のシュミットが後を継いだ。連邦経済相をはじめ，FDPの閣僚も産業界との結びつきが強く，原子力を推進していた。連邦経済省は1973年9月，連邦政府初の包括的なエネルギー計画を策定した。しかしまもなく第4次中東戦争が発生し，アラブ諸国が原油生産の削減と石油禁輸を決めると，数カ月で原油価格が4倍になった。このため連邦政府は1974年10月に「第1次改定」を公表し，総エネルギー消費に占める石油の比率を1973年実績の55％から1985年までに44％へ削減する目標を掲げた。これに伴い原子力と天然ガスの利用を進め，石炭生産は維持し，省エネが奨励された[4]。とりわけ原発は，1985年までに5万MW（5000万kW）の発電設備容量に相当する約50基（1974年の実績230万kWの約20倍）への拡大が望ましく，発電電力量に占める原子力の比率は約40％に引き上げるとした（Hatch 1986: 42-43, 70）。こうして連立政権は各地で盛り上がってきていた反原発運動と対峙するのである。

3. 再処理工場計画——拒否権プレイヤーとしての州

　高速増殖炉の行く末を決めた重要な文脈として，再処理工場の建設計画をめぐって表面化する連邦と州の緊張関係にも触れておきたい。

　1976年8月に原子力法の第4次改正が行われた。使用済核燃料は再処理に回してプルトニウムを利用すべきこと，核廃棄物の処理について，原発事業者は使用済核燃料の中間貯蔵と再処理，連邦は最終処分場の整備を受けもつことを規定した。しかし電力業界が消極的なのを見た連邦内務省は，核廃棄物を処理する具体的な見通しがあることを証明できない限り，事業者は原発の認可を受けられないようにし，再処理工場や中間貯蔵場の建設を電力業界に促そうとした。シュミット首相も1976年12月の施政方針演説で，原発の認可と核廃棄物処理を抱き合わせにする方針を表明した（Oppeln 1989: 249）。

　さらに核廃棄物の処理計画が具体的でないとしてブロックドルフ原発訴訟判決（1977年2月）は工事の中断を命じた。同様に，労働総同盟の全国執行委員会が4月に発表した「原子力と環境保護」と題する宣言には，再処理工

場の建設許可が下りるまで，建設中の原発の運転や新規の建設は認可しては
ならないとする項目が含まれていた。

SPD は 4 月末に「エネルギー，雇用，生活の質」と題した会議をケルン
で開いたが，原子力をめぐって賛否両論が表面化した。党内の原子力推進派
は，シュミット首相を頂点とする連邦政府閣僚や，鉱業エネルギー産業労組
を基盤とするノルトライン・ヴェストファーレン州選出の議員に代表される。
これに対し批判派は，連邦党副議長コシュニクや，バーデン・ヴュルテンベ
ルク州やシュレースヴィヒ・ホルシュタイン州，バイエルン州の支部，ハン
ブルクやニーダーザクセン州の議会会派に代表される（Hatch 1986: 90; Mohr
2001: 50）。批判派は新中間層の台頭を重視し，原発建設の凍結や省エネ，環
境保全，雇用創出を同時に追求する「質的成長」を強調した。

FDP 内部では外務・経済・内務・農業の閣僚が原発推進派だった。しかし，
6 月の党執行委員会では，新規原発を認める条件として，高レベル核廃棄物
の中間貯蔵場の確保や最終処分場候補地の決定を要求すべきとの決議が僅差
で可決された。しかし原子力産業ロビーが巻き返し，11 月の党大会では，
連邦与党が核廃棄物の安全な最終処分場と中間貯蔵場が確保されたと認定す
れば，新規原発の建設を認めると決議した。

SPD も 11 月にハンブルクで開いた党大会で，石炭火力発電所の建設を優
先するとしつつも，やむを得ない場合は新規の原発を認めるとした。条件は
核廃棄物総合処理センターの認可だが，使用済核燃料の再処理・中間貯蔵を
外国に委託するのも当面可能とした（Hatch 1986: 87-94）。

連邦政府は，関係する州と協議して 1977 年 5 月に発表した「核廃棄物処
理の基本原則」において，原発認可と廃棄物処分の「抱き合わせ」を定めた
（Oppeln 1989: 249）。連邦政府は 12 月にはエネルギー計画の第 2 次改定を発
表した[5]。これは省エネや石炭資源開発を優先し，「電力供給確保のため絶
対的に必要」な場合にのみ原子力の開発を進めると位置づけていたが，原発
の建設や運転を認可するためには，次のような条件をつけた（Hatch 1986:
97-98）。国内外の中間貯蔵場の確保を含む，使用済核燃料の再処理計画を立
てていれば，新規の建設は認可する。運転を開始するには，総合処理セン
ターに第 1 次認可が下りるか，国外で使用済核燃料の再処理や中間貯蔵が確保

されていればよい。

　連邦政府は再処理工場と最終処分場，中間貯蔵場などをあわせた総合処理センター構想の具体化を急いだ。最終処分については岩塩層に埋設する方式にすると性急に決定し，岩塩層が存在するニーダーザクセン州の政府に，連邦政府が選んだ複数の候補地の中から計画地点を決めるよう促していた。州首相アルブレヒトは 1977 年 2 月，東ドイツとの国境に近いゴアレーベン村に決めたと公表した（Rüdig 1990: 152-153）。ここには農業と観光以外に産業はなく，失業率も全国平均を上回っていた。反対運動がすぐに立ち上がったが，連邦政府は同年 7 月，州の決定を受け入れた。その間，2 月には電力業界が既存の事業会社を母体にドイツ核燃料再処理会社を設立した。同社は州政府に再処理工場建設の第 1 次認可を申請した。同社はさらにフランス核燃料公社コジェマと，1980 ～ 1984 年にドイツの原発が出す使用済核燃料のうち約 1700 トンの中間貯蔵と再処理を委託する契約を締結した。また連邦物理工学研究所（PTB）は 11 月，ゴアレーベンの適性を検査するための試掘の許可を州政府に申請した。国内中間貯蔵場としてはノルトライン・ヴェストファーレン州のアーハウスが選定された。こうして原発新設が認可される前提条件は満たされたように見えた。

　しかしアルブレヒトは 1978 年 6 月の州議会選挙への影響を恐れ，試掘の承認を引き延ばした。この選挙では CDU が単独過半数を確保した一方，緑の党の前身となる「緑のリスト・環境保護」が，議席は獲得できなかったもののゴアレーベン周辺などで票を伸ばした。アルブレヒトは住民との直接交渉を試みた上で，総合処理センター計画の安全性に限って評価を行う独立の国際専門家会議の招集を決めた（Hatch 1986: 110-115）。

　参考にされたのはオーストリア連邦政府の「原子力情報キャンペーン」である。これはほぼ完成していたツヴェンテンドルフ原発に反対する運動を受け，設置された。市民や専門家の討議の場であり，原子力についての論争点を網羅し，原子力の推進・反対両派に対等な発言権を与えることを謳っていた。1976 年 10 月から 1977 年 3 月にかけ，8 都市で合計 10 回の公開シンポジウムが開かれた。政府は，「客観的」な情報を提供して公開討議を行えば，原子力の必要性を市民に納得させられると考えた。しかし反対派は，政府が

第 2 章　高速増殖炉はなぜ稼働できなかったのか　　73

設定した議題が社会的・政治的論点を軽視しており，また討議に参加する専門家が推進派 46 人と反対派 19 人で不公平だと批判した。そして当初予定されていた議題に限定させず，パネル討論の議長を交替させた。反対派は討議の場を攪乱していると否定的に報道されることが多かったものの，世論は変化し，1977 年の世論調査では原子力の放棄を求める人の割合が発電のためなら危険も受け入れる人を上回った（Flam 1994: 51-52）。

こうした経緯を承知の上でか，ニーダーザクセン州政府は 1978 年にオーストリアの情報キャンペーンの責任者を務めた行政官で物理学者のヒルシュをゴアレーベン国際評価会議のコーディネーターに任命した[6]。彼は市民団体の助言に基づき専門家パネルを組織した。米国の「ソフト・エネルギー」専門家ロヴィンズを含む反対派 25 名（うちドイツ人 5 名）[7]，推進・中間派 37 名[8] が参加した（Hatzfeldt et al. 1988）。会議の初会合は 1978 年 9 月に州都ハノーファーで持たれ，会議の締めくくりは 1979 年 3 月 28 日から 6 日間にわたり開かれたシンポジウムだった。

しかし会議終盤の 3 月半ばにゴアレーベンで試掘作業が開始され，抗議行動を呼び起こした。3 月末には米国でスリーマイル島原発事故が起きた。西側世界の多くの国が採用する加圧水型軽水炉が炉心溶融（メルトダウン）を起こし，住民の避難に発展した。こうした中，10 万人が参加する反原発抗議集会がハノーファーで開かれ，350 台のトラクターによる農民デモを出迎えた。5 月になってアルブレヒトは記者会見を行い，総合処理センター構想について「これだけ大きな論争が起きているので，（政治的に）実行可能ではない」と述べた。これを受けて連邦首相シュミットは 1979 年 9 月に操業・建設・計画中の原発を抱える 8 州の首相と協議し，そこでの合意に基づいて 1980 年 3 月，「核廃棄物処理の基本原則」を改定した。ゴアレーベンを最終処分場や中間貯蔵場の予定地とするが，他の場所に小規模の再処理工場を建設し，再処理をせずに使用済核燃料を直接最終処分に回す選択肢の調査も始めることとしたのである[9]。

ゴアレーベンでは中間貯蔵場の設置が 1982 年 1 月に許可され，1984 年に完成するが，その後 10 年間にわたり，使用済核燃料の搬入は抗議行動によって阻まれる。再処理工場計画は規模が縮小され，最終的に候補地はバイエ

図 2-2　核燃料サイクル（再処理を行わず，直接処分する場合）

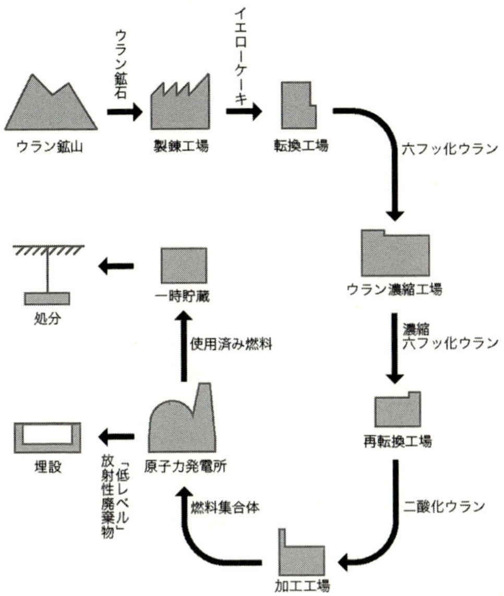

ウラン鉱山 → ウラン鉱石 → 製錬工場 → イエローケーキ → 転換工場 → 六フッ化ウラン → ウラン濃縮工場 → 濃縮六フッ化ウラン → 再転換工場 → 二酸化ウラン → 加工工場 → 燃料集合体 → 原子力発電所 → 使用済み燃料 → 一時貯蔵 → 処分

「低レベル」放射性廃棄物 → 埋設

出典：原子力資料情報室『原子力キーワードガイド』2006 年，6 頁。

ルン州ヴァッカースドルフに絞られ，反対派住民と警察の激しい衝突を招くことになる。再処理をしない直接最終処分の選択肢は 1994 年の原子力法改正で可能になる。2000 年の赤緑連立政権と電力業界の脱原発合意により，再処理は 2005 年に終了するのである。

　ゴアレーベンの総合処理センター計画の撤回は，高速増殖炉の政治過程にも重要な意味をもった。州政府が拒否権プレイヤーであることが明確になったのである。連邦と州の与党が異なるとき，また新党の参入で選挙競争が激化し，与党の地位を守る必要性が高まるとき，州の態度は一層非協力的になり，連邦はますます妥協を強いられるのである。

4.　高速増殖炉の建設

　ここからは高速増殖炉の建設をめぐる政治過程を詳しく見ていきたい。初期の原子力計画は，5 つの異なる炉型を並行して開発するもので，独自の重

水炉と米国型軽水炉に重点が置かれていた。高速増殖炉はこれら「第一世代原子炉」の後に開発する予定だった。高速増殖炉に早くから注目していたのは1956年に設立されたカールスルーエ原子力研究センターだけである。同センターは当初，産業界50％，連邦30％，バーデン・ヴュルテンベルク州20％の割合で出資した会社が運営していた。やがて研究の規模と財政負担が増大すると産業界は手を引き，1964年には連邦と州が3対1の割合で運営費用を負担することになった。産業界は，高速増殖炉についても原子力委員会とともに慎重だった。ところがやがて高速増殖炉は研究開発の最優先の対象に躍り出る。その背景には，米国が先行して開発していた高速増殖炉への国際的関心の高まり，特にユーラトム（欧州原子力共同体）の関心がきっかけだった。

　ユーラトムは1958年，独仏伊ベネルクスが前年結んだ条約に基づき発足した。欧州石炭鉄鋼共同体をモデルにした部門別の欧州統合の試みである。原子力研究で米英ソ連に遅れをとっている状況を西欧諸国の協力により打開することも狙いだった。しかしユーラトムの権限は弱く，域外の第三国との協定締結と研究協力の調整・助成に限られた。ユーラトムが高速臨界実験施設の建設を提案すると，財政支援の獲得をめぐって各国の綱引きが始まる。ドイツでも高速増殖炉が急激に研究開発の中心に躍り出て，カールスルーエ研究センターは1961年，これに力を入れることを決めた。センターの高速増殖炉事業は1960年から1967年末までに1億8500DMの予算を承認され，その40％はユーラトムが負担した。センターがこの事業のために直接雇用した科学技術者は1962年の150人から1966年の400人に増加した。実験施設はカールスルーエと仏のカダラッシュに1つずつ作られ，ユーラトムは米国から300kgのプルトニウムを調達して両国に等分に分配した。すでに独仏が別々に開発を進めていたので，ユーラトムはベルギーとオランダには独仏いずれかとの共同開発を義務づけた。先行するフランスは協力に否定的だったので，ドイツの高速臨界実験施設の建設にオランダとベルギーが参加した。

　ユーラトムの助成によって，ドイツの原子力計画の優先順位は入れ替わり，高速増殖炉は他のどの炉型よりも多額の助成金を獲得した。西ドイツの原子力開発は他国に比べて遅れていた第1世代原発（軽水炉，重水炉，ガス黒鉛

炉）に重点をおいていたはずだった。実際には 1956 〜 67 年の開発予算の
31%が高速増殖炉につぎ込まれ，後に原発の標準となる加圧水型軽水炉には
5%未満しか割けなかった。企業も，原子力技術者が不足するなか，優秀な
人材が外国に流出するのを危惧しており，実験施設の設計・建設を受注でき
たので，高速増殖炉が優先されても問題はなかった。

　センターはナトリウムを冷却材に使用する経験を積むため，ナトリウム冷
却・低濃縮ウラン燃料実験炉（KNK）の建設を決定した。これは 1971 年末
から発電を開始し，その後，プルトニウム増殖実験炉（KNK-II）に改造され，
1978 年に運転を再開した。

　ユーラトムは 1965 年に原型炉の共同開発も提案した。独・蘭・ベルギー
3 国の政府はこれを進めることを確認した。西ドイツ政府が積極的だったの
は経済的・技術的理由からではなかった。プルトニウム利用事業を外国と共
同で行えば，ドイツの核武装疑惑を払拭できることや，核不拡散条約をめぐ
る論議が核兵器をもたない自国の原子力産業に不利になるのを防ぐことがで
き，さらに欧州統合に向けたドイツの努力を証明できると考えたのである
（Keck 1984: 93–110, 132–133）。

　3 カ国の政府は 1967 年に公式の覚書で原型炉の共同建設を宣言し，製造
企業も関係を構築する。1968 年，ジーメンス，ベルゴヌクレール，ネラト
ームは協力協定を結び，「SNR コンソーシアム」を形成した。ネラトームは
オランダの造船や重機械製造の企業が出資する事業所である。核燃料の 40
%の供給を担当するベルゴヌクレールは鉱山コンツェルンの系列で，後にベ
ルギー政府が大株主となった。インターアトムは設計や開発を担当し，部品
の製造は下請けに出した。核燃料の残りの部分はアルケム社（第 4 章参照）
が担当した。1969 年，インターアトムはジーメンス，さらに KWU の 100%
子会社となった。SNR コンソーシアムは 1972 年，国際ナトリウム増殖炉建
設会社（INB）に改組された（出資比率はインターアトム 70%，ベルゴヌクレー
ルとネラトーム各 15%）。建屋だけは建設会社のコンソーシアムが受注した。

　SNR-300 と命名された高速増殖炉の建設は，3 カ国の電力会社が共同で担
うことになり，1972 年 1 月に高速増殖原発有限会社（SBK）を設立した。こ
れには着工後に英国電力公社（CEGB）も資本参加し，出資比率はドイツの

第 2 章　高速増殖炉はなぜ稼働できなかったのか　　77

RWE 68.8％，ベルギーのシナトムとオランダの SEP 各 14.8％，CEGB 1.6％になった。ただし費用の大部分は政府が負担することになっていた。電力会社も建設費用や損失の一部を負担する「リスク分担契約」に合意した。建設地点はオランダとの国境に近いノルトライン・ヴェストファーレン州のカルカーに決まった。

　しかし高速増殖炉は特別危険であり，州の認可官庁が設計の本質的変更を要求したため，許可手続きは遅れた。当初は原子炉の損傷を防ぐだけで十分と考えられていたが，その後，以下の要件が追加された。炉心損傷時でも放射能を封じ込める耐久性。メルトスルーを起こした場合，圧力容器の下に溶け落ちた炉心を受けとめ，再臨界を防ぎ，十分に冷却できること。主冷却系配管の破断時にも，3 つの冷却系と緊急冷却系のいずれかが機能を維持すること。原発全般について安全・環境要件が強化されたのに伴い，ライン川の熱汚染を減らすための冷却塔設置や，航空機墜落対策の強化，さらにサボタージュ（破壊行為）対策の強化も要求された。

　SNR-300 の目的はナトリウム冷却高速炉が故障による停止を頻繁に起こさずに運転できるかどうかの実証にあったため，発電費用の経済性は達成できなくてもよかった。しかし出力 300MW とはいえ，次の実証炉の開発につなげるため，大型実証炉と似た構造や部品の採用が求められた。このため商業用原発と同じ認可手続きを受けることとなった。こうした点に加えて，膨張傾向にあった費用を抑えるための設計変更も認可の遅れを招いた。

　最も本質的な変更を受けたのは炉心である。核燃料企業が当初提示した価格があまりに高かったので，将来の燃料交換後に燃料棒の直径を拡大できるように炉心の設計が変更された。これで燃料費は少し圧縮されたものの，燃料がほとんど増殖しない設計になってしまった。

　建設費用は着工前から膨張を続けた。1969 年末，SNR コンソーシアムは 5 億 5000 万 DM（初炉心製造と諸経費を除く）とする試算を非公式に所管省に通知した。これは 67 年までのカールスルーエ原子力研究センターによる試算の倍以上だった。試算の根拠には不明確なところがあったので，連邦研究技術省の提案により，費用が一定の上限を超過した場合に，超過分の一部を製造企業が自己負担し，超過限度額も定めることになった。

78

表 2-3　費用試算の推移 (単位：百万 DM)

試算期日	作成者	初炉心製造・諸費用		初炉心製造
		除く	含む	含む
1964.10	カールスルーエ研究センター	260(359)	310(428)	310(428)
1969.12.8	SNR コンソーシアム	550(652)		
1971.2.11	SNR コンソーシアム	670(707)	820(865)	730(770)
1971.10.1	SNR コンソーシアム	942(974)		994(1028)
1972.2.7	SNR コンソーシアム			1177(1189)
1972.11.10	SBK/INB（総工事契約）	1172	1335	1232

注：括弧内は 1972 年 7 月を基準物価として換算した場合。
出典：Keck（1984: 203）.

　その後，国が 3500DM まで 100％引き受け，それ以上の超過分は国が 50
〜 95％，製造企業が 5 〜 50％を負担することになった。国の負担額が 1 億
5800 万 DM に達した場合は再度協議するとされた。製造企業は費用を超過
しても，自己負担分を利益でまかなうことが可能で，リスクを負わない。た
だし差し引き後の残額は国庫に返還される。1972 年 11 月に総工事契約が締
結されたときの費用内訳は，プルトニウムの価格を除くと，この年の価格を
基準とした総費用が 13 億 3500 万 DM，インフレ分を加えた総費用が 15 億
3500 万 DM と試算された。石油危機前の 1969 〜 72 年の費用増大はインフ
レが原因ではなかった。

　ようやく 1972 年 12 月に州の官庁が第 1 次認可を出し，1973 年 4 月に着
工した後も，費用は増大を続けた。1982 年 6 月の試算は 60 億 5100 万 DM
に膨らんでいた。原因の大半は認可官庁の要求と建設の遅れに帰せられるが，
製造価格も同時に高騰しており，両者の区別は容易ではない（Keck 1984:
188-209, 212）。完工・引渡予定期日も試算のたびに延期された。

　高速増殖炉に関しては，1966 年頃から保守系紙『フランクフルター・ア
ルゲマイネ』の科学部編集委員がナトリウム冷却炉に公然と疑念を表明して
いた。彼の意を受けた FDP 議員の主導で 1969 年 1 月には連邦議会委員会が
公聴会を開いた（Radkau and Hahn 2013: 188-189）。また 1973 年にオランダ議
会は，カルカー高速増殖炉の開発費用に充てるため，電気料金の 3％分を消
費者に負担させる法律を可決した。このとき労働党，共産党，2 つの平和主
義小政党（平和主義社会党，急進党），自由主義新党「民主 66」などが反対票

第 2 章　高速増殖炉はなぜ稼働できなかったのか　79

表 2–4　契約締結後の費用増大　(単位：百万 DM)

費用試算時	1972.11	1975.10	1978.3	1980.10	1982.6
総費用	1535	2280	3200	5000	6051
引渡予定	1979.11	1981.3	1983.12	1986.2	1987.7
試算から引渡まで	84 ヵ月	65 ヵ月	69 ヵ月	64 ヵ月	61 ヵ月

出典：Keck (1984: 208).

を投じた。この頃，オランダの環境団体は電気料金不払い運動を始めていた。1974 年には 15 万 5000 筆の反対署名が経済問題相に提出された。オランダの世論調査では 50％以上の回答者が高速増殖炉に反対と答えていた。しかしその後，与野党の結束が乱れ，反対運動は下火になる (Flam 1994: 112–113)。ベルギーでも 1974 年に主に北部のオランダ語圏で反原発運動が盛り上がり，カルカー高速増殖炉の建設にも反対した (Rüdig 1990: 142–143)。1977 年 9 月には，第 1 章で触れたように，オランダ人やフランス人を含む 5 万人以上の大規模デモが現地で行われた (Nelkin and Pollak 1981: 68)。

　その間，1976 年までインターアトムの管理職としてカルカーの事業もまかされていた技術者のトラウベが，テロリストと接触した疑いをかけられ，後に根拠のないことが判明したものの憲法擁護庁から盗聴されていたことが明るみに出た。原子力社会の行く末は警察国家であるというユンクの「原子力帝国」論を地でいく話だと反響を呼んだ (Altenburg 2010: 85)。

　連邦与党内でも反対論が表面化してくる。1977 年 5 月，ユーバーホルストを中心とするシュレースヴィヒ・ホルシュタイン州選出の SPD 連邦議会議員数名が，高速増殖炉開発予算が除去されない限り，党議拘束を破って政府予算案に反対する構えを見せた (Hatch 1986: 118)。先述した 11 月の SPD 党大会は，SNR-300 の運転や高速増殖炉の是非を最終決定する前に，連邦議会の採決にかけるべきだという決議も採択していた。

　また SNR-300 の認可取り消し訴訟を審理していた高等行政裁判所から判断を求められた連邦憲法裁判所は，1978 年 8 月に高速増殖炉計画を合憲と認めた (Hohmuth 2014: 19)。同じころ，ノルトライン・ヴェストファーレン州政府は，第 3 次認可の発令を先延ばしし，高速増殖炉の建設には議会の決議が必要ではないかとして，やはり憲法判断を仰いだ。しかし連邦憲法裁判

所は12月, 連邦議会の決議を不要と判断した。それでも州の消極姿勢は変わらなかった。特にFDP所属の経済相と内務相が抵抗した。FDPは, 6月のハンブルク州とニーダーザクセン州の議会選挙で緑の党の前身組織に票を奪われ, 全議席と州与党の地位を失っていたからである。

さらに衝撃的だったのはオーストリア・ツヴェンテンドルフ原発をめぐる1978年11月の国民投票である。完成した原発の運転を禁ずる案が過半数(50.47%)の支持を得たのである。直後のFDP党大会は, 高速増殖炉技術の商業利用を拒否するとともに, 連邦議会特別調査委員会の設置を要求する決議を採択した。しかし6人のFDP議員がさらにSNR-300の建設中止も求めたため, 副首相ゲンシャーら党首脳と対立した。

SPDの会派からも特別調査委員会の設置が提案されていた。ユーバーホルストらシュレースヴィヒ・ホルシュタイン州選出のSPD議員は, 政府エネルギー計画を支持するのと引き換えに, 特別調査委員会を設置することと, 高速増殖炉の運転開始前に連邦議会で採決を行うことを連邦政府に確約させた (Kuhlwein 2010)。連邦政府は, 決定権限を州の行政庁から連邦議会に移せば, 政権の崩壊までは望まない与党内反原発派を党議拘束で統制できると考えた (Hatch 1986: 120)。

1978年12月, 第3次認可を出すよう州に指示せよと連邦政府に求める野党CDU・CSUの動議が否決された。続いてSNR-300の建設と高速増殖炉技術の研究は継続しつつも, 運転開始は議会で採決するまで保留とすることが与党の賛成多数で承認された。原子力政策全般を検討する特別調査委員会を設置する件に関しては, 与野党双方の決議案を一本化したものが1979年3月末に, 連邦議会で承認された (Altenburg 2010: 86-91, 95-98)。こうして5月, 「将来の原子力政策」特別調査委員会が発足したのである。

5. 連邦議会特別調査委員会

それまで連邦議会では不祥事が起きたときの調査委員会しか設置されたことはなかったが, 1969年の議会改革により, 学術諮問機関として特別調査委員会が設置できるようになった。その役割は「包括的で重要な問題群につ

いて意思決定に役立てること」と連邦議会運営規則に規定された[10]。議員の25%以上の要求があれば設置しなくてはならないので，少数派でも要求できるが，ほとんどの場合，多数派の同意を得て設置される。何が「包括的で重要な問題群」か，また委員会の権限や構成員数は明確に定められてはおらず，委員会ごとに異なる。常任委員会とは異なり，特別調査委員会が招聘した外部専門家は議員と同格の資格で活動する。どの会派からも1名以上の議員を委員に選ぶと定められ，それ以外の議員と専門家の数は通常，会派の勢力に応じて決まる。各党は立場の近い専門家を推薦する。審議期間は議会の当該選出期間に限定される。議長は1人の議員が務め，不偏不党が求められる。連邦議会管理局が特別に設置を認めた秘書課が議長を補佐し，科学者を秘書課の補助員として任命できる。特別調査委員会は通常，非公開だが，連邦や州，省庁の代表者が出席権を持つ。

特別調査委員会は二者択一の決定が目的ではない。多数派のみが支持した報告書は少数派に参加意欲を失わせ，専門家に政治的見解を強いてしまうからである。特別調査委員会の報告書が提出されると，常任委員会がそれを検討し，連邦議会に勧告を行う。報告書は広報課が編集し，刊行される。外部参考人に聴取したり，公開で行われることもある。特別調査委員会の唯一の法的根拠である連邦議会運営規則は議員のみを拘束するので，外部の関係者からの情報提供は自発的な協力に頼らざるを得ない（Altenburg 2010: 71-80）。

1979年5月に発足した特別調査委員会には，特にSNR-300の運転開始に関して連邦議会に勧告したり，将来原子力を放棄する可能性を評価することが求められた。委員会の構成は，会派や州のバランスのほか，連邦議会の関連常任委員会から1人以上は入るよう配慮された[11]。専門家が単なる利益代表になってしまうことを避けるため，推進・反対両派の専門家の名簿を与野党全会派が一括承認する形をとった。議長に選ばれたユーバーホルストは企業向けに対話の技術を助言するコンサルタント会社で働いた経験があった。専門家委員は，原子力批判派3人，推進派3人，中間派2人が選ばれた。

特別調査委員会（第1次）は1980年6月に報告書を提出する[12]。2030年までの50年間のエネルギー需給のシミュレーションを行い，原発の大増設，増設，長期廃止，早期廃止の4案が，いずれも経済的・技術的に可能だと全

表 2-5　特別調査委員会の構成員

原発への賛否	所属・役職・経歴	氏名
連邦与党		
中間派	議長。SPD，シュレースヴィヒ・ホルシュタイン	R. ユーバーホルスト①
中間派	SPD，ヘッセン，法律家，連邦保健局	K. キューブラー②
批判派	SPD，バーデン・ヴュルテンベルク，元教師	ハラルト・B. シェーファー
賛成派	SPD，NRW 州，鉱業エネルギー労組	P. W. ロイシェンバッハ
賛成派	FDP，ヴッパータール大学建築統計学教授	K-H. レアマン
連邦野党		
賛成派	副議長。CDU，バーデン・ヴュルテンベルク	L. シュターフェンハーゲン
賛成派	CDU，ドルトムントの鉱山会社	L. ゲアシュタイン
賛成派	CSU，バイエルン，元県庁部長，弁護士	P. ゲアラッハ①
賛成派	CSU，原子力施設建設会社	R. クラウス②
専門家		
批判派	エコ研究所創設者，人間生物学・福音派神学	G. アルトナー
批判派	ブレーメン大学実験物理学教授	D. エーレンシュタイン
批判派	エッセン大学環境・社会・エネルギー部会	K. M. マイヤーアビッヒ
賛成派	「高速増殖炉の父」，ユーリッヒ原子力研究所長	W. ヘーフェレ
賛成派	施設・原子炉安全協会（GRS）会長	A. ビルクホーファー
賛成派	合同ヴェストファーレン電力（VEW）取締役	K. クニッツィア①
賛成派	ケルン大学エネルギー経済研究所事務局長	H. K. シュナイダー②
賛成派	ケルン大学名誉教授・原子力技術者	H. ミヒャエリス②
賛成派	アルケム社取締役	W. シュトル②
中間派	DGB 連邦執行部・経済政策担当	A. プファイファー
中間派	ミュンヒェン大学エネルギー経済・発電所工学	ヘルムート・シェーファー①

注：太線囲みは第 1 次・第 2 次の両方に参加。①は第 1 次のみ，②は第 2 次のみ参加。

委員が同意したのは画期的だった。最終的にどのシナリオを選択するにして
も，1980 年代のうちに省エネルギーと再生可能エネルギーの開発を進め，
増殖炉の研究は継続すること，エネルギー・システムを評価する基準として
経済性，国際適合性，環境適合性，社会適合性の 4 つが重要であるとした。
さらに委員会の多数派，すなわち与党議員と専門家委員全員は原子力の利用
を将来続けるかどうかは賛否を保留した上で，1990 年以降に 4 つのシナリ
オから 1 つを選ぶとした。高速増殖炉の是非も判断を棚上げし，まず SNR-
300 の安全性について推進派と批判派の両方の科学者が並行して研究を行う
ことを勧告した。ただしこの 2 点について原発推進派である CDU・CSU の
3 議員は同意せず，少数意見を付けた。

特別調査委員会の報告書は 1980 年 7 月，連邦議会の審議にかけられたが，

第 2 章　高速増殖炉はなぜ稼働できなかったのか　83

議会は選挙のため一旦夏休みに入った。この10月の選挙では，野党が右派色の強いCSUの元連邦原子力相シュトラウスを首相候補に立てたおかげで，シュミット現首相の求心力が高まって連邦与党が辛くも政権を維持した。初めて参加した緑の党は議席を獲得できなかった。1981年1月末に，特別調査委員会の報告書は与野党共同動議により，連邦議会から常任委員会へ付託され，2月から11月末まで審議された。9つの常認委員会が審議し，うち7つが意見を表明した。その上で主管の研究技術委員会は12月，連邦議会に対する勧告を起草した（Altenburg 2010: 39–44, 218–220; Zur Sache 1980）。第2次特別調査委員会の設置は，消極的な野党を押し切り，連邦議会で可決された。

第2次特別調査委員会は，幾つかの困難に直面した（Altenburg 2010: 237–238, 242–244, 250–251, 254–256, 271–273）。第1に，増殖炉の運転開始の可能性を優先的に検討するよう求められた。原子力政策に関する他の論点の検討は後回しにされた。増殖炉の運転を開始するかどうかは本来，特別調査委員会ではなく議会が責任を負うべきだった。

第2に，増殖炉の安全性に関する「並行研究」が難航した。原子炉安全協会会長のビルクホーファーが指揮した推進派の研究グループに比べ，マックス・プランク研究所のベネッケが指揮した「高速増殖炉研究グループ」はまだかけだしの批判派研究者の集まりにすぎなかった。批判派の研究が難航した一因は研究技術省や推進派が情報を出し惜しみしたためでもあり，これは企業機密に関わるからだけではなく，批判派と開発企業や推進派との間に信頼関係ができなかったからでもあった。

第3に，増殖炉の運転開始に関して勧告の期限が早められたことも，委員会での熟議を難しくした。連邦議会選挙後の1980年11月に連邦研究技術相に就任したビューローは，前任者ハウフと異なり，財政が逼迫する中で，増大する高速増殖炉の建設費用を電力業界にも負担させようと考えており，特別調査委員会の勧告が速やかに出ることを望んでいた。また首相も与党内の様々な対立に直面していることもあって，できるだけ早く運転を開始し統治能力を証明したいと考えた。

第4に，委員の構成も問題をはらんでいた。SPDは今回も議長職だけは確保した。しかしユーバーホルストは1981年に議員を辞職してベルリン州

政府保健環境保護相になっていた。これは特別調査委員会にとって打撃だった。彼は若く，原子力の推進・反対両派の信頼を得ており，委員間の不協和音を個人的な働きかけで処理していたからである。

　結局，第2次特別調査委員会の議長にはハラルト・B. シェーファーが就いたが，彼は反原発色が強いと見られたため，野党議員との摩擦が目立った。また野党会派は与野党全会派が専門家の人選を一括して承認する共同名簿方式に反対し，勝手に原子力推進派の専門家を3人新たに選び，ビルクホーファーは留任させた。さらにヘーフェレ委員に野党が不満を持ち，推薦しなかったところ，与党は彼を評価して，批判派3人とともに留任させた。しかしこれで9人の専門家のうち推進派が5人と多数派になり，なかでも高速増殖炉開発の責任者だったヘーフェレの存在は議論に影響を及ぼした。

　1982年9月に2つの対立する研究グループは報告書を特別調査委員会に提出した。これに基づいて調査委員会が作成した「中間報告書」が，連邦議会で審議にかけられた[13]。多数派は，SNR-300のリスクは軽水炉と同じ程度だとし，運転を開始してよいと結論づけたが，建設費用の激増については判断しなかった。少数派は運転開始を拒否し，長期に及ぶ建設期間や莫大な費用など，経済上の根拠を挙げた。このころNATOの核ミサイル配備や連邦予算をめぐってすでに連立与党内は紛糾しており，9月中旬にFDPの閣僚は全員辞任し，内閣はSPDの閣僚だけで構成されていた。10月1日に建設的不信任によってシュミット首相が解任され，CDUのコールがFDPの賛成も得て新首相に選ばれ，政権が交代した。連邦議会は12月3日，特別調査委員会の多数派による勧告に基づいて，高速増殖炉の運転開始を容認する決議を行った。運転開始をまだ保留するよう求めたSPD会派の動議は否決された（Altenburg 2010: 263-266）。1983年3月の連邦議会選挙に伴い，特別調査委員会は自然消滅した。

　とはいえ，特別調査委員会の議論は，その後の政権が原子力政策に関して合意を形成しようとする際に常に参照されるようになった。脱原発は科学的・経済的に実現可能な選択肢となり，脱原発のシナリオを作成したエコ研究所や高速増殖炉の安全性を追究した批判派の専門家もその能力を認められた。異なる見解の科学者による並行研究は，保守政権でさえも尊重せざるを

えない方式になった。例えばチェルノブイリ原発事故後に連邦経済省はエコ研究所にも将来のエネルギー需給予測の作成を委託した（高木 1999: 42）。

カルカーの高速増殖炉の建設は続行されたが，運転を開始することなく1991 年に中止が決定された。その大きな決め手となったのはノルトライン・ヴェストファーレン州政府の行動である。

6. 州政府の抵抗と社会民主党の転換

ノルトライン・ヴェストファーレンはドイツ最大の人口を有する州である（1987 年の国政調査では 1671 万人）。西ドイツの国内総生産の 26％，石炭の90％，発電量の 50％を生み出していた（Esche and Hartmann 1990: 309）。ルール工業地帯を抱え，労働者階級を基盤とする SPD の牙城でもあり，1967 〜2005 年と 2010 年以降現在まで SPD が，最初は FDP との連立，1980 年から単独，1995 年からは緑の党との連立で政権を担ってきた。

1958 年，州の出資でユーリッヒ原子力研究所の創設が決定された。1973年に州内初の商業原発（プロイセンエレクトラ社，BWR）がヴュルガッセンで運転を開始する。1970 年代初めには SNR-300 に加えて，ハム近郊のユーントロップで高温炉（THTR–300）[14] の建設が始まった。高温炉はユーリッヒで開発が進められ，発電時に発生する 950 度もの高温を石炭の気体化や液化に利用できるのではないかという期待から，炭鉱を抱える同州は熱心に推進した。建設は合同ヴェストファーレン電力などが引き受け，公的資金で大部分がまかなわれた。しかし原発が論争を呼ぶにつれ，同州 SPD 内部でも対立が生じた。石炭と原子力の連携を唱える労組派に対し，若い党員は原子力に批判的だった。1982 年 11 月，SPD のメルキッシュ郡支部は州議会の会派に高速増殖炉の建設と運転を阻止するよう決議した（Düding 1998: 223–227）。

高速増殖炉に対して州政府は 1970 年代末から慎重になり，特に FDP の閣僚は距離を置き始めた。1980 年に SPD の単独政権になると，州政府はさらに慎重となる。SPD は 1984 年 5 月の党大会で「石炭優先政策」とともに再処理からの撤退と原発増設の中止を決議したが，高速増殖炉にはっきりとは言及しなかった（Marth 1992: 95–96）。しかし 1985 年州議会選挙の直前に，認

表 2-6　ノルトライン・ヴェストファーレン州議会選挙

	CDU 席(%)	SPD 席(%)	FDP 席(%)	緑の党 席(%)	その他 席(%)	州首相	与党
1970	95(46.3)	94(46.1)	11(5.5)	—(—)	0(2.1)	H. キューン	SPD/FDP
1975	95(47.1)	91(45.1)	14(6.7)	—(—)	0(1.1)		SPD/FDP
1980	95(43.2)	106(48.4)	0(4.9)	0(3.0)	0(0.5)	J. ラウ(1978 ～ 98)	SPD
1985	88(36.5)	125(52.1)	14(6.0)	0(4.6)	0(0.8)		SPD
1990	89(36.7)	122(50.0)	14(5.8)	12(5.0)	0(2.5)		SPD
1995	89(37.7)	108(46.0)	0(4.0)	24(10.0)	0(2.3)		SPD/ 緑
2000	88(37.0)	102(42.8)	24(9.8)	17(7.1)	0(3.3)	W. クレメント(1998 ～ 2005)	SPD/ 緑

出典：Hartmann（1997: 413）；Jun（2008: 318, 327）.

可を担当したきた州労働社会相ファールトマンが高速増殖炉に批判的な報告
書を閣議に提出する。州首相ラウは選挙の 2 日前に書簡を連邦首相あてに送
り，高速増殖炉の商業利用への様々な疑念を表明した。

　こうした背景には SPD の政治戦略もうかがえる。ヘッセン州では議会で
の半数を割った SPD が緑の党との連立協議に踏み出そうとしていたのに対
し，ノルトライン・ヴェストファーレン州首相ラウは高速増殖炉に明確な反
対を打ち出して緑の党の伸長を抑えようとした。実際，5 月の州議会選挙で
は SPD が単独多数を維持し，緑の党は議席を獲得できなかった。

　州議会選挙後，SPD 会派の議長になったファールトマンは，シュピーゲ
ル誌のインタビューで，高速増殖炉の運転開始に反対の意を鮮明にした[15]。
原子力の認可権限を移管された州経済中小企業技術相ヨヒムゼンも報道機関
に対し，カルカーの高速増殖炉を「エネルギー政策の誤り」と評した。9 月
末の州党大会も，SNR-300 の運転を阻止するため，高速増殖炉の推進策を再
考するよう連邦政府に促すことを州政府に求める動議を採択した。対照的に，
40 億 DM の建設費用のうち 4 億 5600 万 DM を州政府が負担した THTR-300
は，1985 年 11 月に州政府の了解のもと営業運転が始まった（Düding 1998:
227-229）。

　一方，高速増殖炉の建設は，1986 年半ばまでにシステムの機能試験が完
了し，工事進渉率は 95%に達した。しかし認可手続きは 1984 年ごろから目
立って遅れ，1985 年 10 月に出た認可が結果的に最後となった。カールスル
ーエ研究センターはこう指摘する（Marth 1992: 97, 104, 109–110）。

第 2 章　高速増殖炉はなぜ稼働できなかったのか　　87

・以前の認可で決着したはずの事実関係が「全般的懸念」を理由に疑問とされ，新たな鑑定手続きが始まった。
・外国での事故（1987 年の英国ドーンレイの高速増殖実験炉の配管損傷など）のせいで SNR-300 の安全設計に関して鑑定書がさらに必要とされた。なかでもチェルノブイリ原発は黒鉛，SNR-300 はナトリウムという可燃性の媒体を使う点が共通すると主張された。
・SNR-300 の認可手続きで実績のない鑑定機関に委託された。
・過去の訴訟で原発の批判を「扇動」した人が鑑定人に採用された。
・鑑定手続きの手際や日程調整が悪かった。

　以上を見ると，外部専門家に委託した鑑定が認可の遅れの主な原因であることがわかる。鑑定書の完成後も監督官庁が改善を求めると数カ月から数年かかった。鑑定人の変更も遅れをもたらした。特にベーテ・タイト事故という高速増殖炉特有の暴走事故について，対策が十分だと認定した原子炉安全協会から，1986 年以降，エレクトロワット社に鑑定機関はかわったが，鑑定は約 1 年を要した。

　手続きを少しでも早めようと事業者は連邦省庁と協議の上で許可を細切れにして申請したが，認可の遅れには州の明確な意思も働いていた。例えば核燃料の装荷などを可能にする第 7 次 6 号認可は 1983 年 6 月に申請されていたが，州労働社会省は 1984 年 12 月に聴聞会を開催させ，暴走事故の被害が想定よりも大きいとする批判派の科学者ドンデラーらの研究を取り上げた[16]。認可手続きはようやく 1985 年末に再開されたが，州経済中小企業技術省は防火やナトリウム漏れに関する対策の検討を要求した。

　チェルノブイリ事故の発生がソ連によってまだ秘密にされていた 1986 年4 月 28 日，ヨヒムゼンが議長を務める連邦 SPD 執行部のエネルギー審議会は，原子力の推進目的の削除や賠償責任限度額の大幅引き上げ，再処理とプルトニウム利用の禁止，高速増殖炉の中止などを盛り込んだ原子力法改正案を決議した（Marth 1992: 93–102）。

　SPD 会派は 5 月，州議会に動議案「チェルノブイリ原子炉事故後の政策への帰結」を提出し，6 月 4 日に本会議で可決された。段階的にできるだけ早く脱原発を進めるべきとしたが，具体的な期限は定めておらず，州政府の

役割も明らかでないまま，連邦の原子力法改正の必要性に触れただけだった。高速増殖炉技術には否定的だったが，高温炉には言及していなかった。

ところが動議が可決される直前に，THTR-300 が 5 月初めに事故を起こし，放射性の気体が漏れた事実が明るみに出た。SPD の西ヴェストファーレン支部とニーダーライン支部は高温炉からも撤退するように求めた。これについては州閣僚の間でも意見が割れた。そこで 6 月末に，州党執行部の会合が開かれた。会派議長ファールトマンや州首相ラウは高温炉の運転を当面継続すべきと述べたが，議論の結果，新たな動議案が作成された。脱原発の具体的な方策と期限を州政府に要求したのである。この 2 度目の動議は 7 月，CDU と FDP の両会派の反対を押し切り，州議会で可決された。

1986 年 8 月末に SPD の連邦党大会は，西ドイツの全原発を 10 年間で段階的に廃止すると決議したが，その原案をつくったのはハウフとヨヒムゼンの主導する委員会であり，ノルトライン・ヴェストファーレン州の議論も参考にされたであろう（Düding 1998: 230–235, 237）。ヨヒムゼン大臣は 1987 年 4 月には，SNR-300 の認可を拒否する意向を記者会見で表明した。

1988 年 4 月 27 日，連邦環境相テプファーはヨヒムゼンに対し，チェルノブイリ原発と SNR-300 の違いを強調した原子炉安全委員会の鑑定に依拠して，認可手続きを進めるよう指示した。州政府は半年後に，連邦の指示は州の権限を侵害していると連邦憲法裁判所に提訴した。1990 年 5 月の判決は州側の主張をことごとく退けた。しかしテプファーも SNR-300 の事業を進めるのに懐疑的で，ただ選挙への影響を避けるために建前を守っていると報道された[17]。

そうこうしているうちに財源は逼迫してきた。認可の遅れは技術的な理由からではないとして，連邦研究技術省は 1986 年半ばから 1987 年春までの遅延に対して 8400 万 DM を追加で支援した。1991 年末までの財政支援は研究技術省と電力会社（RWE，バイエルン電力，プロイセンエレクトラ），ジーメンスが各 3 分の 1 を分担して，年間 1 億 500 万 DM の維持費をまかなうことになった。しかし 1990 年に入るとドイツ統一にかかる費用にかんがみて，高速増殖炉へのこれ以上の支出に，年末の選挙を控える与党議員の同意を得られそうもなくなった。連邦研究相リーゼンフーバー（CDU）は上記電力 3

社やジーメンスと協議し，州政府の態度が原因で認可手続きの完了が見込めないとして，事業の中止を決定し，1991年3月に発表した。オランダとベルギーの両政府とは速やかに協議することになった（Marth 1992: 98-113）。着工から18年，事実上の完成から6年の段階で約70億DMを要した事業は放棄された（Hohmuth 2014: 39-40）。運転しなかったので原発は放射能で汚染されなかった。そこでオランダの業者が跡地を買い取ってホテル併設のテーマパークに改造し，「ワンダーランド・カルカー」として開業した。原子炉の冷却塔は壁登りに利用されている。

7. なぜ動かせなかったのか

なぜ高速増殖炉の建設は中止されたのか，その要因を検討しよう。

第1に，中止を決めた直接の理由は認可の遅れに伴い費用が膨らんだからである。しかし費用増大の根本原因は高速増殖炉技術が不確実だったこととリスクが大きいことにあった。保守系メディアさえ早くから高速増殖炉の批判を展開した。高速増殖炉事業に積極的であったとはいえない電力会社は，建設費用の大半が国費でまかなわれる前提で同意したが，費用が増えたため，この前提は崩れた。さらにドイツ統一を控え，今後財政に余裕がなくなることに加え，バイエルン州ヴァッカースドルフの再処理工場建設を電力業界がすでに中止していたことも（第5章参照），連邦政府の背中を押した。

第2に，州の認可官庁が費用のかかる設計の変更を望んだ背景には，1970年代初頭から広まっていた原発の安全論争があり，反原発運動の登場はやはり重要である。反対運動には近隣諸国からの参加もあり，世論の関心をひいた。また西ドイツの反原発運動は，エコ研究所を始めとする対抗専門機関や緑の党を生んだ。

第3に，州政府に許認可権限があり，総合核廃棄物処理センターをめぐる連邦政府の計画を州政府が中止できると明確になったのも重要である。選挙に緑の党が参入すると，まず州や連邦議会のFDPが高速増殖炉に慎重になった。しかしFDPはCDUとの連立に鞍替えし，原発推進路線を固めた。一方，連邦では野党になったSPDは，州の政権を維持するため，緑の党と

の協力を拒みながら，その支持層の票を取り込もうと，高速増殖炉の認可を遅らせたのである。

第4に，連邦議会特別調査委員会という討議の場があったことである。元々は与党内で一旦割れた意見を固め直すため設置されたが，結果的にエコ研究所が作成した脱原発シナリオや，ベネッケ，ドンデラーら批判的専門家によるリスク評価に正当性を与えた。州政府は，連邦憲法裁判所に提訴したほか，認可手続きを遅らせるため，エレクトロワット社のような対抗専門組織を活用した。

第5に，チェルノブイリ原発事故と，その直後に高温炉の事故が起きたことである。

以上のような要因が結びつき，建設は中止された。ノルトライン・ヴェストファーレン州のSPD政権は，元来原子力推進派だったにもかかわらず，原子力法を厳格に適用し，専門家の鑑定によって認可手続きを遅らせ，建設や運転を中止に追い込む「脱原発志向の安全規制」の原型をつくった。これを他州のSPD政権や，連邦のSPDと緑の党の連立政権が手本とするのである。

注
1) 再処理の際に発生する高熱・高放射能の核分裂生成物はガラスで固めて容器に入れ，高レベル放射性廃棄物として最終処分に回すとされるが，容器が数万年の耐久性を持つのかどうかは実証されておらず，最終処分地点の決定も困難である。
2) 原子力委員会新計画策定会議第18回「参考資料1 高速増殖炉サイクルの実現性について（改訂版）」（平成17年2月10日）。
3) SPD, Godesberger Program.
4) Erste Fortschreibung des Energieprogramms, BT-Drs. 7/2713, 30.10.1974. 1965年の電力石炭利用法が1974年12月に改正され，国産石炭と安い灯油との価格差を電力石炭税として電気料金に上乗せして消費者に負担させることになった（Illing 2016: 78, 131）。
5) Zweite Fortschreibung des Energieprogramms, BT-Drs. 8/1357, 19.12.1977.
6) ヒルシュは対抗専門機関，ハノーファーのグルッペ・エコロジーの創設に参加し，また独立環境諮問機関の全国連盟として1986年に創設されたエコロジー研究所共同体（AGÖF: Arbeitsgemeinschaft ökologischer Forschungsinstitute）の代表も務め，グリーンピースのキャンペーナー（専門担当者）にもなっている。
7) ほかにはストックホルム平和研究所（SIPRI）のフランク・バーナービー，オークリッジ米国立実験所の放射線防護課長・国際放射線防護委員会委員カール・モーガン，

妊婦のX線撮影による小児ガン増加を初めて疫学的に証明した英国の医学者アリス・ステュワートら。ドイツからはブレーメン大学のエーレンシュタイン教授ら。

8)　ドイツからは合同ヴェストファーレン電力のクニツィアやアルケム社のシュトルら。

9)　BT-Drs. 10/327, 30.8.1983.

10)　旧79条1項，1980年の改正後は56条。

11)　1人以外は全員が主管の科学技術委員会に属していたが，内務・経済の両委員会からも複数の委員が選ばれた。

12)　Bericht der Enquete-Kommission „Zukünftige Kernenergie-Politik", BT-Drs. 8/4341, 27.06.1980

13)　Zwischenbericht der Empfehlungen der Enquete-Kommission „Zukünftige Kernenergie-Politik" über die Inbetriebnahme der Schnellbrüter-Prototypanlage SNR300 in Kalkar. BT-Drs. 9/2001, 27.9.1982.

14)　THTRは濃縮ウラン235（核分裂用）とトリウム232（増殖用）を黒鉛（減速材）の被膜に包んだ直径6 cmの球体燃料3万個を燃料に用い，炭酸ガスで冷却する。トリウム232に中性子を吸収させてウラン233を増殖する欧州唯一の高温炉だった。

15)　Spiegel 27/1.7.1985: „Dieses Höllenfeuer nicht entfachen." SPD-Politiker Friedhelm Farthmann über den Schnellen Brüter.

16)　ドンデラーは特別調査委員会の委託による高速増殖炉の並行研究のグループに属しており，1984年にはコラート・ドンデラー研究室（GbR Kollert & Donderer）を立ち上げ，これは1996年にブレーメン物理研究室に改名されている。原子力法20条に基づく鑑定委託業務として1989年から1993年にかけてノルトライン・ヴェストファーレン州やニーダーザクセン州，1994〜1995年にバーデン・ヴュルテンベルク州からの委託を受けた。2015年現在で原子炉安全委員会の副委員長を務めている。http://www.rskonline.de/de/donderer

17)　Spiegel 29/19.7.1988: Politische Tricks mit dem Brüter.

第3章

労働組合はなぜ脱原発に転換したのか

1976〜1990年

フランス・ラアーグ再処理工場（2008 年）。元々は核兵器材料の生産をしていたが，やがてドイツや日本を主要顧客に，原発の使用済核燃料を受け入れるようになった。放射線の強い核物質を大量に処理するため，周辺環境への放射能放出や，労働者の被曝量も大きく，ドイツの労働組合における原発論議に影響を与えた
撮影：Morpheus2309（wikimedia commons で公開）

1. ドイツの労働組合

　日本では 1970 〜 80 年代，当時最大の労働団体「総評」（日本労働組合総評議会）が，最大野党の社会党とともに反原発運動を組織的に支えた。しかし総評の主力だった公務部門は人員削減や民営化によって打撃を受け，党派別に分裂していた労働界は民社党系の「同盟」（全日本労働総同盟）主導で再編される。1989 年に「連合」（日本労働組合総連合会）が結成されると，電力総連や基幹労連といった原発推進派が，自治労などの脱原発派よりも強い影響力を持った。福島第一原発事故後もこの構図は大きく変わっていない。

　これに対しドイツでは逆に労働界は戦後初期からほぼ統合されており，1980 年代初めまで原発推進派が優位だったが，チェルノブイリ原発事故後に脱原発路線に転換した。なぜそのような転換が可能だったのか。ここでは金属産業労組の活動家として反原発運動にも参加したモーアによる包括的な記述と，ドイツやスウェーデンの労組の大会における原発論争に注目したヤーンの研究に主に依拠して，労組の路線転換の過程を見ていきたい（Mohr 2001; Jahn 1993）。

　最初に労働団体の編成について説明しておく。組織労働者の 8 割を束ねるドイツ労働総同盟（DGB）は連邦，州，郡の 3 レベルで構成される。連邦レベルでは連邦大会と連邦執行部（常任 9 名と構成組合長 17 名）が重要である。1 つまたは複数の州を束ねた州支部が 9 つある。例えば 1985 年にはハンブルク，シュレースヴィヒ・ホルシュタイン，ブレーメンの北部 3 州が「ノルトマーク」支部を構成していたが，東西ドイツの統一を経た 2016 年現在はブレーメンの代わりにメクレンブルク・フォアポメルン州を加えた 3 州の組合が「北支部」を構成している。州支部の下には幾つかの郡支部がある。労働総同盟は 17 の産業別組合から構成されていたが，徐々に統合に向かい，2011 年には 8 組合となっており，もはや単一産業の組織とはいえなくなっている。産業別組織の中では金属産業労組（金属労組）が最大で，組合員の約 30% を占める。次いで公務運輸交通労組（公務運輸労組）が 15%，これに化学窯業製紙業労組（化学労組）を加えた三大産業別組合が 1990 年代後半

第 3 章　労働組合はなぜ脱原発に転換したのか　95

までの労働総同盟の方針に強い影響力を持っていた。

　労使の関係にも特徴がいくつかある。第1に，政府は労使交渉の自主性を尊重し，積極的な仲介役を務めない。第2に，団体交渉は労働総同盟やドイツ使用者団体連盟ではなく，むしろ産業別や州支部のレベルで行われる。交渉結果は通常，団体協約となる。多くの協約は組合員でなくとも，特定部門の全労働者に適用される。事業所レベルでは，組合ではなく従業員代表委員会が使用者と交渉を行う。

　第3に，企業経営における労使の共同決定がある。第一次世界大戦中に戦時経済にとって重要な産業に導入され，ヴァイマル憲法下の1920年に労働者の共同決定権が法律上規定された。しかしナチス政権下で同法は廃止されたため，第二次世界大戦後に結成された労働総同盟は共同決定権の回復を重点課題にした。なお，ドイツ企業は2層の役員会構造を持つ。日常的な企業経営は執行役会が行う。より戦略的な意思決定は監督役会が担うが，一般に年4回程度しか開催されない。労働運動の取り組みが実り，共同決定に関して以下の法律が順次制定された。経営者側も共同決定制度が争議の防止や雇用関係の管理に役立つ面を評価するようになった（堀田 1986: 214；フュルステンベルク 2000: 267-278）[1]。

　(1) 1951年モンタン共同決定法は，石炭・鉄鋼業の1000人以上規模企業の監督役会に対等代表制（労使同数の役員構成）を義務づけ，また監督役会が選出する執行役会に労働者重役を導入した。

　(2) 1952年に導入された経営組織法は，零細企業を除く全事業所が監督役会の3分の1に労働者代表を任命すべきことを規定するとともに，民間企業の従業員代表委員会の法律上の権利を拡大した。従業員の選挙で選ばれる代表委員は大半が組合の推薦を受けており，組合と密接に協力する。経営側は労働時間や超過勤務，給与体系，企業内福利厚生などの労働条件を決めるときに，従業員代表委員会の同意をえなくてはならない。

　(3) 1976年の拡大共同決定法は，従業員2000人以上の大企業の監督役会にも労使同数の役員構成を規定したほか，執行役会に1名は労働者代表を任命すべきことを規定した。

　原子力をめぐる利害関係を概観すると，原発製造企業の労働者も加入する

表 3-1　ドイツの労働組合

1987 年　組合名	組合員数(%)	組織率	2011 年　組合名	組合員数(%)
金属産業労組(IGM)	2,609,247(33.6)	45.0	金属産業労組(IGM)	2,245,760(36.5)
木材合成樹脂労組(GHK)	143,139(1.8)	*52.0		
繊維衣料労組(GTB)	254,417(3.3)	*50.0		
化学製紙窯業労組(IGCPK)	655,776(8.5)	49.6	鉱業化学エネルギー	672,195(10.9)
鉱業エネルギー産業労組(IGBE)	347,528(4.5)	92.1	産業労組(IGBCE)	
皮革労組(GL)	47,659(0.6)	54.1		
建設土石材労組(IGBSE)	475,575(6.1)	36.0	建設農業環境産業労組	305,775(5)
造園農林労組(GGLF)	43.253(0.6)	*30.0	(IGBAU)	
ドイツ鉄道労組(GdED)	340,095(4.4)	80.0	鉄道交通労組(EVG)	220,704(3.6)
教育学術労組(GEW)	188,861(2.4)	*30.0	GEW	263,129(4.3)
食品嗜好品飲食業労組(GNGG)	267,555(3.4)	*40.1	GNGG	205,637(3.3)
警察労組(GdP)	158,888(2.0)	*75.0	GdP	171.709(2.8)
公務運輸交通労組(ÖTV)	1,202,629(15.5)	30.0	合同サービス産業労組	2,070,990(33.6)
郵便労組(DPG)	463,757(6.0)	*73.0	(ver.di)	
商業銀行保険労組(HBV)	385,166(5.0)	10.0		
印刷業労組(IGD)	145,054(1.9)	*52.8		
芸術文化メディア労組	28,440(0.4)	67.8		
ドイツ労働総同盟(DGB)計	7,757,039(100)	34.2	DGB 計	6,155,899(100)
ドイツ職員組合(DAG)	494,126	4.8		
ドイツ管理同盟(DBB)	785,536	*17.0	DBB	1,265,720
キリスト教労組同盟(DGB)	307,529	*1.4	CGB(2009 年)	280,000

注：右側は http://www.dgb.de/uber-uns/dgb-heute/mitgliederzahlen（2016 年 6 月 1 日閲覧）。左側は Müller-Jentsch
　　1989: 67ff. ①組合員数：DGB と DAG は 1987 年 12 月 31 日。DAG は 2001 年に DGB に加盟し，合同サービ
　　ス産業労組に合流。DBB と CGB は 1987 年 9 月 30 日。②組織率：＊は 1985 年。GEW と GdP は多い方の数
　　字を挙げた。IGM と IGBSE の 1987 年は概数。DGB は求職者除く被用者中の比率。

金属労組や，原発の運転作業員も加盟する公務運輸労組，石炭産業の組合で
ある鉱業エネルギー労組，核燃料加工部門の労働者が加盟する化学労組の 4
つが 1990 年代半ばまでの主要な原子力関係の労組だった。

2.　原発立地紛争をめぐる労働内対立

　労働総同盟と傘下の労組は SPD（社会民主党）ともに，1950 年代に反核平
和運動に関与したが，原子力の民生利用は認めていた。1956 年に原子力委
員会が発足すると，後に労働総同盟の議長となるローゼンベルクが委員に選
ばれた。しかし原子力委員会 25 名のうち，労働総同盟には 1 名の割り当て

第 3 章　労働組合はなぜ脱原発に転換したのか　　97

しかなかった（8名は科学界, 13人は民間企業）。また5つの専門委員会のうち, 彼が1964年まで委員長を務めた第4専門委員会「放射線防護」は, 1958〜1960年に一度も開かれず, 放射線防護令の草案作成にも参加しなかった (Radkau 1983: 424-432; Radkau and Hahn 2013: 104-105)。

　労組の専門家は放射線のリスクや, 原子力産業によって既存の雇用が奪われる恐れを指摘していたが, 労組の原子力に対する関心は低く, 漠然と肯定していた。労組の大会では最も早く原子力を議題に取り上げた公務運輸労組の1972年大会や1976年大会は, 原子力を肯定する動議を採択した (Jahn 1993: 253-254)。公務運輸労組は, 看護師や消防士, ゴミ収集人, 発電所労働者など様々な職業集団を抱えていた。昔から金属労組に入っていたハンブルク電力の2つの原発（ブルンズビュッテル, クリュムメル）を除き, 原発の全従業員や原子力研究センターの職員は公務運輸労組に組織されていた。電力, ガス, 温水熱の供給企業の労働者が組合員に占める割合は1970〜80年代に8〜10％程度だったが, 組合費収入に占める割合は30％程度と高く, 無視できない影響力を持っていた。公務運輸労組には1972年から原発専門部会が置かれ, 全事業所の従業員代表を年に数回集めて職場の問題を協議したほか, 連邦内務省（後に連邦環境省）の原子炉安全・放射線防護担当部局が指針を作成する際の協議にも参加した (Mohr 2001: 37-39)。

　労組で原子力に対する批判が高まったのはブロックドルフ原発の立地をめぐる紛争がきっかけである。反ナチ抵抗運動を経験したユダヤ系ジャーナリスト, ロベルト・ユンクがルポ『原子力帝国』で, 原子力施設における労働者の監視, 大量の下請け労働者の被曝, 軍事利用の可能性を告発したことも, 議論に火をつけた。警察と衝突した1976年11月のデモ直後, 反対派住民団体に連帯する労組の声明が発表されたとき, ザール炭鉱の労働者や従業員代表委員, 学術教育労組や公務運輸労組などの加盟組合が名を連ねた。

　同じく11月, 初の原発推進デモがブロックドルフ原発予定地周辺で行われ, 複数の原発の従業員1000人が参加した。主催は北西ドイツ発電の全社従業員代表委員会で, 同社の監督役会の労働者代表は公務運輸労組の支部長だった。ライン川沿いのミュルハイム（ラインラント・プファルツ州）でもジーメンス系原発製造企業KWUの従業員5000人が原子力推進デモを行った。

その後，同社の従業員代表委員は，シュミット首相の選挙広報スタッフだったシャラーとともに，「従業員代表委員エネルギー行動会」を結成した。この団体にはエネルギー産業の350事業所の従業員代表委員が参加し，150万人の従業員を代表していた。1977年2月のブロックドルフ・デモの直前にはエネルギー行動会主導で原子力拡大を求める3万人の署名が集められ，KWUの従業員代表委員会長が連邦首相に手渡した。

1976年秋から1977年にかけ，各労組では原子力をめぐる議論が活発になった。鉱業エネルギー労組は1976年大会で，石炭との共存を期待して原子力を推進する方針を明らかにした。警察労組はハンブルクやシュレースヴィヒ・ホルシュタイン，ニーダーザクセンの各州支部が，反原発運動を敵視する声明を出したが，議長は警察が抑圧的なイメージを高めてしまうことを恐れ，原発建設について熟考する休止期間を提案した。化学労組は1977年に中央執行部と付属委員会で議論し，経済成長と完全雇用，エネルギー供給の連関と，産業の国際競争力の維持を理由に原子力を支持する声明を出した。

金属労組は機関紙で原発や核廃棄物，雇用の問題に関する多数の特集を組み，電機産業や発電所の従業員代表委員や労組職場委員，反原発活動家，市民団体代表に至る幅広い立場の意見を紙面に反映させた。そしてエネルギーをまかなうために原子力は必要だとしながらも，警察の行動や環境への影響に批判的な編集委員の論説を掲載した。すでに多くの組合員が反原発運動に参加していた。

論争の盛り上がりを受け，労働総同盟の連邦執行部は1977年1月末に最初の公式見解を表明し，原子力は現在のところ放棄できないとしながらも，大きな技術的・政治的・社会的リスクを伴うため，無条件の拡大は正当化できないとした。また，派遣労働者の被曝の規制や放射線防護責任者の配置，放射線監視や被曝線量計測の技術的改善を主張した。1977年4月には「原子力と環境保護」と題する方針を決定し，建設中の原発は工事を続けても，「再処理施設の建設認可が出るまでは，新設は認めるべきでない」との限定をつけた（Mohr 2001: 49-59, 73）。

1977年9月の金属労組大会では原子力を争点とした8つの動議のうち，半数が原子力に否定的だった。青年委員会の動議は，原子力が市民権と民主

第3章　労働組合はなぜ脱原発に転換したのか　99

制を脅かすと強調し，雇用と安全性を秤にかけると原子力は危険すぎるとした。対照的に KWU ミュルハイム事業所の地元支部の動議は，エネルギー需要の伸びが経済成長と雇用増大には不可避だと，原子力を正当化した（Jahn 1993: 246）。最終的に執行部は，4 月の労働総同盟の方針を踏襲する動議を提案し，大会で承認された。

　同じころ，高速増殖炉にかかわっていたインターアトム社の従業員が原子力推進デモを首都ボンで行い，1 万人以上が参加した。10 月にはドルトムントで「原子力問題でシュミット首相を応援しよう」という趣旨で従業員代表委員の会議があり，建設業や発電所製造，金属加工，エネルギー供給企業など 140 社から 1000 人が参加した。

　11 月にはドルトムントのスタジアムに約 4 万人を集めて原子力推進集会が開かれた。ボンのデモと同様，企業側と従業員代表委員の連携のもと，当日の仕事は免除，手当てや旅費・食費も会社持ちで，車やバス，特別列車が手配された。分裂を恐れた労働総同盟は費用の一部を負担し，5 大労組（鉱業エネルギー，化学，金属，建設，公務運輸）が参加した（Mohr 2001: 76-86）。

　こうした圧力が功を奏し，集会直前の 12 月に労働総同盟の連邦執行部は，総合処理センターの早急な建設を求める決議を行った。1 週間後に SPD の党大会も開かれたが，労組内よりも原発批判派が強かったため，石炭を優先しつつ原子力は慎重に推進するという決議を採択した（Hatch 1986: 94）。

　反原発派も 1977 年 2 月のブロックドルフ・デモをきっかけに組織化を始める。ナチに抵抗して強制収容所に送られ，戦後は東ベルリンで投獄された労組員ハインツ・ブラントはこのデモで，「原子力産業の経営者と癒着しながら高い給料をもらっている労働官僚」を非難した[2]。数日後，金属労組の西ベルリン支局執行部は「労組に敵対的な行動」を理由にブラントの除名手続きを申請した。これに抗議して，金属労組や印刷労組，学術教育労組，公務運輸労組などの 1 万人の組合員が署名を集め，前首相ヴィリー・ブラントも支持した結果，彼は除名を免れた。

　ハインツ・ブラントや金属労組の機関紙編集長らの呼びかけに応じて 1978 年 3 月，金属労組や公務運輸労組を中心とする 85 名の組合員がフランクフルトで，原子力に反対する「生活行動部会」を結成した。1982 年まで

にこの活動は約40都市に及んだが，参加者の広がりには欠けていた（Mohr 2001: 65-66, 137-141）。

　一方，労働総同盟や主要労組は，原発問題についての意思統一をする前に原子力推進派にひきずられてしまったことを反省した。そこで公務運輸労組と金属労組，後には鉱業エネルギー労組と化学労組も加わって，専門家の諮問委員会を設置した。金属労組は1978年に，150人の労組員とエネルギー会議を開き，西ドイツの労組として初めて原発派遣労働の問題を取り上げた。金属労組は1979年には執行部にエネルギー懇談会を設けた。いずれも従業員代表委員が企業側と一緒にロビー活動を展開するのを抑え，むしろ彼らの意見をくみ上げて労組独自の方針を原発問題について取りまとめようとする試みだった。同様の試みを金属労組は防衛産業についても行っていた。

　また労働総同盟は，1978年5月の大会で初めて原子力を議題にのせた。青年部や郵便労組，バーデン・ヴュルテンベルク州支部は原発に批判的な動議を出した。一方，公務運輸労組は核廃棄物の最終処分を解決済みとし，再処理工場の建設を急ぐよう求めた。執行部が提案し，採用された動議は，エネルギー供給と雇用の関係を強調し，原子力の利用は不可避としたが，核廃棄物の解決策がない状況での原子力の拡大には慎重な姿勢をみせた。大会討論では議長が，従業員代表委員は企業エゴを代弁してはならないと釘を刺した。

　その後，『シュピーゲル』誌1978年12月18日号は，エネルギー行動会の事務局長シャラーの運営する推進派の市民団体が業界から資金提供を受けていたと報じた。労使癒着との批判をかわすため，エネルギー行動会は1980年に社団法人に組織替えをした。エネルギー行動会は，その会報を500事業所の4000人の従業員代表委員，労働総同盟や産別労組，連邦・州の議員や省庁に配布して，広報活動を展開した。1000人以上の通常会員と6万人の特別会員を有しており，50人の連邦議会議員や，エネルギー企業の経営者も含まれていた（Mohr 2001: 108-117; Jahn 1993: 243）[3]。

　1979年5月，連邦議会に特別調査委員会「将来の原子力政策」が発足すると，労働総同盟は連邦執行委員プファイファーを送り込んだ。その結果，調査委員会の多数意見は，連邦の諮問機関である核技術委員会において1名しかいなかった労組代表の増員を政府に求めることになった。公務運輸労組

第3章　労働組合はなぜ脱原発に転換したのか　101

を始め各労組は，原子力政策が幅広い合意を得るには計画段階から労働者や組合を決定に参画させねばならないと主張し，エネルギー産業にも共同決定制度を拡大させようと考えていた（Mohr 2001: 144, 153）。

3. 原発労働問題への取り組み

労組は，当初は雇用とエネルギー政策の接点として原子力問題を捉えていたが，やがて原発労働問題に向き合うようになった。ここでは再処理工場の労働条件と派遣労働を取り上げる。

ユンクはフランス労働総同盟の報告に基づき，ラアーグ再処理工場についての記事を『シュテルン』誌に発表した[4]。このルポは劣悪な放射線管理や環境汚染，派遣労働者の不十分な保護，労働者の権利の制限，警察国家的な監視という実態に光を当て，大きな反響を呼んだ。連邦研究技術省はこれを受けて労働視察団を組織し，ラアーグ再処理工場を訪問した。ところが視察団は，工場の組合員との会合を許可されなかったばかりか，放射能漏れ事故に遭遇した。この後，視察に参加したドイツ労働総同盟のニーダーザクセン州支部は 1978 年 11 月末，連邦研究技術省との共催で，再処理と最終処分に関する会議をハノーファーで開いた。会議は，ドイツで計画される再処理工場ではフランスのように安全が軽視されてはならず，従業員代表委員と労組に安全について無制限の共同決定権が認められるべきであり，工場からの排出や汚染の管理は市民にいつでも公開されなければならないとの見解を出した。SPD 所属の大臣ハウフは，再処理工場の労働条件について徹底調査を行う必要を認めた（Mohr 2001: 120–121）。

そのような調査は，コール首相の保守連立政権に交代したにもかかわらず，1983 年から実施されることになった。原子力施設に関するものとしては，ボーア研究（後述）に次ぐ規模の労働条件調査となった。指揮を委ねられた労働総同盟の専門家ガブリエルは 1980 年代初め，ヨーロッパや国内の再処理工場や核燃料工場を視察しており，特にカールスルーエの実験用再処理施設において従業員が監視や警備を過剰だと問題視していたことに強い印象を持っていた。調査は労働総同盟や産別労組，従業員代表委員，ドイツ再処理

102

会社と再処理施設が協議し，科学技術，医学・心理学，社会・行政・法，経済・政治的枠組みの4班で構成された。調査の焦点は再処理施設だったが，シュターデ原発とブルンズビュッテル原発でも放射線を測定した。労働者の保護と保安措置の齟齬も調査対象となった。原子力産業側も諸外国と比べて異例なほど積極的に協力した。

調査の最終報告書は1986年末に完成し，1987年に刊行された。労働者の放射線被曝に関して，一部が測定器の不備により計測できていないことを初めて公式に証明したのは重要である。調査をまかされたマールブルク大学の原子力医学者クーニ教授らが低線量被曝のリスクを重視したのに対し，カールスルーエの再処理施設の代表はそれを否定し，両論併記となった（Mohr 2001: 179-181, 192, 196-197）。

次に，派遣労働の問題である。派遣労働は原子力の商業利用に不可避だという議論は，1970年代初めから西ドイツの業界に浸透しており，放射線量の負担を正規従業員から「外部人員」へ移す意義を，臆面もなく語る事業者もいた。1973年に連邦研究技術省が技術監査協会ラインラント支部に委託した「ボーア研究」[5] は，その代表例である。この600頁にわたる報告書は，様々な現場の個別作業を詳細に観察し，労働者にインタビューやアンケートも行っており，「原子力発電所における人間的要素」と題して1978年10月，連邦内務省から刊行された。

ボーア研究は原発労働の根本問題として放射能を挙げている。放射線の影響によって，最も単純な作業でさえも困難になる。限られた時間内に動きを阻害する防護服を着て作業しなければならないからである。作業手段や労働編成を状況に応じて変える必要があるが，特に未熟練労働者は防護措置や放射線管理が守られなくなる可能性が高まる。にもかかわらずボーア研究は，現場で監督する正社員の被曝線量を抑えるためには，大量の派遣労働が不可避だと結論づける（Mohr 2001: 94, 98, 103, 105-106）。

原子力施設での重労働は，未熟練の，労働協約に基づかない派遣労働者が担うことが多く，稼働中の保守作業では全労働時間の20〜30％，定期点検中の停止期間は50〜75％を担う。特に定期点検中は大量の労働力を必要とするため，派遣労働者を全く使わないわけにはいかないとボーア研究は結論

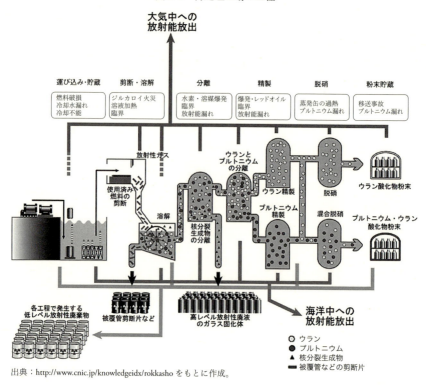

図 3-1　再処理工場の工程

出典：http://www.cnic.jp/knowledgeidx/rokkasho をもとに作成。

づけた。派遣労働者は，具体的には改修工事や燃料交換，溶接継ぎ目の点検，放射能を帯びた塗装膜の削り落し，圧力容器の下の水溜の洗浄，摩耗した部品の交換，事故後の大がかりな除染など，非常に高い放射線量下で作業する。検査や停止期間中の方が，労働者の被曝線量が増大するのである。

　制度面を見ると，1977 年 4 月発効の改正放射線防護令が派遣労働に関する規定を初めて設け，派遣会社に認可を義務づけるとともに，複数の州の施設を渡り歩く労働者も医療面で管理できるようにした。また放射線手帳の登録を派遣労働者にも義務づけたが，後に放射線手帳は意図的な記入もれがありうることが明らかになる。

　原子力施設が増加し，運転中に部品が放射能を帯びて労働者の被曝線量も

かさむにつれ，派遣労働の需要は年々拡大した。短期間に必要な人数を確保するため，国外からも労働者がかき集められた。連邦の統計によると派遣労働者の数は，1967 年の 448 人から 1975 年の 3291 人，1980 年の 1 万 2135 人，1985 年の 1 万 9319 人，1990 年頃には 2 万 8229 人へと急増した。

　1977 年以降，市民団体や科学者，緑の党，メディアは，原子力産業が宣伝する「安全」で「清潔」な職場や白い作業着の専門労働者というイメージを覆すべく，派遣労働の問題を再三取り上げるようになった。1980 年代初めには，この問題に関する報道や議会での質問・議論も増えた。ただし派遣労働者は組織化が容易ではなく，労働条件を改善するための手段が制度的に保障されていない。内部告発をすれば解雇される恐れもあった。また，派遣労働は移動や一過性・細分化を特徴とするため，従業員代表委員や組合員のようには書類を作らない。このため派遣労働者は匿名を条件に発言することが多く，司法や政治の場でなかなか証拠と認められない。原発派遣労働の実態を明らかにすることの難しさは，外国人労働者の置かれた不安定な状況に関する有名なルポルタージュ，『最底辺』にもみられる。潜入取材をした著者のヴァルラフも，原発労働については間接情報に頼らざるをえなかったのである（Mohr 2001: 304–314; ヴァルラフ 1987）。

　1984 年 12 月，フランクフルト市議会緑の党会派は，近郊のハーナウ市（ヘッセン州）の核燃料企業アルケムに派遣された労働者の労働災害を公表した。彼の仕事は，防護壁に埋め込まれた手袋（グローブボックス）を使ってプルトニウムのタブレットを挽いて粉々にし，鉛の容器に詰め，貯蔵庫に運び込み，手が空いたときは鉛の箱を洗浄することだった。10 月，右の手袋に穴が開き，右手と右半身の被曝が判明した。カールスルーエ原子力研究所による検査の結果，血中からプルトニウムが検出された。彼の職業病申請は，本来的な意味の発病ではなく被曝にすぎないという理由で却下された。

　この労働災害が地元の核燃料工場の閉鎖につながることを警戒した労働総同盟マイン・キンツィヒ郡支部は 1985 年 1 月，州の営業監督署による管理と労災保険組合による審査は厳格なので，派遣労働者の健康障害はありえないとする意見書を作成した。しかし派遣労働者は全体の 4% 未満にすぎないとの会社広報部の発言に反し，1983 年度は約 17% だったことが『フランク

第 3 章　労働組合はなぜ脱原発に転換したのか　105

図 3-2 MOX 燃料工場の工程

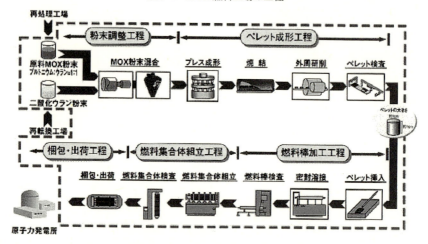

☐：グローブボックス内での取扱いを示す。
出典：http://www.jnfl.co.jp/ja/business/about/mox/summary/process.html

フルター・ルントシャウ』紙の調べで明らかになると[6]，同郡支部は，ハーナウの原子力企業での派遣労働の禁止を求める決議をした（Mohr 2001: 316-319）。後にヘッセン州経済省の局長は州議会で，1984～88年の派遣労働者の割合は実際はもっと高く，最大で30%だったと証言した。

　トルコ人派遣労働者デミリシの被曝事故も論議を呼んだ。彼は1983～1987年にアルケム社と，隣接するバイエルン州カールシュタインのKWU社核燃料工場で働いた。彼は特別の防護装備もなく，何の放射線教育も受けずに放射線量の高い区画に清掃労働者として投入された。KWUは，1985年10月から翌年4月にかけて工場の排水処理施設で，デミリシを含む清掃人たちが被曝していた事実を1987年2月になって公表した。後に130人の汚染が確認された[7]。デミリシもすぐに医療処置を受けたが，彼の放射線手帳が改ざんされた疑いがあるとバイエルン州議会で緑の党議員が1989年7月に追及した。しかし実証されず，検察の捜査対象にはならなかった。デミリシは働けなくなり，医師から肺癌と診断された。1989年5月，彼は放射線被曝による傷害と放射線防護令違反のかどでアルケムとKWUの両社を告発

した。6月，この事件は第1テレビのドキュメンタリー番組「プルトニウムによる死を追及する」で取り上げられた。

マールブルク大学のクーニとブレーメン大学の物理学者シュミッツ＝フォイアハーケは，それぞれハーナウの検事局と労災保険組合に鑑定書を提出し，デミリシの肺癌は作業時の被曝が原因とした。しかしハーナウの検事局から告訴を移管されたアシャッフェンブルク（バイエルン州）の検事局は1990年4月，健康被害との因果関係を否定する連邦保健庁の鑑定書を採用し，捜査停止を命じた。しかしバイエルン州政府は1990年7月に事故発生時の工場の「放射線防護措置の監視が不十分だった」と認定した。

またヘッセン州環境省は1989年6月，州内の原子力施設における派遣労働を禁止し，外国人労働者には通訳立ち会いの下で放射線防護教育を行うことになった。連邦環境省も放射線防護令の改定にあたって，新しい放射線手帳の標準化と，乱用防止のため中央登録制の導入を決めた。これに対し，1990年6月のヘッセン州議会でSPDと緑の党は，派遣会社が形だけ自社の正社員を送り込む可能性があり，他州で認可を受けた会社を十分監督できないため，派遣労働者の放射線防護が保障されないと批判した。

しかし労災保険組合は，デミリシへの見舞金と廃疾年金の支払いを拒否し続けた。会社側が保険料を拠出する労災保険組合は原子力施設の労災をなかなか認めず，1984年に届け出があった26件の放射線事故のうち，わずか3件にしか年金を支払わなかった。デミリシは1995年にイスタンブールで肺癌のため48歳で亡くなった。癌の原因は特定されないままだった。

労働総同盟は1977年1月に執行部が派遣労働者の被曝線量規制を提唱し，同じことは1978年5月の連邦大会の決議にも見られる。しかし従業員代表委員会や労組による派遣労働問題への取り組みは，なかなか進展しなかった（Mohr 2001: 320-325）。

4. 労働総同盟の転換

1980年代前半，労組では原子力に批判的な考えが静かに拡がった。商業銀行保険労組は1980年大会で初めて原子力について議論した。提出された

16 の動議のうち 9 つは明確に原子力を批判し，特に青年部やバーデン・ヴュルテンベルク州，ヘッセン州，ハンブルク州の支部は急進的だった。

印刷労組は 1977 年大会で初めて原子力について討議した。青年部は脱原発を主張したが，原子力にやや肯定的なラインラント・プファルツ・ザール支部の動議に基づく決議案が採択された。原子力の賛否とは別に，どの動議も原子力企業に労働者の共同決定権を拡大し，産業を社会的に制御することを重視していた。続く 1980 年大会では，青年部が原発による放射能放出や雇用の削減，未解決の核廃棄物問題を理由に全原発の閉鎖を要求したのに対し，安全性が確認されるまでの建設・運転の中断を求めたノルトライン・ヴェストファーレン州支部の動議が採択された。

学術教育労組も 1977 年大会で原子力を議論した。急進的な動議は経済成長と雇用の連関を否定し，通常運転時に放出される放射能による幼児死亡率や発がん・遺伝子損傷のリスク増大，核廃棄物を考慮した場合の費用の高さを指摘し，警察による民主的権利の侵害を主張した。しかし大会決議は，原子力を見直すよう労働総同盟に求めただけだった。これに対し 1980 年大会では，ハンブルク，ベルリン，バイエルン，ブレーメンの各州支部から，どれも原子力にきわめて否定的な動議が出され，急進的な動議が採択された。

金属労組の 1980 年大会では，KWU 社のミュルハイム事業所の従業員代表委員が，安いエネルギーは経済成長と生活水準向上をもたらすと主張したのに対し，青年部は保安措置が民主主義と自由を脅かしていると指摘した。米国スリーマイル島原発事故と第二次石油危機の余波の中で採択された決議は，代替・再生可能エネルギーへの転換を求めつつも，原子力産業による雇用を評価した。

化学労組は 1980 年大会で初めて原子力について討議した。ここでも青年部は原子力の安全性や警察国家化の危険，省エネルギーの雇用効果を指摘し，研究開発費が原子力に偏っており，代替エネルギー技術の開発を阻害すると主張した。しかし原子力に肯定的な決議が採択された。

1979 年のスリーマイル島原発事故の翌年に西ベルリンで開かれた公務運輸労組の大会では，州支部とは対照的に，郡支部の動議の大半が原子力に反対したため，原子力に肯定的な大会決議案の承認は見送られた。しかし

1984 年大会では，ほとんど全ての州支部も原子力に否定的だった。

労働総同盟の 1982 年大会では青年部が原子力は将来世代を脅かすと主張したのに対し，原子力を肯定した執行部動議が採択された。

決定的な転換はチェルノブイリ原発事故後の 1986 年 5 月 25 日からハンブルクで開かれた労働総同盟の大会で起きた。2 月にすでに執行部は「原子力は必要な規模で拡大すべき」という動議を準備していた。しかし原発事故に反応して金属，公務運輸，化学，鉱業エネルギーの各労組の専門家が再検討した結果，時期は不特定ながら「できるだけ早期の」脱原発を求める動議が作成され，大会での議論を踏まえた修正の上で採択された（Jahn 1993: 244–248, 252–261; Mohr 2001: 218–219）。

SPD 執行部も 1986 年 5 月末，元連邦研究技術相ハウフを議長とし，「原子力なきエネルギーの安定供給への移行」を検討する委員会を設置した。これに対し，原子力施設の従業員代表委員たちは，SPD への支持を撤回するという脅しをかけた。SPD 党員であると同時に金属労組員でもあったエネルギー行動会会長は，10 月に控えていた州議会選挙でバイエルンの SPD を支持しないことを表明した。

7 月には，再びドルトムントで従業員代表委員会議が開かれ，原子力に関わる 100 社を超す企業から 950 人以上が集まった。会議の報告者には電力会社の社長や CDU 所属の連邦環境相ヴァルマンも含まれていた。会議では脱原子力路線への転換を模索する SPD を非難する声が次々と上がった。ただ 1977 年とは異なり，労組の幹部たちはこの会議と距離を置いた。

10 年以内の脱原発を求めるハウフ委員会の報告書は[8]，8 月 25 日からニュルンベルクで開かれた SPD 連邦党大会の圧倒的多数で採択された。公務運輸や化学，鉱業エネルギーの各労組の議長も党員として賛成票を投じた。

労働総同盟が 1988 年まで発行していた週刊新聞のアンケート調査（1986 年 9 月 18 日号）によると，労働総同盟が脱原発を決議した後，公務運輸労組はビブリス原発で 250 人中 30 人，グントレミンゲン原発で約 200 人中 35 ～ 40 人，グローンデ原発で 80 人中 6 人，ハムの高温炉で 80 人中 40 人を失っていた。金属労組からはブルンズビュッテル原発で 93 人中 30 人が，化学労組からはハーナウの核燃料工場で 634 人のうち約 80 人が脱退していた（Mohr

第 3 章　労働組合はなぜ脱原発に転換したのか　109

2001: 222–228）。

　主要産別労組の反応を概観したい。金属労組はチェルノブイリ原発事故後，脱原発の姿勢を明確にした。金属労組では鉄鋼や自動車産業の組合員の比重が高かった。特に鉄鋼部門は1951年モンタン共同決定法により，石炭産業とともに，企業経営に対して広範な共同決定権を認められていた。1986〜1987年に，鋳物工の労組は，原子力施設から出た鉄くずの溶融を拒否した。また発電所建設や電機産業の部門では，太陽光発電所も含む様々なエネルギー生産施設に従事していたため，金属労組は原子力についてかなり柔軟に向きあえたと指摘される。労働総同盟執行部役員の約半数を割り当てられていた金属労組の影響力は強かった。1986年10月の金属労組大会には，新しく議長に選ばれたシュタインキューラーが，原子力産業につぎ込んできた多額の資金を代替エネルギー開発に向けるべきだと述べた。

　鉱業エネルギー労組は，ノルトライン・ヴェストファーレン州とザール州に炭鉱とその労働者が集中する地盤を生かして安定した政治力を持っていた。1960年代の炭鉱の経営危機を通じて政府やエネルギー供給企業との間に密接な連携が構築されていた。多くの鉱山の閉鎖にもかかわらず，労働者の解雇は阻止され，大半の鉱山労働者は純賃金の9割を保証された上で，50歳での早期退職を選ぶことができた。このような既得権益を守るため，年金生活者が多い労組は，炭鉱保護政策の維持を強く望んだ。そこでこの労組は，潜在的には競合関係にあった石炭業界と原子力業界の提携を唱えるようになった。SPD・FDP連邦政府も産業界に圧力をかけた結果，鉱山企業と電力大手は1980年4月，発電用国産石炭を1995年まで段階的に増やすとり決めを「世紀の契約」と銘打って締結した。国産石炭は高いので，安い石油との差額分は電力石炭税として消費者の負担になる。1987年の組合大会でも議長は電力石炭税の延長を主張するとともに，早期の脱原発には否定的な態度を示した（Mohr 2001: 37, 42, 145, 233–237; Illing 2016: 133–134）。

　建設土石材労組においては，原子力施設の大型建設事業が途絶えると，原子力論争は重要性を失った。

　化学労組はウラン濃縮や核燃料加工，使用済核燃料の再処理，最終処分など，化学処理を伴う核燃料サイクル部門を傘下に収めていた。化学産業は西

ドイツ経済でも国際競争力のある中核に位置し，電力や化石燃料を大量に消費するため，労組も安い電気料金に強い関心を持っていた。第一次石油危機後，化学労組議長はフェーバ社の監督役会副会長として経営陣と緊密な関係を築いた。1982年に議長に就任したラッペは工業社会を無条件に信奉し，原子力を強く支持した。業界全体の従業員のうち3分の2は，1980年代にはバイエル，BASF，ヘキストを含む8大企業に雇用され，高い手当や福祉を保障されていた。賃金交渉は，労使協調志向の従業員代表委員会が妥結したものを労組が追認してきた。

化学労組は組合員数も微増し，1990年には67万6000人で過去最大に達した。ハーナウの核燃料企業が1987年の一連の不祥事（第4章参照）発覚後にジーメンス傘下に再編され，金属労組の傘下に入ったため，化学労組に所属する原子力産業の従事者は減少した。しかし議長ラッペは，企業との協調を重視して，原子力を推進し続けた。

化学労組の1988年9月大会では，シュヴァンドルフの労組が，地元のヴァッカースドルフ再処理工場建設をめぐる衝突が警察国家化の証拠だと主張し，できるだけ早期の脱原子力を要求した。これに対し，大会決議は，高速増殖炉と再処理工場には反対したが，議長ラッペが唱える原子力からの一時「乗り換え」論を採用して，既存の原発の閉鎖後に新しい原子力技術の開発を進める余地を残すものだった。しかし大会決議は，産業界や労組，州，自治体の代表から成るエネルギー円卓会議の開催も要求していた。ラッペは1990年夏，SPDと緑の党の「赤緑」連立政権がニーダーザクセン州で誕生したのを受け，フェーバ社長ピルツと州首相シュレーダーとの協議を仲介した。これが結果的に1993年の「エネルギー・コンセンサス会議」に発展し，後の連邦政府と電力業界の脱原発交渉の伏線となった（第5章参照）。

原子力をめぐり最も深刻な対立があったのは公務運輸労組だった。中央執行部は1986年に脱原発の経済的・社会的条件を調査する委員会を設置したが，1987年7月に公表された委員会報告書は，脱原発には克服すべき検討課題が多いと指摘するとともに，政党や両院，州首相，労組，経済界のトップなど幅広い合意で決めることを要求した。

しかし公務運輸労組の1988年大会ではほとんどの動議が原子力に否定的

第3章　労働組合はなぜ脱原発に転換したのか　　III

だった。即時脱原発を要求するヴィースバーデン郡からの動議は，原発事故が途上国で起きれば致命的なこと，廃棄物を考慮すると原子力が最もコストのかかる発電方法であること，脱原発の方が雇用を生み出すことを強調した。原発維持をにじませた中央執行部の提案は承認を得られず，代わりに「原子力発電の比率は制限し，段階的に削減すべきである」という決議が通った (Mohr 2001: 39–43, 201, 237–241, 246, 252–253, 350–353; Jahn 1993: 256)。

　印刷労組は 1986 年大会で，原子力にきわめて否定的な 6 つの動議を討議した。学術教育労組の 1986 年大会で採択された動議は，平和利用や安全性を疑問視し，段階的な脱原発を要求した。さらに商業銀行保険労組は 1988 年大会で，即時脱原発を要求する動議を採択した (Jahn 1993: 259–261)。

　ドイツ鉄道労組はチェルノブイリ事故の際，東ドイツ国境の鉄道労働者が，十分な測定器具も放射線防護措置もないまま働いていたことを深刻に受けとめ，脱原発に転換した。1986 年 6 月，原子力輸送法規の厳格化とドイツ連邦鉄道のネッカーヴェストハイム原発からの投資引き揚げを主張するとともに，放射能に汚染された列車の運行を良心的理由から拒否する鉄道員の意思を尊重すると保証した。

　鉄道労組の諮問委員会の会合（1986 年 7 月）にはロベルト・ユンクも招かれ，「原子力なき未来」について講演した。そこで採択された決議は，放射性貨物の輸送の中止や，ネッカーヴェストハイム原発 1 号機からの電力の購入の中止，建設中の 2 号機から電力を購入する方針の撤回を連邦鉄道に求めた。鉄道労組の議長は 1988 年 1 月，鉄道の電力消費は増えていないのに「路線の廃止や列車の減車，改札の閉鎖を進めながら，連邦鉄道が疑わしい原発にますます金をつぎ込む」現状を批判した。

　また鉄道労組は，ダルムシュタットのエコ研究所に「原子力輸送における鉄道員の放射線防護問題」についての調査も委託している。その結果を受けて 1988 年 5 月，鉄道労組は連邦環境相テプファーとの会合で，「鉄道員の放射線防護が改善されない限り，大臣の新しい原子力輸送規制案に同意しない」と伝えた。

　もっとも，1988 年 11 月，反原発全国集会に招かれた鉄道労組の執行部員は，原子力輸送については即時停止ではなく大幅削減を望むと説明し，切り

倒した樹木を線路に置いて輸送を妨害するといった過激な抗議のしかたにも苦言を呈した。

　鉄道労組は連邦鉄道の中央管理部と「個人線量比較測定」プログラムに関する協定を結んだ。この協定により，各地の操車場で放射線測定器が鉄道労働者に配布され，個人線量の測定結果は本人と労組に通知されることになった。鉄道労組はさらに 1992 年，エコ研究所に委託した「放射性物質の鉄道輸送における事故のリスク分析」に関する調査結果を連邦鉄道執行部に提示し，考えを問うた（Mohr 2001: 275-279, 361）。

　警察労組も組合員が核廃棄物輸送の警備に投入されるため，放射線防護問題に直面していた。警察労組は 1997 年春のゴアレーベンへの輸送の前に，中性子線に対する従来の規制値に疑義があると内務大臣会議の議長に伝え，輸送を延期させた（Mohr 2001: 362）。

　バイエルン州ヴァッカースドルフの再処理工場の建設をめぐる紛争も労組の転換を促した。化学労組でも 1988 年，地元のシュヴァンドルフ郡支局の代議員集会が脱原発を決議していた。労働総同盟も 1988 年夏の聴聞会に向け，大規模抗議行動に賛同した。これに対し，推進派のエネルギー行動会は 7 月，現地で 2000 人の参加する原子力推進デモを行った。しかし 1989 年 4 月，電力業界が建設中止を発表すると，業界から援助を受けていたといわれるエネルギー行動会は会報誌の発行を停止した（Mohr 2001: 293, 295）。

　しかし労働界における論争は続いた。1990 年代初め，金属労組のザルツギッター支局と，当地のフォルクスヴァーゲン工場従業員は，ニーダーザクセン州の閉山した鉄鉱山コンラート坑を低中レベル放射性廃棄物の最終処分場にする計画への反対運動に参加し，自動車工場での集約分だけで 4500 人の反対署名を集めた。低線量被曝や，工場のそばを通る輸送による汚染を懸念したのである。対照的に鉱業エネルギー労組と化学労組の議長は，1992 年 10 月の共同声明の中で，この最終処分場計画に賛意を表明した（Mohr 2001: 329）。両労組は 1997 年に合併し，鉱業化学エネルギー産業労組となった。

　公務運輸労組は 2001 年，印刷労組や商業銀行保険労組，ドイツ職員労組などとともに合同サービス産業労組を結成した。合同サービス産業労組と鉱業エネルギー労組の両議長は，2005 年の大連立政権の成立を前にして，原

発の運転継続を要求する 4 大電力企業の共同声明に名を連ねた（Mohr 2011:
5）。しかし福島第一原発事故後は両労組も脱原発に回帰している。鉱業化学
エネルギー産業労組の 2009 年に選ばれた議長が，メルケル首相が脱原発政
策への転換を打ち出すために設置した「倫理委員会」の委員に迎えられた。
金属労組は 2011 年春の全国的な脱原発デモの共催を引き受けた。

5. 労組の路線転換の条件と意義

　ドイツの労組が脱原発路線に転換した条件をここで検討したい。

　第 1 に，労組が反原発運動から受けた圧力である。1976 年秋以降のブロ
ックドルフ原発をめぐる紛争の激化は，労組内の対立を表面化させた。労組
員の中には反原発運動に参加する者もおり，郡や州レベルの支部は労組の大
会で反対を表明し始めた。他方で推進派は原発やその製造企業の従業員代表
委員会のデモを組織した。

　第 2 に，どのような性格の労組が脱原発路線に転換しやすいのだろうか。
ネルキンとローガンは，賃上げや雇用，職場の労働条件などに関心を限定し
がちな米国型の「企業主義労組」に原子力推進派が多く，社会問題の解決に
も関心の強い西欧型の「社会的労組」に原発批判が見られると考えた（Logan
and Nelkin 1980）。

　ドイツでは鉱業エネルギー労組と化学労組が米国型に近く，石炭と原子力
の共存を掲げて 1990 年代後半には合併している。両労組は労使協調を掲げ
ており，原発についても経営側の立場に近かった。従業員代表委員会や監督
役会の労働者役員といった労使共同決定の制度は本来は企業内で労働者の発
言権を確保するためのものだが，労使が一体化して原発を推進するきっかけ
にもなる。その他の労組では社会的組合主義が強く，なかでも労働総同盟の
執行部の半数を占める最大労組の金属労組は伝統的に急進的な要求を掲げる
ことが多かった。金属労組には原発製造企業の従業員代表委員もいたものの，
自動車産業などの組合員は原子力には固執せず，代替エネルギーを柔軟に受
け入れた。金属労組は，チェルノブイリ原発事故後に労働総同盟が脱原発路
線に転換した原動力だった。このほか学術教育労組や商業銀行保険労組，印

刷労組，郵便労組も 1980 年代前半から徐々に変化し，鉄道労組もチェルノブイリ原発事故後に脱原発に転じた。しかしヤーンは，ともに社会的責任を標榜し国政にも強い影響力を有するドイツとスウェーデンの労組が原子力について異なる対応をしたことから，さらなる区別の必要性を指摘している。彼は体制適応型と体制批判型という区分を提案し，前者では推進派が強く，後者は反対派も包摂するという（Jahn 1993: 154-155）。だがフランスの共産党のように，体制批判型労組が原子力に反対するとは限らない。

　そこで労組員の価値志向の変化を第 3 の要因として挙げたい。ヤーンによると労組の大会では全般的に，ドイツの労組の方が原子力に関する議論の総量が多く，かつ幅広い論点（エネルギー産業の所有形態や安全性，環境，民主的権利）を取り上げていた。これに対し，スウェーデンではブルーカラーを組織する LO（労働組合総同盟）系労組は賃金や雇用，労働条件，国民経済，技術・エネルギー政策との関連に議論を限定し，またホワイトカラーを組織する TCO（俸給職員中央労働組合連合）系労組は議論自体を回避することも多かったと結論づけている（Jahn 1993: 136-153）。ドイツの労組青年部で急進的な反対派が現れたことも，新しい社会運動と共通する現象であり，「脱物質主義」の価値観が若者の間で広がっていたことの表れと理解できる。原発労働問題に取り組んだことも組合員の意識変化を促したと考えられる。

　第 4 の要因は，労組と政党政治の連関である。建前上の分離にもかかわらず，労働総同盟の幹部の多くは SPD の党籍を持ち，SPD の労組派を形成した。逆に SPD の議員の多くは労組員だった経歴を持つが，労組との緊密度は人によって異なる。労組と SPD はともに 1970 年代後半以降，組織内の推進派と反対派の対立に苦慮した。ただし選挙で緑の党と票を争わねばならない SPD の方が，一層強い圧力にさらされた。党員に大卒・新中間層が増え，有権者に原発批判が浸透し，緑の党が議会に進出するという新たな状況のなか，SPD は原発計画に反対の姿勢を明らかにして，緑の党に対抗したり（第 1，第 2 章），緑の党と連立を模索したりした（第 4 章）。SPD の変化は労組にも影響を及ぼし，逆に労働総同盟の脱原発路線への転換は SPD の方向性を固めた。労働総同盟の転換に不満を抱いた核燃料企業労組には，キリスト教労組同盟に鞍替えする例もあったが，ごく少数にすぎない。CDU・CSU 支

第 3 章　労働組合はなぜ脱原発に転換したのか　115

持の労組員も加盟でき，労働組合員の8割を押さえている労働総同盟から脱退しても，影響力を失うだけである。また日本で珍しくない御用組合に対しては拒否感が強い。緑の党とも対立する組合ばかりではない。組合活動歴のある緑の党議員も少なくなかった。本来労組が取り組むべき派遣労働者問題は，州や都市の緑の党議員がメディアや市民団体とともに取り上げていた。労使協調主義の化学労組も，脱原発をめぐるSPDの州政府と電力会社の条件交渉を仲介した。こうした労組の動きも結果的に，連邦の脱原発を後押ししたのである。

注

1) Vorstand は取締役会，Aufsichtsrat は監査役会と訳されることもあるが，ここでは実態に即して訳語を選択した。特に後者は単なる監査機能ではないことに留意されたい。

2) 演説文は『フランクフルター・ルントシャウ』（1977年2月28日）に掲載された。

3) Spiegel 51/18.12.1978: Die Pro-Lobby: „Kernkraft - ja bitte"

4) Stern 46/3.11.1977 and 47/10.11.1977: Kernenergie. La Hague – der giftige Platz der Welt; Handelsblatt 154/13.8.1980: Bürger für Kernkraft.

5) Eckart Bohr, Jochen Hennig, Wolfgang Preuß, Genoeva Thau, Menschliche Faktoren im Kernkraftwerk, zwei Bände, Köln 1978.

6) FR 21/25.1.1985: Leiharbeiter – auch in den Brennelementefabriken.

7) FR 44/21.2.1990: Necati Demircis Leidensweg.

8) Vorstand der SPD, Die Lehren aus Tschernobyl. Zwischenbericht der Kommission, sichere Energieversorgung, Bonn, 1986; Hauff 1986.

第4章

核燃料工場と脱原発政権の誕生

1960〜1995 年

1985 年 12 月 12 日，ヘッセン州議会で州首相ベルナーに対し，州環境エネルギー
相就任の宣誓を行う緑の党のヨシュカ・フィッシャー。このときはいたスニーカ
ーは現在，オッフェンバッハの皮革博物館に保存されている

dpa picture alliance / Alamy Stock Photo

1. 核燃料工場と安全規制行政

1999年9月30日，茨城県東海村にあった住友金属系の核燃料企業 JCO の工場で大事故が起きた。作業員 2 名が死亡，数百人の周辺住民や事故収束に当たった原子力研究所職員が被曝し，原子力損害賠償法が初めて適用された。核物質を一定量，すなわち臨界量以上集めると核分裂の連鎖反応が始まり，遮蔽物のない所で中性子線を出し続ける「臨界事故」だった。しかしこの事故は，もっぱら会社が作業員の教育を徹底していなかったせいにされ，大量の核物質を扱う原子力産業全般に問題意識は広がらなかった。

一般的に核燃料工場の安全性については住民や世論の関心を呼びにくい。しかし，ドイツで「原子村」と呼ばれたヘッセン州ハーナウの核燃料工場は例外だった。当初は小さな住民グループが違法な認可を告発しただけだったが，やがて州の政治争点となり，全国的な関心も集めた結果，労働災害が頻発していた工場の閉鎖や新工場計画の撤回に至り，全国でも脱原発の動きを促した。本章では，この核燃料工場をめぐる政治過程を詳しく見ていきたい。

まず核燃料工場を含めた原子力施設の監督行政の仕組みを概観したい。その特徴は，行政権限の断片化と諮問・鑑定機関への委託にある。

原子力関連の立法はかつて，基本法74条1項により，連邦と州がともに権限を持つ「競合立法権限」の及ぶ分野とされていた[1]。連邦が立法権限を持つといっても，州の権限にからむ法案なら連邦参議院，つまり州政府の多数派の同意も必要とする。連邦法の執行は大部分，州が連邦の委任を受けて行い（基本法85条），原子力安全規制行政も基本法87c条や原子力法24条1項により，連邦の監督下で州が執行する（Hohmuth 2014: 15-17）。しかし州が従わない場合，連邦監督官庁は指示はできるものの，それ以外にできることは限られている。事業者と協議を行うにも州監督官庁との調整が必要となる。これに対し州は原子力施設の立入や監察の権利を持ち，施設の点検や暫定閉鎖を命じることができるほか，鑑定を委託する専門家を自由に選定できる。また原発の建設や運転，改造に必要な許認可手続きは全て原子力法で定められているのではなく，土地利用や防災，環境などに関わる手続きは州や郡，

第4章　核燃料工場と脱原発政権の誕生　119

市町村に任されることが多い。

　連邦では，1987 年まで原子力法の執行に 7 省庁が関与していた。経済省は推進を担当し，研究技術省は研究や核燃料サイクルの監視を所管した。これに対し，安全規制は 1972 年から内務省の原子炉安全課の担当になり，同省は放射線防護令も所管した。財務省は放射性物質の出入りを管理している。放射性物質の輸送に関する権限は交通省が持つ。国防省は交通省や内務省と調整しながら，連邦軍の放射線防護や外国軍の核兵器の輸送・貯蔵の監視などを所管する（Czada 1993: 77; Czada 2003: 64-65, 71-72）。

　1956 年には原子力連邦・州調整委員会が設置され，原子力法の執行や法令・規則の改正作業を担っている（Hohmuth 2014: 18）。

　連邦が原子力行政を直接執行するための機関は 1989 年まで 2 つあった。まず連邦物理工学研究所は核燃料の保管や民間中間貯蔵場の認可，高レベル放射性物質の輸送，最終処分を所管した。また連邦経済局は放射性物質の輸出入の許認可を担当した。

　州レベルでは，ヘッセンなどの多くの州で経済省が原子力施設の許認可と監視の任務を担当していたが，社会省などが担当する州もあった。バイエルンは 1971 年に州として初めて，新設の環境省（開発環境省）に権限を移した。続いてバーデン・ヴュルテンベルク州も原子力監督権限を環境栄養農業環境林業省に移管したが，許認可権は経済中小企業技術省に残した。

　原子力法は原子力施設の安全性が「科学技術の水準」を満たすことを要求するが，法概念の解釈は行政手続きや裁判で決定的に重要となるため，この概念の定義に関わる指針を作成する連邦の科学的審議機関は準立法的・準司法的機能を担う。民間の鑑定機関が作成した審査報告書について連邦の省庁から意見を求められることもある。これら諮問機関の判断は，連邦省庁が州監督官庁に指示を発令する際の根拠にもなる。3 つの諮問機関がある。

　第 1 に，原子炉安全委員会は，1958 年に設置され連邦内務省傘下となった。省庁からの委託により，安全性に関わる法的条件や，「科学技術の水準」に適う安全性が確保されているかを鑑定する。大学や研究所の科学者など 20 人程度が所管大臣から委員に任命され，任期は 1980 年に 2 年と定められた。

　第 2 に，放射線防護委員会は，1971 年末に解散した原子力委員会の放射

線防護部会の後身として 1974 年に設置された。15 名の委員は生物学，遺伝学，医学，放射線防護技術，物理学，生物物理学，化学，環境放射線学の専門家から成る。主に放射線防護の規則や指針，命令の作成を担当する。

第 3 に，核技術委員会が 1972 年に設置された。その目的は，製造企業や建設業者，運転事業者の経験に基づいた技術の規格化や安全規則の作成・普及にあった。作成した規則は行政命令として官報で公示される。委員は任期 4 年，原子力部門にとって重要な 5 つのグループの代表各 10 名で構成される。すなわち製造・建設業者，運転事業者，連邦・州の監督官庁，上記 2 つの連邦諮問機関と鑑定機関（TÜV，GRS），その他のグループ（原子力研究所，ドイツ規格協会，保険会社，労災保険組合，労働組合など）である。理事会と事務局は原子炉安全協会に付置される。財源は国家と経済界が分担する。

州レベルでは技術監査協会（TÜV）と原子炉安全協会（GRS）が官庁や企業から安全監査業務の委託を受けてきた。

技術監査協会は 1866 年にボイラー運転業界が設立した自主検査組合に起源を持つ。事故防止に成果をあげたため，加盟企業は行政による検査を免除された。その後，自動車の検査業務もまかされ，「テュフに行く」とは車検を意味するほどになっている。おおむね州ごとに支部があり，執行部には大企業の代表が入っていた。審議会と拡大執行部には大学や団体（例えばドイツ自動車連盟），行政機関の専門家も含まれる。特にラインラント・ヴェストファーレンとバイエルンの支部は原子力の安全性を鑑定する業務をめぐり，契約を争った（Czada 2003: 65-69）。現在はドイツ国内で 3 支部に統合され，世界中に第 3 者認証機関として進出している。日本には「テュフラインランド」と「テュフズュード」が支社を置く。

技術監査協会には原子炉安全研究所があったが，1976 年に新設された原子炉安全協会に統合され[2]，安全関連の運転データや学術情報の集約・評価を行ってきた。その職員は連邦の原子力監督官庁に登用されることもあった（Czada 1993: 80-81）。1980 年代末になると，ヘッセン州がダルムシュタットのエコ研究所に鑑定業務を委託するようになった。ノルトライン・ヴェストファーレン州も高速増殖炉の建設を止めるため，マンハイムのエレクトロワット社を鑑定機関として活用した（第 2 章参照）。原発をめぐる連邦と州の争

第 4 章　核燃料工場と脱原発政権の誕生　　121

いは，どの鑑定機関を選ぶのか，「誰が専門家か」をめぐる争いでもあった。

2. ヘッセン州の政治・行政構造

ヘッセンはドイツ中央部に位置し，面積と人口ともに旧西ドイツでは第5位の中規模の州である。1987年末の人口は約554万人だった。経済状態は相対的に良く，州間財政調整法に従い，ハンブルク州やバーデン・ヴュルテンベルク州とともに，貧困州に租税収入を拠出する側だった。戦後，農林業や鉱業の衰退が進み，就業者の伸びは1970年代以降，製造業も頭打ちとなり，サービス業だけが増えた。1987年に第3次産業は全就業者の58.1%，製造業は39.9%を占めた。ただ製造業は依然として州の重要産業であり，化学・製薬，自動車，電機・エレクトロニクス，機械製造の4分野に支えられていた（Esche and Hartmann 1990: 241-244）。

フランクフルトからライン川対岸のマインツ（ラインラント・プファルツ州），空港付近のダルムシュタット，州都ヴィースバーデン，工業都市ハーナウを結ぶライン・マイン大都市圏に人口は集中していた。重要産業も南ヘッセンに集中し，ヘキストに代表される化学工業はフランクフルト周辺，自動車会社オペルもリュッセルハイムを拠点とし，州内唯一のビブリス原発もベルクシュトラーセ郡にある。これはライン・ヴェストファーレン電力（RWE）が1970年前後に2基建設した大型原子炉（1300 MW）だった。

ヘッセンの州議会選挙は，連邦議会選挙と同様，5%の議席獲得要件と，小選挙区制の部分的併用を特徴とする比例代表制による。全州域で平均相対得票率が5%を突破した政党のみに議席が配分される。得票率に比例して各党の議席数が決まると，定数の半数に相当する55議席まで，小選挙区で相対多数を得た候補者に議席が配分され，残りの議席は各党の拘束式名簿の順に割り当てられる。小選挙区の議席を獲得するのは通常，大政党のみである。1988年の改正で連邦議会選挙と同じ2票制が導入されるまでは，有権者の1票が政党の選択と選挙区の候補者選択の両方の目的に使われていた。改正は1991年選挙から実施され，選挙区と比例代表で別々の政党に1票ずつ戦略的に投じることが可能になった。

州議会は州郡ヴィースバーデンで開かれる。会派を組むには最低でも議員6名は必要で，法案の提出でも同じである。法案は本会議の2回の読会と，専門委員会の審議を経て，また予算案や州憲法修正案の場合はさらに専門委員会と第3読会の審議を経て，採決にかけられる。委員会は全会派の勢力比に応じて構成され，法案の個別事項を審議し，どの会派も修正提案を出すことができる（Holzapfel and Asmus 1992: 62-63）。

州首相は州議会の過半数により選出される。州首相は州大臣を指名するが，州議会の過半数の信任を必要とする。州政府では，主に開発，農業，環境政策の領域でのみ，改組や権限委譲が繰り返されてきた。環境保護を所管する省は1970年に設置されたが，農業と抱き合わせのため，環境は優先されなかった。その後，大規模開発を重視するベルナー政権のもと，環境保護は農業だけでなく開発と同じ省に統合された。さらにSPDと緑の党の閣外協力が始まる1984年には，自然保護を除く環境政策は労働社会省に移管された。本格的な環境省の設置は，1985年に両党の連立政権が成立し，緑の党の環境エネルギー相が任命されてようやく実現するのである。

行政組織は，他の多くの領域州と同様，最高官庁（州首相府と州各省），中級官庁（県），下級官庁としての郡および市町村の4層から成る。例外的に幾つかの分野で上級特別庁（環境局や鉱山局など）が置かれている。県は住民の代表機関を持つ自治体ではなく，州と郡の中間に位置する行政区画であり，州政府に任命される県長官と県庁が行政を担当する。1981年から北部（カッセル），中部（ギーセン），南部（ダルムシュタット）の3県となっている。市町村と市町村連合は基本法28条により自治権を保障され，議会を持つ。市と町村は法制度上は明確な違いはない。市町村連合のうち最も重要なのは21ある郡である。郡は州の下級官庁でもあり，421市町村を監督する。比較的大きな都市は郡の機能も兼ね，郡独立市と呼ばれる。人口10万以上を目安にカッセル，ヴィースバーデン，フランクフルト，オッフェンバッハ，ダルムシュタットの5市が認定されている。このほか7市が郡所属ではあるが特別な地位を持つ（バート・ホンブルク，フルダ，ギーセン，ハーナウ，マールブルク，リュッセルハイム，ヴェッツラー）。

ヘッセンの市町村や郡・独立市は参事会制をとり，議会が，合議制執行部

図 4-1　ヘッセン州行政区画（郡・独立市ほか）

筆者作成。

表4-1　ヘッセン州政府

州首相	所属	任期	与党
ホルガー・ベルナー	SPD	1976.10 〜 1982.11	SPD・FDP
	SPD	1982.12 〜 1984. 7	SPD 少数
	SPD	1985.12 〜 1987. 2	SPD・緑
	SPD	1987. 2 〜 1987. 4	SPD 少数
ヴァルター・ヴァルマン	CDU	1987. 4 〜 1991. 4	CDU・FDP
ハンス・アイヒェル	SPD	1991. 4 〜 1999. 4	SPD・緑
ローラント・コッホ	CDU	1999. 4 〜 2010. 8	CDU・FDP
フォルカー・ブフィエ	CDU	2010. 8 〜 2014. 1	CDU・FDP
	CDU	2014. 1 〜	CDU・緑

出典：Hartmann（1997: 286）をもとに作成。

である参事会の常勤構成員（首長と参事）を選出する。例えば郡参事会を構成する郡長と郡参事は郡議会で選出される（Eichhorn et al. 1991）。

　首長と参事の任期は6年，再選で12年が限度である。自治体議会選挙も5％の阻止条項つきの比例代表制で行われ，議員の任期は4年である。1991年に州民投票で郡長の直接公選制が導入された。また2001年統一自治体選挙から南部2州と同様，個別の候補者について有権者の好みを反映できる複雑な選択投票制が導入された（Esche and Hartmann 1990: 248）。

　ヴァイマル共和国の時代から，SPDは現在のヘッセン州のあたりで最大の政党だった。戦後，ヘッセン州が誕生して以来，1987〜1991年の4年間を除き，1999年までSPDは政権の座にあった。SPDの優位はプロテスタントや労働組合員が多いことを背景にしていた。単独政権期もあるが，1970年代にはFDP，1985年以降は緑の党と連立を組んだ。

　ヘッセンのSPDは連邦よりもはるかに労働者階級の党だった。しかし1960年代末以降ホワイトカラー層が増えると，緑の党とCDUの得票が増え，SPD内も多様化した。1970年代から1980年代初頭までSPD主導の州政府は，やはりSPD主導の連邦政府に従い，再処理工場の受け入れを表明し，「過激派条令」を導入した。こうした政策は，やはり州政府が推進したフランクフルト空港の西滑走路増設とともに，反対運動の拡大を招いた。南北2つの支部のうち，左派が主導する南ヘッセン支部は州政府のこうした政策を批判し，緑の党との連立を早くから訴えた。

第4章　核燃料工場と脱原発政権の誕生　125

表 4-2　ヘッセン州議会選挙（1960 ～ 90 年代）

	投票率	CDU 席(%)	SPD 席(%)	FDP 席(%)	緑の党 席(%)	共産党 席(%)	極右 席(%)	引揚者 席(%)	その他 席(%)
1962	77.7	28(28.8)	51(50.8)	11(11.4)	—(—)	—(—)	—(—)	6(6.3)	0(2.7)
1966	81.0	26(26.4)	52(51.0)	10(10.4)	—(—)	—(—)	8(7.9)	0(4.3)	—(—)
1970	82.8	46(39.7)	53(45.9)	11(10.1)	—(—)	0(1.2)	0(3.0)	—(—)	0(0.1)
1974	84.8	53(47.3)	49(43.2)	8(7.4)	—(—)	0(0.9)	0(1.0)	—(—)	0(0.2)
1978	87.7	53(46.0)	50(44.3)	7(6.6)	0(2.0)	0(0.4)	0(0.4)	—(—)	0(0.3)
1982	86.4	52(45.6)	49(42.8)	0(3.1)	9(8.0)	0(0.4)	—(—)	—(—)	0(0.1)
1983	83.5	44(39.4)	51(46.2)	8(7.6)	7(5.9)	0(0.3)	—(—)	—(—)	0(0.5)
1987	80.3	47(42.1)	44(40.2)	9(7.8)	10(9.4)	0(0.3)	—(—)	—(—)	0(0.2)
1991	70.8	46(40.2)	46(40.8)	8(7.4)	10(8.8)	—(—)	0(1.7)	—(—)	0(2.8)
1995	66.3	45(39.2)	44(38.0)	8(7.4)	13(11.2)	—(—)	0(2.0)	—(—)	0(2.2)
1999	66.4	50(43.4)	46(39.4)	6(5.1)	8(7.2)	—(—)	0(2.7)	—(—)	0(2.2)

注：Hartmann（1997）. 共産党は 1946 年から KPD，1970 年以降 DKP。極右は 1966 年から NPD，1991 年から REP。引揚者は GB/BHE（全ドイツ引揚者連盟）。

　かつては脆弱だった CDU も 1977 年にフランクフルト市議会の単独過半数を獲得し，ヴァルマンが市長となった。CDU は SPD 主導の州政府との対決姿勢を強め，特に町村合併や教育政策に反対した。この保守路線が功を奏し，CDU は得票を伸ばして 1974 年，1978 年，1982 年の選挙で州議会第一党になった。だが過半数には届かず，州の政権獲得は 1987 年まで持ち越された。CDU の拠点はカトリックの多い東部や西部，都市・農村混在地域であるが，しだいにサービス産業集中地域にも広がった。

　ヘッセン州の FDP は化学工業と密接な関係にあり，原子力施設の建設や空港拡張工事にも関わっており，SPD とは相容れなくなった。

　1979 年に結成されたヘッセンの緑の党は全国組織と同様に，「底辺民主制」を党内運営のために導入し，既成政党との違いを強調しようとした[3]。その主な規則は以下の通りである（Veen and Hoffmann 1992: 26; Raschke 1993）。

・集団指導体制。党執行部や議員団は（男女）共同代表制とする。
・男女同数のクォータ制。比例代表選挙名簿は男女交互に記載する。
・少数派保護のためのコンセンサス原則。
・ローテーション制。4 年任期の半分（2 年）になると議員が辞任し，比例名簿でくり上がった「後任」と交代する。

・拘束委任。議員は党大会決議に拘束され，一般党員の統制を常に受ける。

・党の大会や会議の公開。党員だけでなく一般市民や社会運動の活動家に
　も参加を認める。

・党の役職と議席の分離。党の要職者は同時に議員にはなれない。

・党の役職の無給名誉職原則。

・議員給与の制限。一定額を党に納める。

・役職の再任の禁止。市町村レベルは別として執行部の役職に就けるのは
　1回限り。

　このうちコンセンサス原則や集団指導体制，男女同数原則は，対等な活動
家から成る社会運動から受けついだ意思決定の方法である。他の規則は，で
きるだけ多くの普通の市民が参加できるようにしたり，権力が集中するのを
防いだり，議員や役員の勝手な行動を抑えるねらいがあった。

　主要な利益団体のうち，労働界は州の SPD の長期政権と緊密な関係を築
いた。しかし 1970 年代以降，若者が組合に入ってくると，組合は空港や原
発といった開発事業に批判的な方針をとるようになった。

　核燃料工場の労働者を組織していたのは，労働総同盟のヘッセン州支部と
マイン・キンツィヒ郡支部，化学労組や金属労組の州支部，少数派のキリス
ト教労組同盟である。後述するヌーケム社は 1978 年に経営監督機関として
出資者委員会に代わって監督役会を設置した。会長には最大株主だった電力
大手 RWE の社長が就任した。また従業員代表委員長が監督役会代理の 1 人
（労働者役員）に初めて就いた（Stephany 2005: 41-42）。このポストは 1984 年以
降，化学労組所属の SPD 党員が占めた。

　州内で発行される新聞の 90％ は広域紙が占め，左派の『フランクフルタ
ー・ルントシャウ』（FR）と保守系の『フランクフルター・アルゲマイネ』
（FAZ）が中心である。前者は労働者や学生，社会的少数派に好まれ，地域面
も充実しており，州内の原発問題についても詳しくとり上げた。後者は国内
外の多数の記者と大規模な編集局を抱える支配層向けの高級紙である（Esche
and Hartmann 1990: 265-268）[4]。

第 4 章　核燃料工場と脱原発政権の誕生　127

3. 「原子村」の形成となれあいによる違法な認可

ライン・マイン大都市圏に位置する人口約 8 万のハーナウ市は，グリム兄弟の出身地としても知られ，金銀細工から発展した工業都市である。後に市に編入されるヴォルフガング村[5] の米軍駐屯地に隣接する金属・化学企業デグッサの敷地には，第二次世界大戦中の 1940 年に核技術部門が設立され，ウランを実験炉用に加工した。デグッサの核技術部門は，1955 年に西ドイツが主権を回復し，原子力省が設置されると，政府の財政支援も受けて再開した。その原動力となったヴィルツ博士は，ナチス時代から核事業に関与していたが，ソ連の捕虜としてウラン生産工程の開発を担当した。彼の指導で建てられたヴォルフガングの実験所はまもなく「原子村」と呼ばれるようになった（Sontheimer 1987: 1, 4）。バラックを建て増しする形で核燃料工場は拡張され，州をまたいで隣接するカールシュタイン地区には RWE とバイエルン電力が国内初の発電用原子炉カール原発を建設した。このデグッサの核燃料部門が独立する形で 1960 年にヌーケム社が設立された。当初の出資比率はデグッサ 67.5%，多国籍ウラン生産企業リオ・ティント 22.5%，製錬したウランを六フッ化ウランに転換する事業を展開していた商社マリンクロット 10% だった。後にマリンクロットから株式を引き受けた RWE が 1977 年に出資比率を 45% に高め，最大株主になった。

ヌーケムはその間，多数の関連会社への出資を通じ，西ドイツの核燃料製造産業を支配し，その多くがハーナウ周辺に工場を構えた。原発製造企業 AEG が 1965 年に米国 GE 社と設立した会社と，ジーメンスとヌーケムが 1969 年に設立した会社が 1974 年に合併して RBU（原子炉燃料ユニオン）が設立された。RBU はハーナウとカールシュタインの工場で軽水炉用燃料の組み立てと六フッ化ウランの貯蔵をした[6]。

ハーナウではヌーケム A 工場が 1962 年に操業を開始していたが，軽水炉用燃料部門が RBU として独立すると，生産は材料試験炉用燃料や，高温炉用ウラン・トリウム混合球体燃料に限定された。後者の製造部門はホーベク社として独立したが，高温炉の実用化は結局進まなかった。

表4-3　ハーナウ周辺の主な核燃料関連会社

名称・設立年	出仕企業，主要業務
ヌーケム 1960 年	RWE，デグッサ，リオ・ティント，メタルゲゼルシャフト（1977 年） 核燃料・核廃棄物関連業務全般，研究炉用核燃料製造
アルケム 1963 年	ヌーケム 40%，AEG30%，ジーメンス 30%（1970 年） 高速増殖炉・軽水炉用ウラン・プルトニウム混合 MOX 燃料製造
RBU（原子炉燃料ユニオン） 1969/1974 年	KWU（ジーメンス）60%，ヌーケム 40%（1977 年） 軽水炉用低濃縮ウラン燃料の組み立て
ホーベク 1972 年	ヌーケム 100%（1972 年） 高温炉用ウラン・トリウム燃料製造
トランスヌクレアール 1966 年	ヌーケム 80%，仏トランスヌクレール 20%（1966 年） 核燃料・核廃棄物の輸送，輸送容器設計

　ヌーケムは核燃料サイクルの各部門にも出資した。例えば 1966 年，OECD（経済協力開発機構）の共同事業としてデッセルに建設されるユーロシェミック再処理工場に出資し，ベルギーの原子力産業との関係を深めた。国内では 1964 年にカールスルーエ原子力研究センターに隣接する実験用再処理施設に化学企業とともに出資した。ヌーケムの子会社ウラニットは 1971 年，英国やオランダの会社とともにウレンコ社を設立し，ウラン濃縮共同事業に乗り出した。

　核物質輸送の分野ではヌーケムはフランス企業トランスヌクレールと合弁で 1966 年末にトランスヌクレアール社を設立した。1970 年にその本社はハーナウ市に移転した。

　ヌーケム最大の子会社は，1963 年末に設立され 1968 年にハーナウに移転した，アルケムである。社名はアルファ線を発するプルトニウムに由来する。米国ダウ・ケミカル社が出資しており，また米国で経験を積んだシュトルが執行取締役に採用された。

　アルケムの工場は，1968 年から 1991 年まで軽水炉用濃縮ウラン燃料とウラン・プルトニウム混合（MOX）燃料（高速増殖炉用と，軽水炉でプルトニウムを利用する「プルサーマル」用）を製造した。

　プルトニウム事業は実用段階にはなく，アルケムは実質赤字を続けた。1985・86 営業年度にヌーケムは 2 億 4500 万，RBU は 2 億 4000 万 DM の収益を上げたのに対しアルケムの収益は 9500 万 DM だった。1981 年から

第 4 章　核燃料工場と脱原発政権の誕生　129

1986 年までアルケムは連邦研究予算から 8000 万 DM の助成を受けた。ハーナウの諸企業は 2600 人を雇用し，うちアルケムは 560 人を雇用していた (Stephany 2005: 9, 18–20, 29–38, 51–53, 59–61; Sontheimer 1987, 2–3)。

1980 年代に問題となるのは核燃料製造事業の法的根拠である。1960 年に施行された原子力法は 7 条で「核燃料物質の生産と核分裂」用の施設に，聴聞会や資料の公開など，市民参加を保障した認可手続きをとるよう義務づけた。ところが行政は，9 条にいう核物質の「取扱い認可」だけで核燃料工場の運転を認めていた。しかし取扱い認可は法理論上，既存施設に核物質の貯蔵・加工を認めるにすぎず，審査対象は臨界事故防止と放射線防護のみだった。要するにハーナウの企業は，工場自体の安全審査を受けずに長年操業していたのである。一般の化学企業が営業法や連邦公害防止法によって施設や立地の認可を義務づけられていたことと比べると，きわめて異例だった。

アルケムはプルトニウムの貯蔵と加工の様々な取扱い認可を受けていたが，1974 年の取扱量は 460 kg に制限されていた。連邦研究技術省の核燃料サイクル計画によると，ドイツの原発が出した使用済核燃料は，国内に実用規模の再処理工場が建設されるまでフランスのコジェマ社のラアーグ再処理工場に持ち込まれ，そこで取り出したプルトニウムはドイツに戻した後，ハーナウで高速増殖炉用の MOX 燃料に加工される予定だった。

転機となったのは 1975 年 7 月に成立し，10 月に発効した第 3 次原子力法改正だった。連邦政府は多国籍石油企業エクソンがドイツの核燃料市場に注目し始めたことを国内企業への脅威と受けとめていた。内務省は，外国企業の参入と，人口密集地域に隣接した核燃料工場の危険を最小にする唯一の方法が，原子力法 7 条の認可を明文で義務づけることだと考えた。しかし改正法案審議が進んでいた 1974 年 11 月，後に CDU の連邦議会議員となる RBU の執行取締役ヴァリコフが内務省との協議を持った。内務省の所管部局が 12 月に作成した交渉メモ[7]によると，企業側は，7 条認可手続きに伴い，「知識と情報を得た市民によって認可が政治的に阻止されかねない」と恐れた。協議の結果，法案には移行規定が追加され，改正法の発効前に 9 条に従って出た認可は期限付きにはなるが，効果を持ち続けることになった。

ところが環境派の議員たちがこれに反発し，経済委員会と内務委員会が何

度か休会を余儀なくされた。このままだと外国企業が核燃料工場を建設してしまう。そこで個々の議員や業界代表者，省の職員の協議の末に，大臣と次官が合意に至り，さらに両院協議会の結果，妥協が成立した。1975年10月の改正法発効以降に新設される核燃料工場は，7条認可が義務づけられ，資料の開示と市民の参加する聴聞会が開かれることになった。ただし改正法発効時にすでに9条に従って操業していた核燃料工場には移行規定が適用され，元々無期限だった認可は1977年10月末まで効力を持つ。期限つきだった認可は改正法の発効後3カ月で失効する。ただし事業者がこの期限内に7条認可を申請した場合，決定が下りるまではこれまでの活動を継続できる[8]。

　そこでヌーケム，アルケム，RBUの3社は認可を申請したが，費用がかかるとみて手続きをその後何年も進めなかった。例えばヌーケムは旧工場に関わる主要書類を1つも提出せず，申請から7年が経過した1982年，技術監査協会バイエルン支部が安全対策費を2500万マルク以上かかると見積ったのを受け，新工場を建設する方が安上がりだと判断した。1984年9月，ヘッセン州は，ヌーケム旧工場の認可手続きを停止することを了承した。アルケムも1974年12月に7条認可を申請したが，やはり手続きは進まなかった。1979年に連邦内務相バウムは同じFDP所属の州経済技術相に書簡を送り，申請事業者が法的義務をなかなか履行しないと苦言を呈した。

　フランクフルト空港と3つの軍用飛行場のすぐそばだったにもかかわらず，大量の核物質を扱うこれらの工場のアルミの屋根は厚さ0.8ミリしかなく，航空機が墜落すれば大惨事が起きかねなかった。しかし州経済技術省から鑑定の委託を受けた技術監査協会バイエルン支部は産業界に近いことで知られ，そのような事故に備えた設計の必要性を否定した。

　アルケム社は，MOX燃料の受注に応じるため，生産工程の変更や新技術の導入，生産や貯蔵容量の拡大を求められていた。原子力法7条は，原子力施設の「本質的」変更が行われるときは認可を受けなくてはならないと定めており，これらも該当したが，認可が下りる見込みはなかった。飛行機の衝突や地震，化学爆発，火災への耐久性，建物の安定性，床の除染可能性，負圧管理可能な格納施設など様々な箇所で不備があったからである。しかし連邦内務省は，今後急増する予定のプルトニウムを貯蔵するために，航空機の

第4章　核燃料工場と脱原発政権の誕生　131

墜落に耐えられる貯蔵庫（バンカー）をアルケムが早急に建設することにこだわった。執行取締役のヴァリコフやシュトルと協議を重ねた末，州経済技術省は第3次改正法が発効する直前の1975年9月，苦肉の策として原子力法17条1項の定める「事後命令」を発し，アルケムとヌーケムにバンカー建設を命じた。両社はこれを受け入れ，着工した。

　だがバンカーが完成したとしても，工場は7条認可を受けていないので，9条に基づいて取扱えるプルトニウムの量は460 kgのままだった。これではMOX燃料の生産拡大に必要な大量のプルトニウムを貯蔵することができない。1978年秋に連邦内務省とヘッセン州経済技術省は頻繁に協議を行った。最終的に次のような措置がとられた。まずアルケムは，7条認可を受けないまま巨大なプルトニウム貯蔵庫を完成させる。事業費2200万マルクの80%は公的資金でまかなわれた。州経済技術省は460 kgまでの取扱量について貯蔵庫の暫定的な運転開始を原子力法19条3項に基づいて「命令」する。バンカーは1980年12月，運転を開始した。1981年5月，連邦物理工学研究所は原子力法5条にいう警察的保全措置をとり，460 kgを超える部分を「連邦貯蔵庫」に指定して「国家管理」下に置く。アルケムの工場はプルトニウムの加工を継続し，取扱制限を超過した分の中間・最終製品やプルトニウム廃棄物は後で同じ貯蔵庫内の連邦が管理する部屋に戻す。後に1986年7月の技術監査協会ヘッセン支部の鑑定書は，この方法で取扱量制限は事実上無制限となったと指摘している（Martin 1987: 434–444; Sontheimer 1987: 5–8）。

　州経済技術省はこの方法を核燃料工場全般にも適用し，原子力法17条1項の「命令」に基づいて多数の変更を許可した。しかしいくら命令でも「本質的」変更なら7条認可が必要だった。認可が下りるまで操業ができないと会社がつぶれてしまうと州経済技術省は考え，手続き中も「事前同意」を出せば工場の運転継続が許容されるという勝手な解釈を1979年に編み出し，「事前同意」を事実上の認可として乱発していった。この慣行を1984年秋に市民が告発した。検察が捜査対象としたのは6件の「事前同意」である。

　第1に，フランスのコジェマ社がプルトニウムの輸送容器の増量を要求してきて，アルケム社は応じた。臨界事故のリスクは高まるが，1982年9月に行政は認めてしまった。第2に，核分裂性物質の濃縮度を高めた核燃料棒

を貯蔵する必要が生じ，また第3に，寸法の長い燃料棒用に生産ラインを変更する必要が生じた。これらは臨界防止や放射線防護の観点で懸念があったものの，いずれも1982年12月に認められてしまった。第4に，MOX燃料製造のために導入される新しい方法は，事故のリスクを高める懸念があったが，1983年1月に許可された。第5に，核分裂性物質の濃縮度を高めた燃料のための工程変更を行政は1983年4月に認めたが，ここでも臨界事故のリスクが高まった。第6に，1984年4月，プルトニウムを含有する廃棄物を処理し，貯蔵する施設の建設が認められた（Martin 1987: 442-445）。

こうしてアルケムは生産を拡大し，加工したプルトニウムの量は1984年に2095 kgに達した。高速増殖炉用燃料は2万体が製造された。

聴聞会を開かずにすむように企業や州の官庁は躍起になったが，それほど住民運動は盛り上がらなかった。ハーナウで最初のデモは1977年4月に核燃料企業の従業員代表委員が組織したものであり，1500人の従業員が勤務時間中にSPDとCDUの政治家に先導され，工場の維持を訴えた（Sontheimer 1987: 11-12）。2カ月後，300人で初の反原発デモが行われたが，これを組織したのは結成されてまもない市民団体「ハーナウ環境保護イニシアチヴ・グループ」である。中心人物は教師のディーツとワイン商ツィーグラーである。

特に重要となるのはディーツである。彼はニュルンベルクで生まれ，1972年にハーナウの北にある総合制学校のフランス語とスポーツの教師になり，ハーナウ・イニシアチヴの創設メンバーの1人となった。緑の党ができるとすぐに入党し，1980年の全国党結成大会にも参加した。しかしハーナウ支部が正式にできたのは1982年になってからで，1981年の自治体選挙での得票率は3.7%にとどまった。ようやく1985年の自治体選挙で5.6%の得票率となり，ハーナウ市議会に進出した。このときディーツも当選し，2006年まで20年にわたって同市議会の緑の党会派議長として活動した[9]。彼は数人の仲間とともに，核燃料企業の認可に関して再三訴訟を起こすことになる。

4. 緑の党の自治体・州議会進出

次に1980年代初頭のヘッセン州の政治状況について緑の党を中心に見て

いきたい。後に緑の党に合流するグループは1978年の州議会選挙に初挑戦している。翌年末にヘッセン緑の党が結成されるが、議員の初当選は1981年3月の自治体選挙である。このとき緑の党は21郡・5独立市の平均で4.3％の得票率だった。6郡3独立市では得票率5％を超え、議席獲得に成功した。農村地域が多い北部や中部では得票率が低く、大学のあるカッセルの特別市と郡でしか議席を得られなかった。しかし南部の都市部では強く、フランクフルト市とオッフェンバッハ市、隣接の5郡で議席を得た。なかでもフランクフルト空港の西滑走路建設反対運動の地元グロス・ゲラウ郡では14.2％もの得票率を得た。中部には独立市はなく、郡議会への進出にも成功しなかったが、大学都市ギーセンとマールブルクで市議会に進出した。この結果、カッセル市とグロス・ゲラウ郡において、SPDと緑の党が交渉に入り、連立行政が実現した。このときの赤緑市政を経験したカッセル市長アイヒェルは、1991年のヘッセン州の第2次赤緑政権で州首相、1999年から2005年まで連邦の赤緑政権で財務相を務めることになる。

　ヘッセン緑の党はこの頃、既成政党の政治運営や政策を「生命に敵対的で非民主的」と断じて対決する「原理的反対」路線をとっており、他党との連携は基本的に否定していた。カッセルのようなSPDとの協調は地方の特殊事情とみていたにすぎない。緑の党を主導していたのはディットフルトやツィーランら、1981年に当選したフランクフルト市議である。後に「原理派」と呼ばれる彼らは、主に社会主義ビューローという非共産主義左翼グループの出身で、空港反対運動などに熱心だった。入党したのが早かったことに加え、市議という職業は有給専従スタッフを雇用でき、メディアへの露出も多く、大都市フランクフルトの政治的・経済的影響力もあり、党内で大きな発言力をもった。対照的に党の役職は無給名誉職で議員と兼務も許されず弱体だった。さらに党の方針は州党大会で決められたが、これは参加する時間と意欲のある職業活動家、特に議員に有利に働いた。原理派は党大会の運営や人事、党機関誌も握っていた（Raschke 1993: 329; Johnsen 1988: 17–20, 24, 27）。

　緑の党は、1982年9月の選挙で8.0％の得票率で9議席を獲得し、ヘッセン州議会への進出を果たした。CDUは前回選挙より0.4％低い45.6％の得票率にとどまり、議席も1つ減らし52となった。またFDPは議席獲得要件の

得票率5％に届かず，全議席を失った。それに対しSPDは得票率42.8％で1議席減の49議席となった。連邦と同様に，ヘッセンでも1970年以来SPDと連立政権を支えていたFDPは，1982年の州党大会でCDUと連立を組むと鞍替えを宣言していた。したがって州議会選挙は，連邦の政権交代の試金石として注目された。しかし福祉国家路線に共鳴するリベラルなFDPの支持層には，保守化したCDUとの連立に反対する人もいた（Franz et al. 1983: 67-68）。SPDは連立崩壊の責任をFDPの裏切りのせいにしてシュミット首相に同情を集める戦術をとり，功を奏したのである。

　得票の地域分布を見ると，緑の党が州平均よりも明らかに高い10％以上を獲得した17の選挙区は，ライン・マイン大都市圏と，北部と中部の大学都市，大規模開発事業の立地点周辺（再処理工場の候補地ヴァンガースハウゼンのある北部や，西滑走路反対運動の地元グロス・ゲラウ郡）に集中していた[10]。

　1982年選挙の結果，どの政党も州議会で多数派を形成できない状況に陥った。これは6月のハンブルク州議会選挙の結果と似ていた。ハンブルク州でもFDPが議席を全て失い，代わって緑・オルタナティヴ・リスト（GAL）が9議席を獲得し二大政党はいずれも過半数に届かなかった（SPD 55, CDU 56議席）。GALは6月，与党SPDが無条件に譲歩するなら，議会内で協力する用意があると示唆し，交渉が開始された。しかし「エコ社会主義者」と称する派閥の影響下にあったGALに交渉を成立させる意図はなく，呑めない要求を出して改革のできないSPDという印象を世論に植えつける「暴露戦略」を狙っていた（Raschke 1993: 150; Markovits & Gorski 1993: 200-202）。ハンブルクSPDは10月，交渉を失敗と判断し，12月の再選挙に踏み切った。

　一方，ヘッセン州では，数の上では大連立の選択肢があったが，SPDにとって呑める話ではなかった。保守に交代する連邦政府に対抗していこうと州の選挙戦を戦ったからである。もちろんSPDの州首相ベルナーは結果が判明した投票の日の晩に，緑の党との提携を否定してみせた。しかし同じ頃，SPD党首ヴィリー・ブラント元首相は緑の党との協調の可能性をにおわせる発言をテレビ番組でしていた（Johnsen 1988: 32-33）。

　建設労働者だったベルナーはカッセル市議や連邦議会議員，連邦議会SPD会派議長，大連立内閣（1966～69年）と第1次ブラント内閣（1969～

第4章　核燃料工場と脱原発政権の誕生　135

表4-4　ヘッセン州の自治体選挙における緑の党

	1981.3.22		1985.3.10		1989.3.12	
郡・独立市の平均	4.3		7.1		9.1	
カッセル県（北部）						
カッセル市	6.7	○	8.5		12.3	
フルダ郡	2.4	×	4.6	×	5.7	
フルダ市（郡所属市）	―		5.6		5.7	
ヘルスフェルト・ローテンブルク郡	3.4	×	5.0		6.8	
カッセル郡	5.6		6.8		8.5	
シュヴァルム・エーダー郡	4.6	×	5.5		7.5	
ヴァルデック・フランケンベルク郡	4.7	×	5.2		5.1	
ヴェラ・マイスナー郡	―		5.0		6.6	
ギーセン県（中部）						
ギーセン郡	4.4	×	7.7	○	9.7	○
ギーセン市（郡所属市）	6.8		8.4	○	13.8	○
ラーン・ディル郡	―		5.1		6.6	
リンブルク・ヴァイルブルク郡	―		5.2		6.9	○
マールブルク・ビーデンコプフ郡	3.9	×	7.1	○	9.9	○
マールブルク市（郡所属市）	5.9		11.4	○	17.6	○
フォーゲルスベルク郡	3.1	×	4.5	×	6.2	
ダルムシュタット県（南部）						
ダルムシュタット市	―		9.5		19.0	
フランクフルト市	6.4		8.0		10.2	
オッフェンバッハ市	5.9		8.3	○	10.1	
ヴィースバーデン市	―		6.9	○	8.8	
ベルクシュトラーセ郡	3.4	×	6.6	○	9.0	○
ダルムシュタット・ディーブルク郡	5.3		8.3	○	11.2	○
グロス・ゲラウ郡	14.2	○	10.4		12.1	
ホーホタウナス郡	5.7		8.6		11.1	
マイン・キンツィヒ郡	3.7	×	6.2	○	8.2	○
ハーナウ市（郡所属市）	3.7	×	5.6		8.8	
マイン・タウナス郡	5.9		8.1		9.5	
オーデンヴァルト郡	2.6	×	6.4		9.1	
オッフェンバッハ郡	6.2		9.1		10.8	
ラインガウ・タウナス郡	4.1	×	7.5		8.9	
ヴェッテラウ郡	4.2	×	6.5	△	7.3	○

注：郡所属市は4つのみのせた。
　　「―」候補者立てず，「×」議席獲得できず。赤緑連立が「○」成立，「△」途中解消。
出典：http://www.hsl.de; http://www.hr-online.de/hessenwahl2001; http://www.hanau.de/; FAZ 57/9.3.1993; FAZ 53/4.3.1997; Herrmann et al. (1990)；Meng (1993).

72 年）の政務次官を歴任し，1976 年にヘッセン州首相の座につく。彼を首斑に SPD と FDP が連立した州政府は，フランクフルト空港の拡張や原子力の利用拡大を州の景気刺激策に位置づけた（Berg-Schlosser und Noetzel 1994: 93）。したがってこれらの事業に反対する緑の党は目障りでならなかった。

　しかしヘッセン SPD の 2 つの支部のうち，2 倍の党員を抱える南ヘッセン支部では，若者を中心に空港や原発に反対する人が増え，緑の党との協調を求める声が強まった。そこでベルナーは選挙の 3 週間後，緑の党との接触を拒まないこと，原子力の推進に再考の余地があることを示唆した（Markovits & Gorski 1993: 204）。ヘッセン SPD 執行部は州議会 SPD 会派と協議し，CDU と緑の党の双方に政策交渉を申し入れた。

　一方，ヘッセン緑の党は 8 月の州党大会の決議に従い，SPD と CDU に「交渉」ではなく「対話」を呼びかけた。「対話」にあたってどのような戦略を会派がとるべきかについても緑の党は党大会で決めなくてはならない。1982 年 10 月末に開かれた州党大会では最終的に，「生命の問題」では妥協しないという原理派の案が 145 対 95 で可決された。しかし注目すべきことに対案が初めて出された。いくつかあったうち最も多くの支持を集めたのはダニエル・コーンベンディットやヨシュカ・フィッシャーら「フランクフルト・シュポンティ選挙イニシアチヴ」を名のるグループの動議であり，110 対 106 の僅差で否決された（Johnsen 1988: 120, 97）。

　シュポンティとは硬い組織形態を嫌って即興的な行動を強調し，1970 年代後半に各地の大学自治会に登場した「非教条的」左翼グループだった。K グループと呼ばれた共産主義セクトとは異なり，シュポンティは過剰な理論を嫌い，個人の日常的な欲求の充足を重視する「一人称の政治」を標榜した（Hüllen 1990: 72–73; Markovits & Gorski 1993: 86）。

　ヘッセン緑の党との関係で重要になるのはフランクフルトのシュポンティである。その前身は学生運動から派生したグループである。1969 年から 1976 年頃まで自動車会社オペルのリュッセルハイム工場で働きながら，職場で労働運動を行ったり，無認可全日制保育所の存続を訴えたり，公共交通の値上げに反対する活動に関わった。特に重要なのは建物占拠闘争である。これは，家主が再開発による家賃収入増大をあてこんで将来の建て替えまで

第 4 章　核燃料工場と脱原発政権の誕生　137

空き家のまま放置していたアパートに，違法に住みつくスクワッティングである。住宅はあっても高い家賃を払うことのかなわない若者の抗議として西欧の他の諸国の大都市にも見られる。若者たちはネットワークをつくって空き家を拠点に独自の経済・文化活動を追求し，反原発運動などの様々な抗議運動にも参加した。

フランクフルトのグループは，しだいにシュポンティ運動に同調するようになった。その拠点は 1976 年発刊の雑誌『舗道の砂浜』編集部であり，その編集長はコーンベンディットである。ユダヤ系ドイツ人で，哲学者ハンナ・アーレントの甥でもある彼は，フランスの大学で学んだが，1968 年の学生反乱の引き金となる行動で有名になった後は，フランクフルトを本拠にしていた[11]。「我々は全てが欲しい」というシュポンティのスローガンに呼応して，フランクフルトでは，書籍から衣食住，自動車修理，文化活動に至るまで，既存の「体制」から自律して包括的にカバーする「オルタナティヴ」な事業体が成長した（Hartel 2000: 127-128, 239-243）。

フランクフルトのシュポンティの主要メンバーがヘッセン緑の党に入党したのは 1982 年以降と遅かったが，オルタナティヴ運動の人脈があり，動員力をもっていた。彼らが 1982 年 10 月の州党大会に出した動議は，州議会選挙後に緑の党が「現実政治」に向かわざるをえない歴史的な機会が生まれたと診断し，後の派閥の名称となる概念を初めて使った。また緑の党が SPD の少数内閣を許容する，つまり信任投票で反対票を投じない条件として，「西滑走路建設の 1 年間の猶予，ビブリス原発 C 号機とヴァンガースハウゼンの核燃料再処理工場の認可手続きの凍結」，「西滑走路紛争に関係して有罪判決を受けた者全員に対する捜査・刑事手続きの中止および刑の免除」を具体的に挙げた（Johnsen 1988: 34, 121）。

これに対し，フランクフルト市議ツィーラン，ディットフルト，ホラチェクら「原理派」の動議も，SPD 少数内閣を「許容」する条件を「ABC 兵器のないヘッセン」「全原子力施設の即時操業停止，滑走路用地の植生回復，アウトバーン建設の停止，汚染者負担原則の厳格な適用による水・空気・土壌の徹底的な浄化」としたが（Johnsen 1988: 117），スローガンの域を出ず，交渉の出発点になりえなかった。

結局，フランクフルト空港の西滑走路建設をめぐるデモをきっかけに，
SPDと緑の党の対立が深まり，交渉は取り止めになった。その結果，12月
1日にベルナーは州首相を辞任した。しかしフランクフルト市長ヴァルマン
を新党首に迎えたヘッセンCDUも多数派を形成できなかった。このため州
憲法の規定に従い，ベルナー政権が事務執行政権として留任した。すでに退
陣した政府に不信任決議案は提出できなかった。SPDが強気でいられたのは，
この選択肢があったためである。

　議会内多数派をつくるための交渉は取り止めたものの，SPDは雇用確保を
目的とする部分予算案を合意の得にくい予算案全体よりも先に可決したいと
考え，11月に緑の党に交渉を申し入れた。緑の党は，翌年3月の連邦議会
選挙を控え，雇用対策を拒否しては世論の受けが悪いだろうと判断し，交渉
に応じた。党の基本方針には関係しないとみて緑の党の州執行部は関与せず，
交渉当事者は両党の州議会会派とされた。12月から1月にかけて行われた交
渉の場に，緑の党会派は酸性雨対策などを修正提案として持ち込んだ。

　しかし1983年1月にカッセルで開いた州党大会で原理派は部分予算案の
拒否を求めた。彼らは，緑の党が交渉で反対した開発事業にも予算措置をす
る権限を州蔵相が握っていると正当な指摘をした。ただそれだけではなく，
実務交渉を通じて政策を漸進的に実現しようとする「改良主義」の手法自体
を非難していた。しかし300名以上が参加した大会では，部分予算を支持す
る州議会議員団の動議が4分の3で承認された。もちろんこの採決は，緑の
党とSPDが共同で市政を運営していたカッセルという場所の影響も多分に
ある。とはいえ，党大会では連邦議会選挙にヘッセンから立てる候補者の選
定も行われたが，当選有望な名簿第2位と第3位に選ばれたのは後の「現実
政治派」の指導者となるマールブルクの「エコ社会主義者」フーバート・ク
ライナートとフランクフルト・シュポンティのフィッシャーであり，原理派
でフランクフルト市議のホラチェクは第4位に甘んじた。連邦議会議員に付
随する権力資源は，フランクフルト市議よりはるかに大きい。給与や雇うス
タッフの数といった実務面だけでなく，マスメディアの注目度も全く異なる。
1983年3月に連邦議会議員に当選したフィッシャーとクライナートは，党
内派閥をつくる機会をつかんだ。

第4章　核燃料工場と脱原発政権の誕生　139

カッセルの党大会で了承を得た緑の党会派は1983年2月，州議会でSPDとともに部分予算を可決した。SPDは次に法案の策定にかかったが，これにも緑の党の協力が必要だった。部分予算に盛り込まれた酸性雨対策について，SPDと緑の党の両会派は交渉し，6月の緑の党の州党大会はこれを承認した。ところが原理派が圧力をかけると，緑の党州議員団の多数派は態度をひるがえし，自ら承認したはずの共同法案を野党CDUとともに州議会本会議で否決した。これは緑の党議員団の信頼性を損ない，世論の批判を受けた（Raschke 1993: 153; Johnsen 1988: 29, 39-47）。

原理派にとって，議会は体制に抗議する姿を世間に知らしめる舞台にすぎなかった。SPDとの交渉も，SPDの無能力を暴露するためのものだった。この戦略はハンブルクGALの暴露戦略に似ていた。交渉は決裂し，1982年12月のハンブルク州議会選挙では，SPDが半年前に一度失った単独過半数を回復する一方，GALは1議席を失った。これを見たヘッセンのSPDは，緑の党会派の失態を好機と捉え，CDUの同意を得て1983年8月に州議会選挙を解散した（Herrmann et al. 1990: 27）。

事務執行のため居座るベルナー政権は不信任案で解任される心配がなく，部分予算や，いざとなれば暫定予算の実施権を持っていた。緑の党が交渉を全面的に拒否し続ければ，州政府・与党SPDはCDUと妥協することも考えただろう。そうなれば緑の党が反対する巨大開発事業が進められてしまい，党員や有権者，社会運動の期待に背くことになる。しかし緑の党の議員団がその認識を共有できるには次の選挙で痛い目に遭わねばならなかった。

5. 緑の党の現実路線への転換と全国初の「赤緑」州政権

1983年9月25日，前回の1年後に行われた州議会選挙でSPDは46.2％の得票率で51議席を得て，第1党の座を取り戻した。SPDは，連邦政府の緊縮政策が低所得層に及ぼすしわ寄せや，州内にもある米軍基地への核ミサイル配備に対する不安を訴えた。また環境保護の雇用創出効果を宣伝すると同時に原子力の積極的推進からは距離を置き，バランスをとった。FDPはCDUと選挙協力をしたおかげで議会に返り咲き，8議席を得たが，CDUは

44 議席に落ち込み，両党合わせても過半数の 55 に達しなかった。

緑の党は前回より 2 議席減って 7 議席となり，特に開発事業反対運動の地元での得票が落ち込んだ。なかでも再処理工場の計画が撤回され運動が収束したヴァルデック・フランケンベルク郡の選挙区では 9.2％ も減らした。これに対しライン・マイン大都市圏や大学のあるカッセル市とギーセン市の選挙区では得票率減は小幅にとどまった[12]。

選挙後，フランクフルト市議会の原理派は，緑の党の敗因が SPD と十分な距離をとらなかったことや，世間の注目をひくような直接行動をあまりできなかったせいにした。しかし世論調査によると 1983 年選挙前の有権者のうち，緑の党支持層の 83％ が SPD との連立を支持していた（Bürklin et al. 1984: 238-247）。したがって敗北から導かれる教訓は明らかだった。具体的成果を上げるために SPD と交渉を行う必要があるという教訓である。

選挙の 1 週間後，10 月 1 日にフルダ市近郊のマールバッハで州党大会が開かれた。現実路線への転換を求める複数のグループは，SPD と「持続的提携」をしようという州議会議員ケアシュゲンスの動議に一本化され，8 割の支持を得た。これに対し原理派の出した動議は，1983 年度州予算を拒否し，SPD に「対話」すら申し入れないという内容に後退していた。この大会以後，多数派を維持するため，現実派の組織化が本格化した。

現実派の指導者の地位を確立したのはフィッシャーである。彼のオルタナティヴ運動の人脈を活かして党員を増やした現実派は，まずフランクフルト市の緑の党の主導権を原理派から奪い取った。現実派はフランクフルトに反感を持つ地方の党員にも働きかけた。SPD と連立に踏み切った自治体の緑の党支部も現実派になびいた（Johnsen 1988: 51-56; Raschke 1993: 332-337）。

ほぼ切れ目なく就いてきた公職もフィッシャーに有利に働いた。1983 年に連邦議会議員になるや会派事務局長につき，3 人の緑の党会派共同代表に次ぐ地位を得た。1985 年にローテーション規則に応じて議員を退任した後，ヘッセン州環境相に就任した。1987 年からは州議会会派共同代表，1991 年から再び州環境相・副首相，1994 年に連邦議会議員に転身し，連邦の赤緑政権（1998 年 10 月～ 2005 年 9 月）の副首相兼外相に登りつめた。

このキャリアにより，彼の言動は報道で好意的にとり上げられることが多

かった。政党の単なる役員よりも，公職者の言動にメディアの関心は集まる。さらにフィッシャーにはメディアにとり上げられやすい特色がいくつもあった。議会での雄弁な演説やヤジ，インタビューでの挑発的表現も含め，彼の機知に富んだ発言はメディア向きだった。また彼の特異な人生も格好のネタになった。ドイツの政界では肩書きが重視され，大卒の政治家が多いが，彼はハンガリーから戦後引揚げてきた肉屋の息子であり，高校を中退し，未成年で最初の結婚をし，1968年の学生運動に出会い，空き家占拠闘争やシュポンティの活動をしながら，タクシー運転手や書店主まで様々な職を転々とした。体重の増減も激しく，マラソンによるダイエットが注目を集めるなど，エピソードに事欠かない。さらに，緑の党では珍しくない党大会の混乱ぶりや感情的な発言から距離を置き，政局を意識してコメントをするため，メディアから信頼のおける対話の相手と受けとめられた。緑の党の指導者のうち，彼のインタビューの数は群を抜いて多い（Knitter 1998: 218–219, 229–233）。

　原理派も，「急進エコロジスト」を自称して組織化を図った。しかし広がりに欠け，ヘッセン州内で劣勢となった1984年以降はハンブルクGALのエコ社会主義派と提携して連邦党の執行部を掌握しようとした（Raschke 1993: 161–163）。エコ社会主義派のトランペルトは1983年11月，ディットフルトは1984年12月に連邦緑の党の共同代表に選ばれ，それぞれ1987年5月，1988年12月までその地位を保持した。底辺民主制を掲げる緑の党は，執行部員を毎年改選し，共同代表も大半が2年未満の任期を務めて交替したが，この2人だけは3年以上務めた（Veen and Hoffmann 1992: 31）。

　こうして派閥抗争はヘッセンから全国に拡大した。現実派もニーダーザクセンやバーデン・ヴュルテンベルク，連邦議会の現実派議員と連携し，1986年には派閥の全国会合を初めて開いた。全国的な派閥抗争は，1989年に原理派が連邦党執行部を退陣するまで続いた。

　1983年選挙前の調査によれば，SPD支持層ではCDUとの大連立を望む者が半数近くおり，緑の党との連立を望む者（24％）を大きく上回った。大連立の支持者は労働者層や低学歴，年齢40歳以上，プロテスタントか教会へたまに行く農村の住民に多く，反対に緑の党との連携を望む者には新中間層や高学歴，若者，非宗教，都市居住者が多かった。それでもヘッセン

142

SPD で中道右派に近いベルナーが緑の党との交渉を推進したため，異論は抑え込まれた。彼は 1983 年 11 月に開いた SPD 州党大会で，緑の党のマールバッハ州党大会決議に言及し，緑の党と交渉することを正式に表明した (Scharf 1989: 171)。

1983 年 11 月，両党議員団による第 1 回交渉が緑の党の求めにより公開で行われ，若年失業や職業教育の奨励，酸性雨・大気汚染対策という合意の得やすい争点について討議した。1984 年 1 月中旬までに公開交渉は 6 回行われた。その合間には懸案を討議したり細目を詰めるため，小規模の作業部会が開かれた。緑の党の一般党員も交渉団の説明を聞き，妥協の必要性に納得するようになった。1984 年 1 月の州党大会には，関心の高さを反映して 1 日だけで 900 名もの党員が参加し，11 の交渉分野のうち 5 つの中間結果が承認され，続行が決議された。ここまでの両党の合意事項は原子力に限ると以下の通りである[13]。

- ヘッセンにおける原発新設，特にビブリス C 号機やボルケン（北ヘッセン）の計画は不要となる。運転中のビブリス原発 A・B 号機に関してはフライブルクのエコ研究所に研究を委託し，州議会でも公聴会を開く。
- ヌーケムとアルケムの核燃料工場で軍事転用可能な物質が生産できるかどうかに関して州議会で公聴会を開く。認可される前に州議会で議論をする。ただし認可手続きの不当な遅延は回避すべきである。
- 両党の合意に至らなかった点は併記する。緑の党はビブリス原発 A・B 号機とハーナウの核燃料工場や原子力利用の放棄を必要かつ可能と考える。SPD は 1980 年代のうちは原子力を電力供給と産業政策の見地から維持すべきと考える。ただし核廃棄物の最終処分の確保を条件とする。

要するに既存の原発を当面運転してよいが新設は不要という認識で一致したので，核燃料工場の生産拡大の認可が懸案として残ったのである。

交渉の最終結果は 5 月の州党大会で承認された。6 月に両党と州議会両会派は閣外協力協定に署名した。7 月にベルナーは緑の党と SPD の議員全員の賛成で州首相に選出された。

緑の党は州党大会の決議に従って閣僚人事には口を挟まなかった。政府再編にあたりベルナーは，環境政策を労働社会省に移管し，大臣のクラウスを

第 4 章　核燃料工場と脱原発政権の誕生　143

留任させた。SPD はこの再編を雇用政策と環境保護の宥和，SPD と緑の党の和解の象徴だと自画自賛した。しかし環境保護団体は批判的だった。原子力施設の許認可とエネルギー政策は経済技術省の所管のままで，大臣には原子力推進派のシュテーガーが就いた。自然保護は農林業省に移管され（大臣は SPD 南ヘッセン支部長ゲアラッハ），労働環境社会省でも 8 局のうち 1 局が環境問題を担当するにすぎないというのである。また緑の党が発案し，苦労して協定に盛り込んだ政策を，州政府は自らの功績であるかのように宣伝した。「廃棄物の回避，削減，利用」を優先する新しい廃棄物政策や，護岸工事済み河川の再自然化が挙げられる。緑の党の州議会会派も報道担当者を専従で雇ったが，州政府の官僚機構や広報課，大臣を通じて政策を宣伝できる SPD には及ばなかった。このため緑の党も閣僚の推薦権を得るべきだという考えが強まった（Johnsen 1988: 60–64, 68–76, 132）[14]。

　核燃料工場については，緑の党が州議会で追及し，情報の開示も進むと，住民運動も活発になってきた。1983 年 10 月，ヌーケムに関する聴聞会が初めて開かれた。100 人の警官に守られながら，技術監査協会バイエルン支部の鑑定人たちは市民や批判的な専門家から追及された。放射能の排出量の試算について，ヌーケムが資料に実際の 1000 分の 1 の数値を記入していたことがわかり，聴聞会はやり直しとなった。

　またアルケムは，核物質の取扱い認可の延長と，工場に関する 7 条認可を修正の上で 1984 年 1 月に再申請した。修正申請は工程の事後認可や工場の増築，MOX 燃料製造部門の新築，プルトニウム取扱量の拡大など多岐にわたる。申請書類の公示は 4 月から 6 月にかけて行われ，市民やドイツ環境自然保護連盟（BUND）からの異議申し立てが 2134 件寄せられた。これを審議するため，9 月に聴聞会が開かれた[15]。

　ハーナウ・イニシアチヴは，ディーツを始めとする一部が緑の党に入党したほか，党員でなくても参加できる州党大会に毎回参加し，核燃料工場を優先課題にするのに成功した。SPD と緑の党の閣外協力の焦点となった核燃料工場問題には世間の注目が集まり，12 月のハーナウの反原発デモには 5000 人が集まった。ただし人口 8 万 5000 人弱のうち 2600 人が核燃料企業に雇用される土地柄で，地元住民の参加は少なかった（Sontheimer 1987: 9, 12）。

貯蔵庫に置かれる大量の核物質が論議を呼んだため，閣外協力協定の取りきめ通り公聴会が 1984 年 6 月に州議会で開かれ，ヌーケムやアルケムで加工される高濃縮ウランやプルトニウム 239 が，核兵器製造に利用可能なことが明らかになった。

　1984 年 5 月にエッセンで開かれた SPD 連邦党大会では，再処理工場計画に反対を表明していた（Vorstand der SPD 1986: 450–453）。この施設に反対するなら，そこで取り出されるプルトニウムを燃料に加工するハーナウの工場にも反対するのが合理的に思われた。しかし 10 月に州経済技術相シュテーガーは，年内にもヌーケムの新工場建設に第 1 次認可を与える意向を表明した。これを受け緑の党は同じ月に開いた州党大会の方針に従い，11 月に閣外協力を終了した。それでも 12 月のヘッセン緑の党大会は，これまでの現実路線を確認し，条件次第で SPD 州政府への閣外協力を再開することを決議した（Johnsen 1988: 77–80）。

　またヘッセン・イニシアチヴのメンバーは 11 月初め，アルケム社の執行取締役と州経済技術省の職員を刑事告発した。必要な認可なく核技術施設を運転する者は処罰されるという刑法 327 条 1 項に違反したというのである。検事局はアルケム社を捜索し，翌年には州経済技術省で 348 ものファイルを押収し，RBU 社にも捜査を拡大した。ハーナウ・イニシアチヴのメンバーはさらに 3 月，旧工場の認可手続きを申請する意思がなかったとしてヌーケム社を刑事告発した[6]。また 5 月，州経済相シュテーガーは RBU 社の工場の部分閉鎖を命じた。これを受け，SPD 南ヘッセン支部の特別大会が開かれ，脱原発を求める決議を採択した（Mohr 2001: 207–208）。

　1985 年 3 月にはヘッセン州自治体選挙が実施された。郡と特別市の平均で CDU と FDP はともに得票率を下げたが，SPD は前回より約 4％増の 43.7％，緑の党は約 3％増の 7.1％となった。緑の党の党員数は 1985 年 3 月までの 10 カ月で 1200 人も増え，4200 人になっていた。党の下部組織も着実に整備され，緑の党は州内 21 郡と 5 独立市全てに候補者を擁立でき，そのほとんどで議席を獲得した。独立市を除く 421 の全市町村では合計 540 名の議席を獲得した。

　選挙後，緑の党の州議会議員団と州首相ベルナーは自治体のそれぞれの党

第 4 章　核燃料工場と脱原発政権の誕生　145

員に連立協議を促した。その結果，南部の3つの郡と州都ヴィースバーデン市，中部では2つの郡に加えてマールブルク市とギーセン市で連立行政が誕生した。南部のオッフェンバッハ市とマイン・キンツィヒ郡（その最大の都市がハーナウ市）では1986年に入ってから両党の連立行政が成立した。

　緑の党は人事面でも，ギーセン市とマイン・キンツィヒ郡を除き，郡や市の参事である課長のポストを獲得した。課長職の確保は，実務上必要と受けとめられ，州レベルでも連立して閣僚ポストを得ることへの抵抗感を弱めた（Johnsen 1988: 83-87, 94）。

　自治体議員が大勢誕生し，「赤緑」自治体も増えたことは，党運営規則の見直しを促した。党員4200人のうち，自治体議員だけで540名を数え，党員8人に1人の割合になった。このほかに州議会議員やヘッセン選出の連邦議会議員，それらの議員や会派のスタッフ，政治任用で就いた自治体の課長，行政職員として働く党員，大都市の区会に選出された党員がいた[17]。党員に占める公職従事者の割合が高まり，しかも彼らは活動家でもあるため，各地の党支部は人員不足に直面した。例えばグロス・ゲラウ郡では西滑走路反対運動をきっかけに躍進し，郡党員100人のうち60人が各レベルの議員に選出された。ところが党の運営規則は公職と党職の兼任を禁じていたため，郡支部は役職者を確保できなくなった。こうして人材難の党務に比べ，各レベルで議員が強い影響力を持つようになった（Scharf 1989: 173-174）。公職と党職の兼任を認めるべきだという現実派の主張が説得力を増した。

　ハーナウ市議会に進出したのも1985年である。緑の党市議たちは初登院のとき，原子力も市政の課題であること，市政を浄化する意思を示すため，放射線防護服を着て議場に入った。RBU社のウラン加工場から市の下水道に放射能汚染水が流れ込み，限界値を越えたことが明るみに出ると（後述），緑の党会派は野党ながら調査委員会の設置を勝ち取った。1984～1991年にハーナウでは28件の事故が起き，緑の党はウランとプルトニウムの加工を即時停止するよう要求した。1986年のチェルノブイリ原発事故後，ハーナウ市議会とマイン・キンツィヒ郡議会の緑の党は，食料品や子どもが遊ぶ砂場の放射線値の正確な調査と核燃料工場の即時閉鎖を要求した（Diez 2000）。

　一方，ヘッセン州自治体選挙と同日に行われたザール州議会選挙では，

146

SPD が単独過半数を獲得する一方，緑の党は議席獲得に失敗した。選挙前に同州 SPD 議長ラフォンテーヌが連立を持ちかけたのに，緑の党が拒否したことが敗因といわれた。また 5 月に行われたノルトライン・ヴェストファーレン州議会選挙では，緑の党との提携を拒否していた州首相ラウの与党 SPD が単独多数を維持し，緑の党はやはり議席を獲得できなかった。

　他の州とは異なり，ヘッセンの SPD と緑の党は互いを必要としていたが，連立の具体化には原子力問題を解決する必要があった。そこで州議会の両会派は「ヘッセン原子力政策部会」を設置し，4 人ずつ専門家を指名した。SPD がトラウベ教授[18]やユーバーホルスト元連邦議会議員，労働総同盟ヘッセン支部員，フランクフルト大学行政法教授を，緑の党はカッセルの環境法教授ロスナーゲル，ダルムシュタットのエコ研究所代表ザイラー[19]，弁護士，エコ研究所のハーン[20]を指名した（Oppeln 1989: 328）。この部会は両党の拘束委任を受けて審議し，1985 年 5 月に次のような要点の勧告を出した。

- ・ヌーケム新工場の第 1 次認可の執行は命令しない。軍事転用可能な核燃料の製造を防止するため，ウラン 235 の濃縮度を最大 20％に制限する。
- ・アルケムの認可は棚上げする。連邦内務省が指示してきたときは，州は連邦憲法裁判所に提訴する。
- ・RBU 社から生産能力を 3 倍にする申請があった場合，「認可を受けられるかどうか最終判断を下せる状況にはない」という理由で棚上げする。
- ・同じことはホーベクの認可にも適用される。ヌーケム新工場と同様に，核兵器製造可能な物質の拡散と加工は避けねばならない。
- ・ビブリス原発 A・B 号機については，被害の予防と放射性廃棄物の無害な除去が保障されるかどうか，鑑定で解明されねばならない。条件が満たされなかった場合，州政府は住民を保護するため，最終的には運転認可の取り消しも含め，あらゆる法的手段を尽くさねばならない。

　全体的に，核兵器に転用可能な物質の製造やプルトニウムの処理量の拡大を認めない点では緑の党の主張が通ったが，その他の問題は棚上げされた。両会派はこの勧告を州政府への行動提案として受け入れ，6 月，SPD と緑の党の各々の大会はこれを承認した（Johnsen 1988: 83-84, 86-87）。10 月 16 日に両党は連立協定を正式に締結した[21]。12 月 12 日，フィッシャーが緑の党と

第 4 章　核燃料工場と脱原発政権の誕生　147

して初めて大臣（州環境・エネルギー省）に就任し、初の「赤緑」政権が州レベルで誕生したのである。州議会の州環境相宣誓式にはジャケットとジーンズ、スニーカーという服装で臨み、学生運動の指導者ドゥチュケが唱えた「制度内への長征」を象徴するものと見なされた。緑の党の底辺民主制規則に従い、大臣は給与のうち、州議会議員と同額（1920DM の給与と 1000DM の諸経費、扶養家族 1 名ごとに 500DM）を受けとり、残額を緑の党の「エコ基金」に上納した（Knitter 1998: 212-213, 229）。緑の党は環境省（ケアシュゲンス）と女性省（ハイバッハ）の次官ポストも得たほか、フィッシャーは「フィッシャー・ギャング」と呼ばれた緑の党員たちを州環境省の職員に任命し、行政への浸透を試みた。腹心のディック[22]とケーニヒス[23]はそれぞれ報道官と省大臣秘書課長、ドイツ環境自然保護連盟出身の党員エームケが自然保護課長、広報主任にコール[24]、基本問題主任にクレチュマン[25]、連邦参議院担当・法務主任にリーデル[26]、人事課主任にシェファーが任命された（Fischer 1987）。しかしそれから半年もたたないうちにチェルノブイリ原発事故が発生し、原子力をめぐる連邦・州間の政治競争は激化する。

6. チェルノブイリ原発事故と原子力行政の再編

1986 年 4 月 26 日、現在のロシアとベラルーシとの国境に近いウクライナにあるチェルノブイリ原発 4 号機が爆発した。スウェーデンで高い放射線値が検出されて初めて、世界はソ連で大事故が発生したらしいことを知った。ソ連当局はようやく 2 日後にタス通信を通して原子炉が損傷したとだけ伝えた。西ドイツのコール首相はこのころ世界経済サミットに出席するため東京にいた。29 日、原子炉安全委員会はチェルノブイリで何が起き、また起きうるかに関する報告書の準備を連邦首相府から命じられた。同日、連邦研究相リーゼンフーバー（CDU）は第 1 テレビの番組で、西ドイツに放射能雲がくることはないし、同様の事故が国内で起きることもないと述べた。しかし番組の後半、気流の影響で放射能雲が西ドイツにもくる可能性があることが明らかになった。連邦内務相ツィンマーマン（CSU）も別の番組で、危険なのは原子炉から 30 ～ 50 km 圏内だけだと述べ、2000 km も離れているドイ

ツは問題ないと述べた。首相府官房長官ショイブレ（CDU）も第2テレビの番組で、西ドイツの住民に危険が及ぶ可能性はないと述べた。

州レベルでは、例えばバーデン・ヴュルテンベルク州の首相シュペートが4月30日に州の農林業栄養環境省や保健社会省、内務省の閣僚や幹部と協議し、農林業栄養環境省に常設監視班を置くことを決めた。専門家が汚染の程度は低いと予想していたため、保健省はヨウ素剤の使用に慎重だった。州農林業栄養環境省は当初、放射線値の上昇は無害な程度だと発表し、特別な予防が必要だとは指摘しなかった。

同じ30日、在独ソ連大使館は大事故ではないと発表した。内務相ツィンマーマンは、エーバーバッハ修道院で開かれた各州と連邦の環境所管大臣の会議でも、西ドイツには何の危険もないという発言を繰り返した。しかしこのころから専門家らは独自に測定を始め、公式発表とは異なる見解が報道されるようになった。『新ルール新聞』は火災がさらに続き、風向きが変われば連邦共和国の住民にも危険が及びうると報じた。『ボン・ルントシャウ』紙は5月1日、放射能雲が前日のうちに西ドイツやオーストリアを通過し、スイスに到達したこと、ノルトライン・ヴェストファーレン州政府が危機管理本部を立ち上げたことを報じた（Sieker 1986: 11-12; Berg-Schlosser und Noetzel 1994: 152; Czada 1990: 290-293）。ラーフェンスブルクの市長は、地上堆積物から1 m² 当たり5万ベクレルが検出されたのを受け、消防署に化学生物学放射線防護隊を設置した。

事故の規模と西ドイツ国内の汚染をもはや否定できなくなると、食品の安全基準が政治問題化する。例えば放射性のヨウ素131は牛乳1リットル当たり500ベクレルにすると、5月2日の放射線防護委員会は勧告した。連邦内務省で行われた事務次官会議では、全国で統一した基準を定めないと、緑の党が環境大臣のヘッセン州などが独自に決めて混乱する可能性があるという理由で、この勧告に従うことになった。

5月3、4日の土日に、南部のみならず西ドイツ全土で土壌汚染が悪化したと報道された。ミネラル・ウォーターや固形ミルクが品薄になった。ボンでは野菜の販売制限の是非が議論の的となった。ベルリン州政府が真先に販売制限を主張した。日曜日に放射線防護委員会は野菜1 kg 当たり250ベク

第4章　核燃料工場と脱原発政権の誕生　149

レルを基準値とするよう提案した。これを受け，連邦政府は各州に 5 月 5 日
からの野菜の販売制限を要請した。

　5 月 5 日，ラインラント・プファルツ州環境保健相テプファー (CDU) [27]
とバーデン・ヴュルテンベルク州農業栄養林業環境相ヴァイザー，バイエル
ン州開発環境問題省の高官が会合を持ち，連邦の勧告の実施を決定した。ヘ
ッセン州のフィッシャー環境相は会合に呼ばれなかった。5 月 6 日，放射線
防護と食品管理に関係する連邦と州の省庁の事務次官たちが調整のためボン
で会議を開いた。この日，モスクワでは記者会見が開かれ，ソ連副首相が外
国報道機関の前で事故の規模を当初過小評価していたことを認めたが，炉心
溶融には言及せず，火災はまだ続くのかという質問にも答えなかった。

　ヘッセン州では保健相クラウス (SPD) が 5 月 5 日，空気や土壌，食品の
汚染全てを完全には測定できないことを認めた。州は飲用牛乳 1 リットル当
たり 20 ベクレルを独自に定め，露地栽培のレタスとホウレンソウの廃棄を
決めた。これについて州環境相フィッシャーはドイツラジオ放送に対し，飲
料牛乳 1 リットル当たり 500 ベクレルまでよいとすると，原発周辺住民の年
間基準値 90 ミリレムを超え，子どもや幼児なら 2 倍以上になってしまう」
と批判した。またシュレースヴィヒ・ホルシュタイン州は 50 ベクレルを飲
用牛乳に，500 ベクレルをその他の牛乳に，ハンブルクは牛乳全般を 200 ベ
クレル，ベルリンは 100 ベクレルと定めた。これに対し，連邦内務相ツィン
マーマンは第 1 テレビと第 2 テレビで放映された演説で「屋外で子どもが遊
ぶのを禁止する必要はなく，草地や砂場は健康に危険を及ぼさない」と述べ
た (Czada 1990: 295-305; Sieker 1986: 15-16; Fischer 1987: 104)。

　欧州共同体の委員会は牛乳・乳製品，果物・野菜の販売制限を 5 月 6 日に，
東欧からの農産物禁止を 12 日に決め，さらに 30 日にはあらゆる第三国から
の食品輸入時の基準値を採択した (高木・渡辺 2011: 66)。原子力連邦・州調
整委員会は放射線防護委員会の勧告や，政府が食品の廃棄や東欧への旅行制
限を命じたことで生じた損害を補償する可能性について検討した。

　5 月 9 日，CSU 所属の連邦議会議員レンツァーは「旧式の技術と粗末な安
全装置しかなく，権威主義体制の下で人間を考慮せずに建設された原発の事
故のせいで，ドイツの最新の原発が閉鎖に追い込まれるとすれば，歴史の皮

肉となるだろう」と述べ，脱原発論を牽制した。東ドイツ共産党機関紙『ノイエス・ドイチュラント』も事故を「核戦争に比べると些細な出来事」と評した（Sieker 1986: 17）。

事故後の連邦政府の対応は，CDU・CSU の支持基盤である農民の損害に配慮した面もある。CDU 所属の連邦農業大臣は，欧州共同体の規則に反してでも補償しようとした。連邦財務相シュトルテンベルクは難色を示したが，農村が多く議会選挙を控えていたシュレースヴィヒ・ホルシュタイン州のCDU 代表として，結局は折れた。全農家と青果栽培業者は最終的に 3 億1000 万 DM の補償を受け取ることになった（Czada 1990: 306–307）。

1986 年 6 月にはニーダーザクセン州議会選挙が行われ，CDU が 69 議席（得票率 44.3％）で単独過半数は失ったものの，FDP（9 議席，6％）との連立で州首相アルブレヒトが政権を維持した。シュレーダー率いる SPD は 66 議席（42.1％），緑の党は 11 議席（7.1％）だった。与野党は 78 対 77 の 1 議席差で拮抗した（Raschke 1993: 801）。

ニーダーザクセン州議会選挙やヘッセン州との対抗関係を意識して，連邦の保守政権は 1986 年 6 月に連邦環境自然保護・原子炉安全省を設置し，初代大臣にヘッセン CDU 代表にしてフランクフルト市長のヴァルマンを任命した[28]。環境省には様々な省に分散していた権限が統合された。内務省から環境保護，原子力施設の安全の監督，放射線防護，栄養農林業省から自然保護，青年家族女性保健省から放射線衛生や食品残留化学物質などの部局が移管された。原子炉安全委員会や放射線防護委員会など，多数の審議会も環境省の傘下となった。さらに連邦研究技術省からは原子炉安全研究課が移管された。連邦経済省は引き続きエネルギー経済政策の枠内で原子力を推進した。

1986 年 12 月には放射能汚染防止法が連邦議会で可決され，連邦全体に測定網を構築するとともに，測定値の公表や市民への禁止・勧告の発令権限が連邦政府に集中された。これにより，州は独自の規制値を定め分析する権限を奪われたが，ヘッセン州はチェルノブイリ事故直後に食品の放射線測定を始めており，その後も継続した（Zängl 1989: 389; 高木・渡辺 2011: 64–65）。西ドイツの原発の安全性については，原子炉安全委員会が 1988 年 11 月の報告書で，早急に措置をとる必要性を否定し，チェルノブイリ事故はソ連の原発

第 4 章　核燃料工場と脱原発政権の誕生　151

の欠陥や操作員のミスによるという立場をとった[29]。放射線防護令は，原子力の利用や研究に由来する放射能のみを対象としていたが，1989 年の改正で初めて自然放射線や原発事故降下物のような環境放射能からの市民の保護も対象になった。さらに 1990 年，連邦放射線防護庁がニーダーザクセン州ザルツギッターに設置された（Hohmuth 2014: 28）[30]。

　チェルノブイリ事故後，反原発運動の裾野も拡がった。なかでも重要なのはバイエルンを中心に各地で生まれた「原発に反対する母の会」である。ミュンヒェンの「母の会」は事故直後の 1986 年 5 月に活動を開始し，他の反原発グループとともに，ヴァッカースドルフの再処理工場を始め全原子力施設の建設や運転の停止，再生可能エネルギーの推進を求めて連邦政府や連邦議会全会派に請願した。バイエルン州の経済相や環境相に対しては，放射性降下物に関する情報を開示せずに危険の矮小化を図ったとして，刑事告発もしている。また食料品や乳児用食品，公園の砂場の汚染について市民に啓発活動を行ったほか，1987 年には連邦環境相とドイツの欧州議会議員に牛乳などの線量基準値を下げるよう要請した。さらに 1989 年にメンバーがキエフ（ウクライナ）やミンスク（ベラルーシ）を訪問したのをきっかけに，チェルノブイリの子どもたちの支援活動も始めた。初年度の 1990 年には約 8 万DM の募金が集まり，医薬品やおもちゃ，食品を送り，夏には子どもや母親をベラルーシからドイツに保養のため招いた（Mütter gegen Atomkraft 2006）。

7. 核燃料工場をめぐる連邦・州間紛争の激化

　ヘッセン州政府のチェルノブイリ事故対策は，連邦政府や，バイエルン州政府などが情報を隠蔽したのに比べれば，市民の安全確保の点で誠実ではあった。しかしベルナー州首相は 1986 年 5 月の施政方針演説で，ヘッセンの原発は安全なので，脱原発については 1990 年代に決めればよいと述べた（Fischer 1987: 105）。この姿勢をはっきり批判しなかったと党の内外から非難されたフィッシャー環境相は，ダルムシュタットのエコ研究所の手を借りて，2 週間で脱原発のシナリオをまとめた（Fischer 1986）。火力発電所の排出を増やすことにはなるが，ヘッセンの原発は即時閉鎖が可能だという。

緑の党はさらに 1986 年 6 月の州党大会で，半年以内にビブリス原発 A 号機とヌーケム旧工場を，1 年半以内に他の原子力施設全てを閉鎖しなければ連立を解消する方針を決議し，難題を突きつけた。しかしこれを除けば州党大会は現実路線を再確認し，「ローテーション」制度の廃止も僅差ながら承認した（Berg-Schlosser und Noetzel 1994: 152）。任期半ばで辞任するのでは議員の仕事に支障があるという声が高まっていた。

　また連邦 SPD 執行部は元科学技術相のハウフに脱原子力政策を起草させ，8 月にニュルンベルクで開いた連邦党大会で，10 年かけて脱原子力を目指すと正式に決定した。ヘッセンでも連立与党間の緊張は和らいだ。

　核燃料工場をめぐっては，どの専門家の鑑定を行政や司法が採用すべきか争いがあった。検察の捜査を受けていた州経済技術省に依頼された法律専門家は事前同意の慣行を容認した。公害防止権限を使って規制しようとしていた州環境相は弁護士ゴイレン[31]に鑑定を委託し，9 月に完成した鑑定書はハーナウの核燃料工場全てが設置認可なしに違法に操業してきたと断定した（Fischer 1987: 137, 142-143）。検察は結局，事前同意を認可とは見なさなかったロスナーゲル教授の鑑定書を採用した。アルケム取締役シュトルとヴァリコフは刑法 327 条 1 項違反の主犯として，3 人の州職員は共犯として 10 月に起訴された（Martin 1987: 446-448, 442）[32]。ただ検察は最終的に貯蔵庫の建設・運転開始は訴訟の対象から外し，歴代の連邦大臣や職員は訴追を免れた。

　一方，鑑定人にも圧力がかかっていたことが 1986 年 4 月 10 日の『シュテルン』誌の報道で明るみに出た。検察から守秘義務を課されて鑑定を依頼された放射線防護専門家は，上司に当たる技術監査協会ヘッセン支部の執行役員から，調査の詳細を伝えること，さらに「書類の極秘扱いと沈黙」を書面で求められ，これを拒むと解雇を通告された。この執行役員は RBU 社の取締役でもあった。これを知った検事局は警告し，解雇を撤回させた（Sontheimer 1987: 9）[33]。

　ベルナー州首相は 1986 年 11 月の施政方針演説では，州政府にハーナウの企業を閉鎖して雇用を削減する意図がないと言明した。その 3 日後にハーナウで反原発デモが行われ，約 2 万人が参加した。連邦環境相ヴァルマンは，ヘッセン州がアルケム社にプルトニウムの生産を認可しないなら，認可を強

制すると示唆した。これに対しベルナーとギアーニ州官房長官は，連邦がそのような指示をするなら連邦憲法裁判所に提訴する意向を示した（Berg-Schlosser und Noetzel 1994: 152）。

だが，州経済技術相シュテーガーは1987年1月8日の記者会見で，プルトニウムの年間取扱量を，ヴァルマンが要求する6トンではなく，従来の規定量460 kgでアルケム社の申請を認可する案を公表した。しかしなぜ460 kgなら認可可能なのか根拠は不明確だった。いずれにせよ緑の党は連立協定で合意していない認可を容認できなかった。しかも1987年1月25日の連邦議会選挙で緑の党は，前回に比べ全国で5.6%から8.3%へ，ヘッセンでは6.0%から9.4%に得票率を伸ばし，存在感を増していた。SPDは連邦全体で38.2%から37.0%へ，ヘッセンでは41.6%から38.7%へ下げた。

連邦議会選挙の後，州首相の後押しを受けて州経済技術相はアルケム社に認可を出した。SPD南ヘッセン支部や，クラウス保健相とゲアラッハ農林相はこれに反対を表明した。2月8日に開かれた緑の党の州党大会は，認可が撤回されなければ連立を離脱する旨を決議した（Raschke 1993: 802-803）。ベルナーは翌日，フィッシャー環境相を罷免した。間もなくベルナーはヘッセンSPD党首の辞任と，不可避となった州議会選挙への不出馬を表明した。これを受け州議会は解散を決議し，州レベル初の赤緑連立政権は452日間で終了したのである。

4月の州議会選挙では，それぞれ連立相手を明示した2ブロック間の競争となり，核燃料工場の存続が争点となった。SPDは核燃料工場の今後の認可には慎重だったが，当面の雇用の維持も強調し，歯切れが悪かった。そこで脱原発をめざす本気の姿勢と見せようと，州政府は投票日の5日，ハーナウの工場や高速増殖炉の危険性や非経済性などを理由に，原子力法が違憲であると連邦憲法裁判所に審査を申し立てた[34]（Hohmuth 2014: 34-35）。緑の党は赤緑連立の継続を公約に掲げたが，アルケムの工場の即時閉鎖を絶対条件にはしなかった。CDUは赤緑連立政権の混乱を強調し，核燃料工場の認可にすぐ取り組むと宣言した。FDPはCDUを連立相手とし，原子力はCDUよりも慎重に推進するとした。

選挙直前の世論調査によると，緑の党支持層は94.2%が赤緑連立を支持し

たが，SPD 支持層は 55.2％しか支持していなかった。一方，CDU 支持層は保守・自民連立を 89.1％，FDP 支持層は 81.7％が支持していた。開票の結果，SPD は前回から 7 議席も減らして 44 議席に落ち込んだ。緑の党は 3 議席増の 10 議席となった。CDU は 3 議席増の 47 議席，FDP は 1 議席増の 9 議席となった。ブロックごとでは「赤緑」と「黒黄」（CDU・FDP）の差は 2 議席にすぎなかった。緑の党は大学所在都市で 10％以上の高得票率を獲得し，25 歳から 35 歳までの青年層に支持された。これに対し，SPD はまず支持層の棄権率が高かった。SPD は農村地域の労働者階級の間では依然人気があったが，人口の多い第 3 次産業を中心とするライン・マイン大都市圏では CDU と緑の党に票を奪われ，ハーナウの選挙区では約 10％も減らした。第 3 次産業の伸張は労働者層の減少と新中間層の増大をもたらし，教育機会の拡大は若年世代の政治参加の意欲・能力を高めた。こうした社会経済の変動は支持政党の流動化と，争点を重視した投票行動をもたらし，労働者層に依存したままの SPD に不利に働いた（Schmitt 1987: 345-358）。

　もっとも，その労働者層の核燃料工場に対する態度も変わり始めていた。違法な認可が刑事告発され，メディアの関心を集めるにつれ，労働災害も明るみに出てきたからである。環境団体のホームページ[35]や『フランクフルター・ルントシャウ』『シュピーゲル』の記事などを参考に労働災害や事故の例を幾つか挙げよう。

　1984 年 10 月，アルケムに派遣されていた労働者 1 名が右手袋の裂け目からプルトニウムに被曝したことを，フランクフルト市議会緑の党会派が 12 月に発表した（第 3 章参照）。同様の事故で 1986 年 2 月にも職員 1 人がプルトニウムで被曝した。放射線防護令が許容する年間被曝線量の約 1.5 倍だった。

　1985 年 3 月，派遣労働者 1 名が RBU 社の工場の排気管取り付け工事中に硝酸アンモニウムの入った容器に転落し，目を酸で負傷して入院した。1985 年 10 月から翌年 4 月にかけ，トルコ人派遣労働者が，ハーナウに隣接するカールシュタインの核燃料工場で清掃中に被曝していた（第 3 章参照）。

　『フランクフルター・ルントシャウ』は 1985 年 12 月，放射能を帯びた排水 24 万リットルが前月に RBU 社の工場からハーナウ市の下水道に漏れたこと，ヘッセン州環境局の職員がこの数カ月に何度かヌーケム工場の屋上で煙

突排気の定期検査中に被曝していたことを報じた[36]。州経済技術省は翌年1月，排水の放射線量が1ミリリットル当たり3.7ベクレルの基準値を超えたことを認めた。この頃，毎日6000リットルの放射能汚染水が工場のどこかから地下水に漏れ続けていた。州経済省はこの事実を知らされると，技術監査協会バイエルン支部に放射線の影響の調査を委託したものの，会社には冷却水の放射線量の測定と報告を求めただけだった。半年以上たってようやくシュテーガー大臣は同社がいまだに穴を補修していないと非難し，基準値の遵守を命じた。汚染冷却水の累積漏出量は約150万リットルと推定される。水を投入して希釈するという会社の方針は，批判を受けた。

　労働組合の動きはどうだっただろうか。労働総同盟ヘッセン支部長は1984年の時点ではまだ，ヌーケム新工場の認可に反対する緑の党を批判していた。またSPDの連邦議会議員でもあった化学労組議長ラッペは1985年5月にヌーケム，アルケム，RBU，トランスヌクレアールの合同従業員集会に招かれ，1000人を超す参加者に向けて，原子力産業を存続させるため化学労組は努力していくと述べた。この演説から9月までに，RBU社における組織率は26.3％から39.3％へ急増した。その一方で化学労組は，従来の方法では被曝量を正確には測定できていないとして，従業員代表委員，労災保険組合，ヘッセン州経済技術省とともに放射線防護問題に関してボンで非公開で協議をした。州経済相シュテーガーも1986年6月，アルケムやRBUの労働者の被曝量が実際より低く測定されていたことが判明したとし，規制を強化すると宣言した。同じ頃，労働総同盟の労働保護専門家コンスタンティは『タッツ』紙（6月16日）のインタビューで，放射線防護令の基準値を守れない事業所はすぐに閉鎖すべきで，ハーナウの労働環境が最もひどいと述べていた。化学労組の後押しでRBU社とアルケム社の従業員代表委員と経営側が協議を進めた結果，放射線を測定する機会を増やすことになった。原子力施設の労働条件に関して労働総同盟が実施した調査の報告書が刊行されたのも，この頃である（第3章）。

　その間，RBUでは労働総同盟大会の脱原発決議に抗議して，数十名が化学労組を脱退してキリスト教労組同盟に加入し，化学労組の組織率は1987年9月までに再び25.9％へ落ち込んだ。化学労組はRBUの従業員代表委員

選挙でも 11 人の委員のうち 5 人をキリスト教労組同盟に奪われた。

1986 年末，労働総同盟のマイン・キンツィヒ郡代議員集会はハーナウの従業員代表委員数名の反対を押し切り，「速やかな」脱原子力を求める決議を採択した。対照的に，労働総同盟ヘッセン支部長は州政府による認可を支持し，赤緑連立の終了もやむなしと表明した。その後の州議会選挙では，アルケム，ヌーケム，RBU，トランスヌクレアールの従業員代表委員長が，ヌーケム社から提供された資金 1 万 6000DM で『フランクフルター・ルントシャウ』に広告を出し，SPD 以外に投票するよう呼びかけた。

しかし 1987 年 2 月末，ヌーケムの工場でウラン金属棒の裁断作業を行っていた際に，毒性の蒸気が発生した。蒸気には 0.2 グラムのプルトニウムが含まれ，この量でも青酸カリの 2 万倍の毒性を持つことがわかった[37]。総計 67 名の労働者が検査を受け，少なくとも 20 人の被曝が判明した。ヌーケムはプルトニウムを扱う認可を受けていないため，約 8 カ月にわたって全施設の閉鎖を命じられた。ここに及んで労働総同盟のヘッセン支部はプルトニウムの加工部門を他の業態に再編する余地を認める立場を初めて打ち出した。化学労組のヘッセン州支部長も，ハーナウの労働者は原子力に固執しているわけではなく安全で善い仕事を望んでいると発言した（Stephany 2005: 67-68; Mohr 2001: 205-212, 230, 247-257）。

8. 企業不祥事と州の脱原子力行政

1987 年州議会選挙の結果，ヘッセン SPD は 40 年以上にわたる政権の座を明け渡した。CDU と FDP はヴァルマンを州首相に選出した。両者の連立協定は，ビブリス原発 A・B 号機だけで電力供給は当面足りるとしつつ，アルケム社の認可手続きは速やかに進めることを謳った[38]。ヴァルマンの後任の連邦環境相にはテプファーが就いた。

ハーナウ地方裁判所は 11 月，アルケム社の取締役 2 人と州経済技術省の職員 3 名が刑事告発された案件で，事前同意は違法だが，違法性を認識していた証拠が不十分として被告全員を無罪にした[39]。しかしこの頃，ヌーケムとその子会社トランスヌクレアールの一連の不祥事や疑惑が発覚し，国内の

全ての原発を巻き込んで大問題となった。きっかけはヌーケム執行役員でもあるトランスヌクレアール社管理委員会議長が，親会社の電力大手 RWE とデグッサ社の社長の了解の下，州議会選挙の翌日に自社を脱税で刑事告発したことだった（Mohr 2001: 258-260）。その後，様々な事実や疑惑が明るみに出て，ヘッセン州議会[40]，連邦議会，欧州議会，ベルギー議会に調査委員会が設置された[41]。疑惑は多岐にわたる[42]。

第 1 に，核廃棄物輸送時の「虚偽」申告である。トランスヌクレアールはドイツの原発事業者とヌーケムに委託され，放射能廃棄物をモルにあるベルギー国立原子力研究センターに輸送し，そこで焼却・圧縮させた上でドイツに戻していた（Stephany 2005: 81-82）。モルに運んだ廃棄物のウラン 235 やプルトニウムの濃度が高く，放射線量も高い場合，そのままでは処理が困難なため，ウラン 238 など放射線量の低い他の核物質と混ぜていた。ベルギーから戻ってきた容器をドイツで調べたところ，書類上は含まれていないはずの放射性物質が次々と検出された。こうして 2000 件以上の「虚偽」申告が見つかり，中に何が入っているかわからない容器は数百個に上った。

第 2 に，贈収賄事件である。連邦議会の SPD と緑の党の両会派共同調査委員会によると，トランスヌクレアール社は「1981 年から 1987 年まで多くの経営陣の指示または了解とヌーケム社従業員の関与の下，ドイツの原発の職員と，幾つかの事業会社の本社総務部職員に」多額の金品を提供していた。500 〜 600 万 DM の賄賂がドイツのほぼ全ての原発やモルの核廃棄物センターの従業員，特に放射線防護管理者ら少なくとも 47 人に贈られていた。賄賂の捻出にはヌーケムも関わっており，ペーパーカンパニーのスイスの口座に架空の業務の対価を自ら支払っていた。

しかし西ドイツの核物質輸送の 8 割を支配していたトランスヌクレアールが，虚偽申告の隠蔽のためだけに多額の金品をばらまくのは不自然だった。そこに浮上したのが核物質密輸出という第 3 の疑惑である。ヌーケムや，トランスヌクレアールなどの子会社がベルギーやスイス経由で核物質をパキスタンやリビアに輸出し，核兵器拡散のリスクを高めていた疑いがあった。

こうした疑惑が明るみに出る過程で，原子力産業では左遷や早期退職，解雇が発生し，捜査対象となった電力会社の技術者とトランスヌクレアールの

158

幹部は自殺した。1987年12月，連邦環境相テプファーは，贈賄と放射性物質の違法な移動を理由にトランスヌクレアールの輸送認可を取り消した。またCDUの州環境相ヴァイマルは1988年1月に核拡散疑惑を理由に，ヌーケムの認可を取り消した。

　さらにヌーケムの親会社であるRWEのビブリス原発A号機で放射能を帯びた大量の水が格納容器の外に漏れる事故が起きていたことが，丸1年たった1988年12月に米国の業界誌の記事で初めて明らかになった。州経済相ヴァイマルは，技術監査協会バイエルン支部の調査に基づき，49もの追加的安全措置を命じた（Radkau und Hahn 2013: 335, 343）。

　相次ぐ不祥事により，ハーナウの事業所は1988年にドイツ銀行主導で再編された。ヌーケム社とホーベク社の工場は1990年代半ばまでに解体と除染が開始された（Hessische Staatskanzlei 2000: 408）。ヌーケムは核燃料製造から撤退し，1990年代に米国に本拠を移して，太陽光発電や原発廃炉，放射性廃棄物管理などを扱う多国籍企業となった。2006年にヌーケムの国際持ち株会社が設立されると，グループ企業は米国やロシアなどの企業に売却され，2013年にはヌーケム本体がカナダのウラン鉱山会社カメコ傘下に入った。核燃料製造部門はRBUやアルケムとともに「ジーメンス核燃料工場」に統合され，労組は原子力維持派の化学労組を抜け脱原発派の金属労組の傘下に入った。トランスヌクレアール社の業務は連邦環境相の決定に従い，連邦鉄道に移管された。

　旧RBUやアルケムの工場が7条認可を受けずに運転を続けていた状態を解消しようと，CDU・FDP州政権は次々に認可を出していった。1987年10月，アルケム社の設備増築などの申請に対して第1次認可を出した。また1982～1983年の事前同意だけで行われていた燃料棒の仕様や工程の変更への事後承認を求めた申請も，1988年4月に認可された。これらの認可を問うた訴訟でカッセルの州高等行政裁判所は1989年11月，情報開示の不備などを理由に，無効と判断した[43]。この訴訟では2人の市民と，SPDと緑の党が連立を組むマイン・キンツィヒ郡参事会が原告だった。しかし上告審の連邦行政裁判所では原告が敗訴した[44]。

　MOX燃料工場の新設については6次にわたる認可が出て，工事には約9

億 5000 万 DM が投じられた。ディーツの幼い娘を含む 2 名の住民は，ジーメンスと州環境省を相手取って差止め訴訟を起こした[45]。

旧 RBU のウラン加工場の拡大も段階的に認可されたが，1990 年 12 月，高濃度の窒化アンモニアが発生して爆発し，労働者 2 名が負傷した[46]。州環境相は事故原因が解明されるまで工場の停止を命じた。

1989 年のヘッセン州自治体選挙では，CDU が郡・独立市の得票率を大きく下げ，FDP が微減，SPD が微増で，緑の党が伸びた。赤緑の連立行政の多くは継続し，州の赤緑政権の復活を助けた。なかでもフランクフルトでは連邦 SPD の脱原発を引っ張ってきたハウフ元連邦研究技術相が市長に就いた。緑の党は 3 人の常勤課長職に加え，外国人との共生を推進する「多文化課」の設置を勝ち取り，その無給名誉課長にフィッシャーの盟友であるコーンベンディットが就任した（Herrmann et al. 1990: 69）[47]。

1990 年 12 月 2 日，統一ドイツ初の連邦議会選挙が行われ，連邦与党が勝者となった。SPD は前回と前々回の選挙に続いて票を減らした。緑の党は，旧西ドイツ地域で 4.8％にとどまり，議席獲得要件の 5％を超えられなかった。しかし旧東ドイツ地域では，民主化活動家を中心とした「90 年同盟」と緑の党の共通候補者リストが 6.1％の得票率で 8 議席を獲得した。選挙前に緑の党と民主社会党（PDS）が出した要求が連邦憲法裁判所に認められ，今回の選挙だけは旧東西ドイツ地域のいずれかで 5％を獲得した政党に議席が配分されることになっていたが，緑の党は東西の党組織を一本化しておらず，西側の組織は恩恵を受けられなかった。

ニーダーザクセンでは半年前の 5 月に，SPD のシュレーダーを首班に赤緑州政権が成立したが，緑の党は議席を減らしていた。赤緑連立モデルだけでなく，緑の党自身も存立意義を問われていた。

こうした中でヘッセン州議会選挙が行われることになった。CDU と FDP は公約で原子力推進を唱えた。これに対し，SPD の筆頭候補者アイヒェルは，男女同権や公共住宅の建設，自治体の外国人選挙権の導入，教師の増員，鉄道交通の優遇，脱原子力などを公約とし，さらに男女各 5 人ずつから構成される「影の内閣」を提示した。1 月 17 日勃発した湾岸戦争については，軍事的解決に反対の姿勢を示した。緑の党は 2 人の州議会会派共同代表，フィ

ッシャーとブラウルを前面に立てる戦術を初めて採用した。SPD と同様，湾岸戦争を争点に掲げ，多国籍軍の軍事行動を批判し，平和運動の追い風を受けた。その間，ディットフルト，ツィーランら原理派は 1990 年 12 月の州党大会で離党勧告を受け，翌年に同志 300 人とともに離党した[48]。

投票直前の世論調査によれば，保守・自由連立を CDU 支持層は 73.0％が，FDP 支持層は 80.5％が支持し，赤緑連立は緑の党支持層の 79.5％が支持していた。これに対し，SPD 支持層では，赤緑連立を望む人が前回選挙時の 55.2％から 33.3％へと減少する一方，大連立は 21.0％，FDP との連立は 30.0％と，分散していた（Schmitt-Beck 1991: 228-234, 242）。1991 年 1 月の投票結果は，CDU が 1 議席減の 46 議席，SPD が 2 議席増の 46 議席，緑の党が前回と変わらず 10 議席，FDP が 1 議席減の 8 議席となった。

選挙後，SPD と緑の党の連立交渉は約 8 週間で妥結し，ヘッセンで 2 度目の，全国では 4 度目の赤緑州政権が 4 月に発足した。SPD の公約に従い，州閣僚は男女 5 名ずつとなり，女性省（州女性労働社会秩序省）も創設された。緑の党は 2 大臣と 3 政務次官を獲得した。なかでもフィッシャー環境エネルギー相は原子力も扱うことになり，州副首相の地位も獲得し，州首相並みに次官 2 人を持つ特権も与えられた。環境次官にはバーケ[49]が，連邦関係事務担当次官にはリーデルが就いた。フィッシャーは州政府副報道官に腹心のディックを充てた。緑の党はその他に県長官のポストを 1 つ確保した。緑の党のブラウルは青年家族保健相となり，次官をはじめ，大臣秘書課の管理職も全員女性にした（Raschke 1993: 807-808）。連立協定では，ジーメンス核燃料工場とビブリス原発を閉鎖するため，州の安全審査権限を駆使すると謳い，原子力は連立与党内の対立点でなくなった[50]。

1991 年 4 月，プルトニウム容器が旧アルケム工場への搬入時に破損し，2 人の労働者が被曝した。6 月，工場に隣接したバンカーでも同様の事故が起き，労働者 1 人とユーラトムの検査官 1 人が被曝した。フィッシャーは翌日，連邦環境相の了解を得てプルトニウム加工場（旧アルケム）の停止を命じた。その後も工場内でボヤなどが再三起きた。8 月にはハーナウの工場に隣接する州立林業学校にアンモニアのガスが流れ込み，フランクフルトの営業監督官がこれを確認したため，アンモニアを大量に使用する旧 RBU 社のウラン

第 4 章　核燃料工場と脱原発政権の誕生　　161

加工場の閉鎖をフィッシャーは命じた。これらの事故を受け，彼はプルトニウム工場の「弱点分析」を，ジーメンスの代表が管理委員会にいる技術監査協会バイエルン支部ではなく，ダルムシュタットのエコ研究所に委託した。この間，テプファーはプルトニウム加工場の再開を要求したが，「弱点分析」の検討を優先すべきとフィッシャーは拒否した[51]。

　さらに前環境相ヴァイマルの下で州環境省職員が認可書類を規制対象であるジーメンスに渡し，修正させていたことが，11月，明るみに出た。フィッシャーに大臣を引き継ぐ前にヴァイマルは大急ぎでプルトニウム工程の運転認可を出し，テプファーの承認を受けていた。フィッシャーは法がないがしろにされているとして，MOX 新工場についても第5次認可の執行を停止し，建設工事の中断を命じた[52]。

　連邦環境相テプファーは生産停止の解除を指示したが，フィッシャーは拒否し，プルトニウムが暫定的な移行規定に基づいて加工されており，違法な事前同意に当たるので再開を認められないと回答した。翌年1月に妥協が成立し，プルトニウム容器を除去するため，短期的な生産再開を厳格な安全規程の下で認めることになった（Czada 2003: 75）。

　1991 年秋には，ハーナウの核燃料工場の運転継続を求めて，工場の全従業員 2000 人と，エアランゲンのジーメンス社やビブリス原発などから 500人が，会社側が用意したバスで州環境省前までやって来てデモを行った。金属労組執行部は4年以上前に従業員代表委員たちに核燃料工場の産業転換を訴えていたが，地元の金属労組はこのデモの後，ジーメンスと州政府に対し，「ハーナウの核燃料工場の転換に関する共同構想の作成と，他の産業への転換の際に，現在原子力技術のみに依存している雇用をどのようにして維持するかに関する鑑定書」の作成を要請し，雇用転換に関する7項目のプログラムを公表した。

　11月，フランクフルター・ルントシャウ新聞社の主催で「原子からの決別」と題する討論会がハーナウで開かれた[53]。参加者 500 人のうち半数は核燃料工場の従業員だった。州環境相フィッシャー，その前任者ヴァイマル，ダルムシュタットのエコ研究所のキュッパース，従業員代表委員会長らと並んで登壇した金属労組のヘアマンは，「金属労組は職場の確保のために協力

するが，いかなる代償を払ってでもというわけではない。我々は労働総同盟
や SPD と同様に脱原子力決議を採択し，支持している。ハーナウでは他に
生産できるものはないという経営陣の呪文は，従業員のリスクを劇的に高め
ると考える」と述べたが，従業員たちはこれに抗議の笛で応えた。

　核燃料工場では 1991 年末から操業短縮が始まり，休職となった労働者の
数は 600 人に達していた。1993 年 10 月には 700 人の従業員がボンでデモを
行い，連邦環境相に対し，操業再開を州環境省に命じるよう訴えた（Mohr
2001: 333-340）。

　1993 年 7 月にカッセルの州高等行政裁判所は，MOX 新工場建設に対する
3 つの部分認可について，安全基準の順守が不十分として無効と判断した[54]。
これを受け電気事業連合会の広報官は，「長引く法的問題のため」ハーナウ
を放棄する可能性を排除しないと説明した。1994 年 4 月には，電力業界は，
旧アルケム工場にはもはや融資しないという方針を発表した。行政裁判所に
よって新工場の建設が中断されたため，ジーメンスは従業員を 1500 人から
900 人へ削減することにし，経費節減のためウラン加工部門の一部を米国に
移転したため，ウラン燃料の組み立てラインのみがハーナウに残された。

　しかし連邦行政裁判所は控訴審で 1994 年 8 月，MOX 新工場の建設続行
と運転開始を認める決定を下した[55]。にもかかわらずジーメンスの経営陣は
12 月，ハーナウからウラン加工部門を米国やベルギー，フランスに移転す
ると発表し，「国際標準を大きく上回る認可基準によるコスト増大」と，ヘ
ッセン州の脱原発志向の安全規制を理由に挙げた。1995 年 2 月の州議会選
挙で赤緑政権の続投が決まると，ジーメンスはハーナウの MOX 加工場の閉
鎖を表明し，新工場の建設も中止した。ハーナウには 430 人の従業員のみが
残り，貯蔵庫にある 2.3 トンのプルトニウムや 730 トンの濃縮ウランの監視
や工場解体に当たることになった。ウラン加工場の解体は 1998 年に認可さ
れた（Mohr 2001: 340-343; Hessische Staatskanzlei 2000: 409）。旧アルケムのプルト
ニウム加工場の解体に向けた最後の聴聞会は 2000 年 5 月に開かれた[56]。

第 4 章　核燃料工場と脱原発政権の誕生　163

9. 核燃料工場問題の全国政治への波及の条件

　大量の核物質を扱う核燃料工場は，事故が起きれば被害は甚大で，違法な輸出がされてしまうと核兵器の拡散に結びつきかねない。しかしこうしたリスクを理解するには専門知識が必要な上，許認可をめぐる手続き上の問題は一般市民の関心を引きにくい。それにもかかわらず，ハーナウの事例は一地方の核燃料工場の閉鎖にとどまることなく全国的な政治問題になった。なぜそうなったのだろうか。

　第1に，政治参加の影響である。住民運動は少数精鋭ではあったが，粘り強く活動を続けた。多段階的な認可手続きや，市民参加を重視した社民・自民連邦政権下の原子力法改正は，聴聞会や訴訟の機会を何度も提供した。またフランクフルト空港拡張反対運動をはじめとする様々な新しい社会運動や大学所在都市の青年層を基盤に緑の党が支持を伸ばし，州議会に進出したため，情報開示の機会が拡がった。ハーナウの住民運動の指導者も緑の党の市議になり，彼らが原告となった行政訴訟を緑の党は財政的にも支えた。

　第2に，選挙競争による緑の党自体の変化である。緑の党では元々フランクフルト市議会に拠点を築いた原理派が支配的だった。しかし1982年に州議会に進出すると，緑の党は議会政治に合わせた戦略を選択する。路線転換を主導したのは，州議会議員や，連邦議会議員フィッシャーを指導者とする現実派である。またマイン・キンツィッヒ郡など，緑の党とSPDの連立する自治体が増えたことも現実路線への転換を促した。緑の党が「底辺民主制」と呼んだ党規則は，党員の平等や一般市民との垣根を取り払うことで参加民主主義を促進した。しかし議員職のローテーション制や全会議の公開，党役職と議員職の分離など，選挙競争や連立交渉の論理にそぐわないものもあり，徐々に合理化されていった。

　第3に，政党間競争と交渉政治の相互作用である。1982年の州議会選挙では二大政党のいずれも多数派を形成できず，緑の党がSPDの暫定少数政権を維持するカギとなった。当時SPDは連邦で下野し，新たな連立相手を模索し，労働者から新中間層に支持基盤を拡げるよう迫られていた。こうし

て両党の連立交渉への動きが生まれ，連邦の政治の今後を占うものとしてメディアの注目を集めた。同時に各党内では路線論争が起き，特に緑の党では原理派と現実派の対立が全国に波及した。1985 年の第 1 次赤緑州政権の成立後も両党の最大の争点が，核燃料工場の認可問題だったのである。

　このように州の SPD と緑の党の連立ブロックが形成されると，連邦与党の CDU・FDP との対抗関係が生じ，ヘッセン州と連邦の関係は政党政治上の競争の性格を帯びていく。連邦の保守政権はチェルノブイリ原発事故の後に連邦環境省を新設し，その大臣にわざわざヘッセン CDU の代表を選んだ。その彼は 1987 年にヘッセン州首相に就任した。彼の後任の連邦環境相も，1991 年に誕生した第 2 次赤緑州政権の環境相と，核燃料工場の運転や新設の認可をめぐって対立した。こうした連邦と州の競争は，脱原発の条件をめぐって再び交渉政治に転じていくのである。

　第 4 に，核燃料工場での事故や不祥事に関する報道と，それに促された労組の変化である。労働被曝や環境への放射能放出は早くから起きていたと推察されるが，報道がさかんになったのは 1984 年以降である。特にチェルノブイリ原発事故後，核燃料企業の不祥事が次々に明るみに出ると，労働組合の意識も変化し，脱原発への転換を進める SPD を後押しした。従業員代表委員会は工場の存続に固執したが，その影響は限られていた。

　第 5 に，核燃料工場に批判的な専門家が行政過程や訴訟に組み込まれるようになったことである。緑の党の環境相は，脱原発の可能性の検討や工場の安全性の不備についての調査をエコ研究所に委託した。また工場の増築や運転に対する「事前同意」をめぐる刑事訴訟の過程で，既成の技術監査協会の下で働く専門家からも，違法性の指摘がなされた。しかし原発事業者が役員となっている技術監査協会は，原子力施設の安全性について甘い診断を下しがちであり，利益相反を疑われる。その意味で，批判的な専門家が行政手続きに組み込まれるようになったことは，脱原発に向けて重要な意味を持ったのである。

注
1)　大連立政権下の第 1 次連邦制改革（2006 年 8 月の基本法改正）に伴い，基本法 73

第 4 章　核燃料工場と脱原発政権の誕生　165

条 1 項 14 号にいう連邦の専属立法権限に移行した。

2) 正式名称は施設・原子炉炉安全協会。創立時は連邦政府 46.1％，バイエルン州とノルトライン・ヴェストファーレン州各 3.86％，TÜV 11 州支部各 2.85％，ロイド船舶技術鑑定会社 3.85％の出資だった。

3) 原語の Basisdemokratie は，英語では grass roots（草の根）democracy と訳されている。本書では従来の訳語である「底辺」民主制を使う。なお緑の党においては Basis が一般党員，一般市民，草の根の活動家など，文脈によって異なる人々を指していた。

4) 公共放送局は，ARD に加盟するヘッセン放送（HR）が重要である。民間放送局設立を可能にする州法は 1988 年 11 月，CDU・FDP の賛成により可決された。

5) 1972 年にヴォルフガング村を編入したグロースアウハイム町は 1974 年にハーナウ市に編入された。

6) Bundesamt für Strahlenschutz, 2011: Nuclear facilities in Germany. Part II: Nuclear Facilities „In Decommissioning".

7) 後の刑事告発の過程でゴイレン弁護士の法的鑑定書で明るみに出た。こうした非公式のメモも必ず残す点にドイツの公文書管理の徹底性がうかがえる。日本では「不存在」とされるか，廃棄されてしまうだろう。

8) BGBl I, Nr.82, 1894 17.7.1975: (Anlage 2, Artikel 2).

9) FR Hanau-4.2.2010: 30 Jahre Grüne - Elmar Diez; FR Rhein-Main 2.2.2009: Atommülllager Hanau. Ein hartnaeckiger Streiter.

10) FAZ 224/28.9.1982: Ergebnisse der Wahlkreise und aus Städten.

11) 「舗道の砂浜」とは，フランスの学生反乱の際，学生たちが舗道の敷石をはがして投石やバリケードに使った後，舗道の下から昔の砂浜が姿を現したという逸話に基づく。

12) FAZ 224/27.9.1983: Die Ergebnisse aus den Hessischen Wahlkreisen und die Direktmandate.

13) Vereinbarung zwischen SPD und GRÜNEN für die 11. Wahlperiode. Wiesbaden, 1984.

14) Spiegel 28/9.7.1984: Hessen. Hilfe fürs Profi.

15) BeckRS 2005: 23578（Beck Online）; Spiegel 42/15.10.1984: Die Kern-Frage. BUND は 1985 年 6 月，RBU に関して 9 日間，ホーベクに関して 3 日間開かれた聴聞会にも参加した。FR 146/28.6.1985: „Hobeg in Hanau Stößt keine Schadstoffe aus".

16) Spiegel 12/18.3.1985: Offenbar versagt; http://www.oekobuero.de/nhz-ah-1.htm

17) フランクフルトには 30 名，ヴィースバーデンには 17 名の区会議員がいた。

18) 高速増殖炉出資企業インターアトムの技術者（第 2 章参照）。

19) 1999 年から 2014 年まで原子炉安全委員会委員，特に 2002 年から 2006 年まで委員長。

20) 2002 年から 2010 年までビルクホーファーの後任として GRS 所長を引き継ぎ，また 1999 年から 2002 年まで原子炉安全委員会の委員長，2009 年まで同委員。

21) Vereinbarung zwischen SPD und GRÜNEN vom 12. Juni 1985.

22) 1998 年のフィッシャーの連邦外相就任後，外務省企画課長，チリ，ベネズエラ大使。

23) フランクフルト市環境エネルギー課長（1989 ～ 1999 年），1999 年からコソボやグアテマラ，アフガニスタンの国連平和維持活動の代表・代行，2009 年から連邦議会議員。

24) 1988 年から『シュピーゲル』，1999 年から『南ドイツ新聞』の記者。

25) 1980 年からバーデン・ヴュルテンベルク州議会議員，緑の党内の小派閥「エコ・リバタリアン」の指導者，2011 年から緑の党初の州首相。

26) 弁護士，1989 年から州議会議員，1991 年から 1994 年までフィッシャーの下で州環境省事務次官，1994 年から 1996 年までザクセン・アンハルト州赤緑政権の法務次官，2001 年から 2005 年まで連邦議会「現代医療の法と倫理」特別調査委員会委員，2008 年に連邦議会の推薦でドイツ倫理審議会委員。

27) 1987 年 5 月から連邦環境相。1998 年から 2006 年まで国際連合環境計画 事務局長。

28) 彼は 1978 年 6 月から大臣指名直前まで電力大手プロイセンエレクトラ社の監督役会の役員だった（Spiegel 24/9.6.1986: 20）。

29) BT-Drs. 10/6073, 26.9.1986, 13/4453, 24.4.1996.

30) 放射線防護庁には以下の組織が統合された。連邦研究技術省傘下の連邦物理工学研究所の放射性廃棄物の確保・最終処分課，連邦保健局傘下の放射線衛生研究所（ミュンヒェン近郊ノイヘアベルク），連邦民間人防衛局傘下の大気中放射線研究所（フライブルク），原子炉安全協会（ケルンとミュンヒェン）の一部（事故登録所），原子炉安全委員会，放射線防護委員会，核技術委員会の各事務局である。

31) 緑の党現実派の連邦議会議員シリーの弁護士事務所の共同経営者。

32) 起訴された州経済省の幹部 3 人のうち，課長は 1982 年に SPD を離党しており，課長代理は CDU 党員だった。Spiegel 12/18.3.1985: Offenbar versagt.

33) Stern 16/10.4.1986: Affäre. Beim TÜV tickt eine Bombe. TÜV の検査を受ける施設の事業者が TÜV の執行部に理事として入るため，利益相反が起こりやすい。この問題は，TÜV が 1990 年代以降に株式会社化したため，一層深刻になっている。

34) 同様の請求を SPD 連邦議会会派は 1988 年 4 月 21 日にも行ったが，カルカー高速増殖炉とヴァッカースドルフ再処理工場の計画が放棄された後，請求を取り下げた。

35) http://www.oekobuero.de/nhz-ah-3.htm; Spiegel 13/23.3.1987: Jeder Hammer; Spiegel 39/22.9.1986: Dampf von allen Seiten.

36) FR 284 /7.12.1985: Radioaktive Stoffe im Hanauer Abwassernetz; FR 286 /10.12.1985: Neue Panne bei der Atomfirma Nukem.

37) Spiegel 13/23.3.1987: Jeder Hammer.

38) Koalitionsvereinbarung für die 12. Wahlperiode des Hessischen Landtages (1987-1991) zwischen CDU und F.D.P. Wiesbaden, den 22. April 1987.

39) 取締役 2 人と州経済省職員 3 人に対して同日，別々に判決が下された。LG Hanau, Urteil v. 12.11.1987. NJW 1988: 571; NStZ (Neue Zeitschrift für Strafrecht) 1988: 179 (Beck Online) 参照。

40) 報告書は州議会議事録 HL-Drs.12/6780, 5.6.1990; 12/6850, 13.6.1990.

41) 連邦議会議事録 BT-Drs. 11/7800, 15.10.1990 にはベルギー議会の報告書と欧州議会の報告書が含まれている。

42) Spiegel 3/18.1.1988: Selbstmord des Atoms.

第 4 章　核燃料工場と脱原発政権の誕生　167

43) VGH Kassel, Urteil v. 1.11.1989. NVwZ-RR 1990: 128（Beck Online）参照。

44) Hessischer Verwaltungsgerichtshof legt Hanauer Atomfabrik still, 1. November 1989, in: Zeitgeschichte in Hessen http://www.lagis-hessen.de/de/subjects/idrec/sn/edb/id/1570

45) BeckRS 2005: 23578（Beck Online）. SZ 29.7.1994: Hanauer Plutoniumfabrik vor dem Bundesverwaltungs-gericht; SZ 10.8.1994: Gericht hebt Baustop für Hanauer Plutoniumfabrik auf.

46) 1990 年 6 月に TÜV バイエルン支部が出した施設の安全性に関する鑑定書は，排ガス洗浄装置も検査していたが，臨界管理にしか注意を向けていなかった。Spiegel 3/14.1.1991: Verpuffung mit Schlamm.

47) コーンベンディットは 1994 年から 20 年欧州議会議員を務め，欧州緑の党会派の代表にもなる。

48) 原理派は新党（現在は ÖkoLinX ／反ファシスト・リスト）を旗揚げし，フランクフルト市議の活動を続けた。

49) 1985 年に緑の党員として初めてヘッセン州環境省の事務職員になり，事務次官に昇格した後，1998 年に誕生する赤緑連邦政権では連邦環境省トリティンの事務次官に就き，2002 年の脱原子力法改正や再生可能エネルギー推進政策を担当した。2014 年からは SPD 党首で連邦経済エネルギー相のガブリエルの事務次官。

50) Koalitionsvereinbarungen für die 13. Wahlperiode des Hessischen Landtages zwischen GRÜNEN & SPD 1991-1995. Mörfelden-Walldorf: den 8. März 1991.

51) FR 261/9.11.1991: Plutoniumbetrieb: Fischer erteilt Töpfer Absage.

52) Spiegel 49/2.12.1991: Den müssen wir ernst nehmen; 46/11.11.1991: Inventur bei Fischer.

53) FR 264/13.11.1991: Annäherung der Standpunkte nicht zu erkennen. FR-Forum in Hanau über das Thema Konversion.

54) VGH Kassel, Entscheidung v. 21.07.1993. BeckRS 2005: 23578（Beck Online）.

55) BVerwG, Urteil v. 9.8.1994: NVwZ 1995: 999, 1002（Beck Online）.

56) 核燃料工場はその後も物議をかもした。工場施設をロシアや中国に売却する商談が 2000 年代前半に持ち上がった。当時のシュレーダー連邦首相（SPD）が積極姿勢を示したが，連立相手の緑の党は反対し，立ち消えになった。工場の解体と除染作業は 5 億ユーロを要したと推定される。しかし最終処分場がないため，核物質の一部はその後も敷地内に置かれた。そこに集中中間貯蔵場の計画が持ち上がったが，2009 年にヘッセン州行政裁判所の判決で阻止された。

第5章

脱原発はどのようにして法律になったのか

1986〜2016年

脱原発立法の影の立役者，ライナー・バーケ（左）。ヘッセン州環境省，連邦環境省，連邦経済省の事務次官を歴任。2011 年 6 月 14 日，緑の党系のハインリヒ・ベル財団における講演会「加速されるエネルギー転換にはどれだけ多くの転換が含まれているか」。

撮影：Stephan Röhl（Wikimedia commons で公開）

1. 1980 年代の原子力法改正と初期の脱原発法案

　ドイツの原子力法制には，狭義の原子力法と，放射線防護令や原子力法手続令などの各種法令が含まれる。原子力法は 1959 年に定められて以来，14 回の改正を経ている。このほか連邦の諮問機関である核技術委員会や原子炉安全委員会が定めた原子力施設の安全性に関する技術規定などもある。

　原子力法は 1 条で，研究開発利用の推進，原子力や電離放射線に特有の危険からの生命・健康・物件の保護，国内外での危険防止，国際的義務の遂行の 4 つの目的を掲げた。1974 年に制定された連邦公害防止法と比べ，原子力法は産業の推進を重視していた。しかし裁判所は 1970 年代末から市民の生命を保護する目的の優先を認めてもいた。

　核廃棄物最終処分場の候補地の選定は，放射線防護令や鉱山法のみに基づいて行われた。しかし 1976 年の第 4 次改正で原子力法 9a 条以下が導入され，原発事業者は使用済核燃料の再処理と中間貯蔵の義務を負い，それを確保することが原発の建設や運転の許可を受けるのに必要とされるようになり，最終処分場の建設費用も負担が義務づけられた。連邦は最終処分場の建設・運転に責任を負うことになった。また，最終処分場の建設の手続きに市民参加が義務づけられたが，ゴアレーベンなどの候補地の選定ではそれが十分守られないまま進められた（Hohmuth 2014: 22, 25-27）。

　原子力施設事業者の賠償責任については，原則を変更した。1959 年法では米国法にならって有限責任原則が定められていた。責任限度額は，1975 年の改正で 5 億 DM から 10 億 DM に引き上げられ，うち 5 億 DM までは民間事業者が，それを超えると 5 億 DM まで国家が補償することになっていた。さらに 1985 年の改正では，10 億 DM を超える分を事故原因者である事業者が無限責任原則に基づいて補償する仕組みになった。「ドイツ政府は，原子力発電開始からおよそ 20 年を経て，（略）安全性も確実に向上し，したがって原子力産業の責任を制限する特別な保護策の必然性が失われた，と判断したのだった。その背景には，何より被害者の保護，救済こそ最優先されるべきである，との世論の高まりがあった。無限責任原則による事故の抑止

第 5 章　脱原発はどのようにして法律になったのか　171

表 5-1　原子力法の改正一覧

	制定	発効
原法	1959.12.23	1960. 1. 1
第 1 次改正	1963. 4.23	1963. 4.28
第 2 次	1969. 8.28	1969.12. 1
第 3 次とその修正	1975. 7.15	1975.10. 1
	1975.12.19 修正	
第 4 次：廃棄物処理	1976. 8.30	1976. 9. 5
	1976.10.31 再公布	
第 5 次：費用規定	1980. 8.20	1980. 8.29
第 6 次：賠償責任	1985. 5.22	1985. 5.22
	1985. 7.15 再公布	1985. 8. 1
第 7 次：被害対策・直接処分	1994. 7.19	1994. 7.29
第 8 次：最終処分民営化	1998. 4. 6	1998. 5. 1
第 9 次：EU 指令（賠償・放射線防護）	2001. 3. 5	2001. 4. 1
第 10 次：脱原発法	2002. 4.22	2002. 4.27
第 11 次：原発運転延長	2010.12. 8	2010.12.14
第 12 次：核燃料税	2010.12. 8	2010.12.27
第 13 次：エネルギー転換法	2011. 7.31	2011. 8. 6
第 14 次：EU 指令（核廃棄物国家計画）	2015.11.20	2015.11.26

出典：Hohmuth（2014: 701–702）に加筆。

効果こそを，社会は求めたのだった」（遠藤 2013: 67–68）[1]。

　チェルノブイリ原発事故後は 1986 年末の放射能汚染防止法の制定や，1989 年の放射線防護令の改正があったものの，原子力法自体はしばらく改正されなかった[2]。

　その間，連邦議会の緑の党は 1984 年 8 月に「原子力阻止法案」を提出している[3]。同法案は原子力法の廃止や新設の禁止，事業者に補償せずに国内の全核施設を即時に閉鎖することを謳っていた。損害賠償措置額も引き上げ，事業者に無期限・無制限の責任を負わせた。この法案は 1986 年末に連邦与党と SPD によって否決された。

　SPD も 10 年以内の脱原子力を規定した「原子力清算法案」を 1986 年末と 1987 年 2 月に連邦議会に提出している[4]。緑の党の法案とは異なり，原子力法の廃止ではなく改正を求め，同法 1 条から推進目的を削除し，代わりに原子力の研究と商業利用を終了させる目的を入れるという案である。さらに原発を廃止するまでの運転の継続や廃棄物の除去も目的に盛り込んだ。運

転の認可には期限を設け，全施設は 1996 年までに閉鎖する。原子力法 9a 条で優先されていた再処理は即時に廃止する。賠償責任限度額は 100 億 DM に引き上げる。原発が廃止されて損失を被る事業者への補償も定めた。廃炉作業で重要となる放射線防護の原則も原子力法に直接規定する。しかし，運転開始時期に関係なく一律に 10 年間の残存運転期間を認めることや，事業者に補償することは批判された。1990 年 6 月に連邦与党と緑の党は，異なる理由から反対し，法案は否決された（Hohmuth 2014: 31–34）。

2. 再処理工場の建設中止と州の脱原発の試み

1990 年代に原子力法が大幅に改正されたが，それは核燃料サイクルをめぐる条件が変化したからである。バイエルン州ヴァッカースドルフの再処理工場の建設計画が破棄されたのが，その大きなきっかけとなった。同計画は州首相シュトラウスによって強力に推進されていた。予定地は州やバイエルン電力が所有しており，州の政治は CSU の一党優位だった。

付近の炭鉱や製鋼所の閉鎖で経済が停滞していたヴァッカースドルフ村は建設を歓迎したが，周辺自治体，特にシュヴァンドルフ郡は SPD 所属の郡長のもと，町ぐるみで反対した。1984 年に行われた最初の聴聞会では約 5 万 3000 人が異議を申し立てた。バイエルン電力も出資するドイツ再処理会社は 1985 年 2 月，正式に建設を決定した。9 月には州環境省が原子力法に基づく第 1 次認可を出し，敷地の外柵や監視塔，核燃料搬入所の建設工事が始まった。10 月にはミュンヒェンで 5 万人がデモに参加し，全国的な反原発グループも支援に入った。敷地占拠が年末に試みられるが警察に排除される。1986 年 3 月末には外部からきた若者に地元民が加わり，警察との衝突で数百人の逮捕者が出た。チェルノブイリ原発事故後は数万人規模のデモが何度も行われた。5 月にはデモ隊の一部が警察と衝突して数千人が負傷し，警察はヘリコプターからガス弾を投下して論議を呼んだ。警察は反テロ法を含む法律を総動員して反対運動を抑え込みにかかった。それでも 1987 年 10 月のデモには 3 万人が参加した（Rüdig 1990: 157–161）。

ミュンヒェンのバイエルン行政裁判所は 1987 年 4 月に第 1 次認可を取り

表 5-2　バイエルン州議会選挙と州政府

	CSU 席(%)	SPD 席(%)	FDP 席(%)	緑の党 席(%)	極右 席(%)	その他 席(%)	州首相	与党
1978	129(59.1)	65(31.4)	10(6.2)	0(1.8)	0(0.6)	0(0.9)	F. J. シュトラウス(1978.11 ～ 1988.10)	CSU
1982	133(58.3)	71(31.9)	0(3.5)	0(4.6)	0(0.6)	0(1.1)		CSU
1986	128(55.8)	61(27.5)	0(3.8)	15(7.5)	0(3.5)	0(1.9)	M. シュトライブル(～ 1993.6)	CSU
1990	127(54.9)	58(26.0)	7(5.2)	12(6.4)	0(4.9)	0(2.6)		CSU
1994	120(52.8)	70(30.0)	0(2.8)	14(6.1)	0(4.0)	0(4.3)	E. シュトイバー(～ 2007.10)	CSU
1998	123(52.9)	67(28.7)	0(1.7)	14(5.7)	0(3.8)	0(7.2)		CSU

出典：Jun (2008: 129-133) に基づき作成。極右は NPD と共和党の合計。

消したが，予備工事に原子力法の認可は不要として工事の続行を認めた。し
かし翌年 1 月には工事の根拠だった土地利用計画を，地下水汚染対策が不備
だとして無効と判断した。しかし個別の工事の続行は容認された（Hohmuth
2014: 38-39）。

　核燃料再処理会社が 1988 年 1 月に第 2 次認可を申請すると，国境を接す
るオーストリアで 41 万人，ドイツで 47 万人，合わせて 88 万人の反対署名
が集められ，州政府に提出された。聴聞会は 7 ～ 8 月に 23 日かけて審議し
たが，州政府の判断に変化はなかった。連邦行政裁判所は 7 月の判決で，工
事差し止めの申し立てを却下したが，第 1 次認可の合法性については差し戻
して再検討を求めた（Rüdig 1990: 163-164）[5]。

　10 月，州首相シュトラウスが死去した。半年後の 1989 年 4 月，フェーバ
社の社長ベニヒゼンフェルダーは再処理工場の建設を中止すると発表した。
彼は『シュピーゲル』[6]のインタビューで，こう語っている。「加熱した原
子力論争を落ちつかせる良い機会だ。ヴァッカースドルフは抗議運動の格好
の対象になってしまった。再処理を他国で行うことにすれば，政治的緊張は
和らぎ，原子力と石炭の妥協の線でエネルギー政策をうまくまとめられるか
もしれない」。計画中止のきっかけは，ラアーグ再処理工場を運転するフラ
ンス核燃料公社コジェマが示した提案だった（Mez and Osnowski 1996: 68）。コ
ジェマ社とフェーバ社は 6 月に再処理委託契約を結ぶ。後に RWE とバイエ
ルン電力も同様の契約を英国核燃料公社と交わした。

　原子力をとり巻く状況は根本的に変化していた。1989 年 1 月初め，ネッ
カーヴェストハイム原発が運転を開始し，建設中の原発はゼロとなった。持

表 5-3　旧東ドイツの原発

名称	立地点	出力	炉型	発注	運転	閉鎖	主契約者	所有者
ラインスベルク		70	PWR	1956	1966	1990	ソ連邦原子力輸出会社	人民所有企業
ノルト 1	ルブミン（グライフスヴァルト近郊)	365	PWR	1967	1974	1990		
ノルト 2		365	PWR	1967	1975	1990		
ノルト 3		408	PWR	1973	1978	1990		
ノルト 4		408	PWR	1973	1979	1990		
ノルト 5		408	PWR	1974	1989	1989		

出典：日本原子力産業会議「世界の原子力発電開発の動向 1989 年次報告」1990 年に基づく。

表 5-4　各州における SPD 単独政権，緑の党の政権参加と連立相手

	地域	1980 年代	1990 年代	2000 年代	2010 年代
シュレースヴィヒ・ホルシュタイン	北	88 ～ 96 年 ＊	96 ～ 00 年 ①	00 ～ 05 年 ①	12 年～　④⑥
ニーダーザクセン			90 ～ 94 年 ①	94 ～ 03 年 ＊	13 年～　①
ブレーメン		83 ～ 91 年 ＊	91 ～ 95 年 ②	07 ～ 11 年 ①	11 年～　①
ハンブルク		81 ～ 87 年 ＊	97 ～ 01 年 ①	08 ～ 10 年 ⑤	15 年～　①
ノルトライン・ヴェストファーレン	西	80 ～ 95 年 ＊	95 ～ 00 年 ①	00 ～ 05 年 ①	10 ～ 17 年 ①
ヘッセン		85 ～ 87 年 ①	91 ～ 99 年 ①		14 年～　⑤
ラインラント・プファルツ				06 ～ 11 年 ＊	11 ～ 16 年 ①
ザールラント		85 ～ 90 年 ＊	90 ～ 99 年 ＊	09 ～ 12 年 ⑥	
ベルリン	首都	89 ～ 90 年 ①		01 ～ 02 年 ①	16 年～　③
ブランデンブルク	東		90 ～ 94 年 ②	94 ～ 99 年 ＊	
ザクセン					
ザクセン・アンハルト			94 ～ 98 年 ①	98 ～ 02 年 ＊	16 年～　⑦
メクレンブルク・ファアポメルン					
テューリンゲン					14 年～　③
バーデン・ヴュルテンベルク	南			11 ～ 16 年 ①	16 年～　⑤
バイエルン					
連邦	全国		98 ～ 02 年 ①	02 ～ 05 年 ①	

注：＊は SPD 単独政権を示し，①～⑤は緑の党の参加した政権の連立パターンを示す。① SPD（赤緑），② SPD, FDP（信号機連立），③ SPD, 左翼党（赤赤緑），④ SPD, SSW（デンマーク系住民の地域政党，南シュレースヴィヒ有権者同盟），⑤ CDU（黒緑・緑黒），⑥ CDU, FDP（ジャマイカ連立），⑦ CDU, SPD（ケニア連立）。
出典：Jun et al.（2008）を参考に作成。2017 年 5 月現在。シュレースヴィヒ・ホルシュタイン州では 2012 ～ 17 年は④，2017 年夏から⑥。

続的な業績悪化を受けて，その 2 年前に KWU は独立の子会社からジーメンスの原子力部門に格下げされていた。カールスルーエの実験用再処理施設も 1991 年に閉鎖された。カルカーの高速増殖炉の運転もこの年中止が決まった。1990 年 8 月末に東西ドイツ統一条約が締結されたのに伴い，旧東ドイツの

第 5 章　脱原発はどのようにして法律になったのか　175

原発は全て 1995 年までに閉鎖されることになった（Hohmuth 2014: 45, 47）。

　さらに再生可能エネルギー電力買取法が 1991 年に施行された。電力会社は固定価格ではなく，平均小売価格の一定割合（太陽光と風力は 90％以上）で買い取ることとされた（寺西ほか 2013: 75）。同法案は，自家発電を売りたい農村を地盤とする CSU の議員と，やはりバイエルン選出の緑の党議員の合作だった（Bechberger et al. 2008: 16）[7]。

　州レベルでは脱原発に向けた制度化が着々と進行した。原発のあるシュレースヴィヒ・ホルシュタイン州では 1988 年に SPD 単独，ニーダーザクセン州では 1990 年に赤緑，1994 年に SPD 単独，ヘッセン州では 1991 年に赤緑政権が発足し，安全規制を厳格にして脱原子力を追求した。表 5-4 が示すように，1980 年代は SPD 単独政権が多かったが，1990 年代にはまれとなり，赤緑政権が 6 州と連邦で成立した。2005 年以降は緑の党と CDU との連立，2010 年代になると SPD と左翼党と緑の党の「赤赤緑」連立政権も登場した。緑の党が一度も政権に加わったことがないのは，バイエルン州とメクレンブルク・フォアポメルン州だけである。

　ノルトライン・ヴェストファーレン州でもヴュルガッセン原発の停止により脱原発が実現した翌年の 1995 年に，シュレースヴィヒ・ホルシュタイン州でも 1996 年に，赤緑政権が誕生した。なおノルトライン・ヴェストファーレン州では第二次世界大戦時の侵略のつぐないとして，ベラルーシのチェルノブイリ被災者を支援する運動に州政府をはじめ議会の CDU 会派やプロテスタント教会，フォルクスヴァーゲン社も協力している。ラウは同州首相を退いて 1999 年に連邦大統領に就任した後も，チェルノブイリ支援運動を後援した。2002 年からは赤緑連邦政府のベラルーシ振興プログラムが始まり，両国市民の共同事業を後援した。ニーダーザクセン州では 1992 年に州営の支援組織「チェルノブイリの子どもたち」が創設された（IBB 2011: 65-70, 186-187）[8]。

　「脱原発志向の安全規制」は，連邦環境省との紛争をもたらした。なかでもヘッセン州では，ハーナウの核燃料工場に加えて，RWE 社のビブリス原発も焦点となった。州から調査を委託された技術監査協会バイエルン支部によると，1987 年に事故を起こした同原発は耐震性や緊急システムが脆弱で，

ドイツの他の原発と同様の追加工事が必要だった。しかし1991年に成立した第2次赤緑政権が追加工事の徹底を求めると，RWEの経営陣は訴訟で抵抗した。CDU所属の連邦環境相テプファーと，その後任メルケルは州政府に何度も指示を出してRWE社側に加勢した（Radkau und Hahn 2013: 370-371）。

こうした経験を積んだヘッセン州の赤緑政権は，連邦での政権交代に向け，脱原発の戦略を練った。緑の党所属の州環境省事務次官バーケは，原発を性急に閉鎖すれば電力会社は損害賠償を請求してくると予想し，各原発の運転年数に期限をつける法律を策定するのが現実的だと考えた。運転年数を最大25年程度とすると，法律が発動したときすでに25年に達している原子炉は即時閉鎖となるが，そうでない原子炉はまだ何年か運転を続けられるので，電力会社は初期投資を回収でき，損害賠償を請求してこないだろう。バーケがロスナーゲルら2人の法律専門家とともに作成した脱原発法案を，ヘッセン州政府は1998年9月に連邦参議院に提出した。その内容は1987年のSPDの原子力清算法案に似ていた（Rüdig 2000: 55-57; Hohmuth 2014: 49-50）。

一方，シュレースヴィヒ・ホルシュタイン州では1988年のバルシェル州首相（CDU）の死去に伴い，選挙が行われた[9]。SPDは54.8％の得票率で単独過半数を確保し，初めて政権に就いた。州首相にはエングホルムが就任した。彼は初の所信表明で，1996年までの脱原発を目指すと明言した（Rieder 1998: 176）。エネルギー政策では脱原発，分散型の供給，再生可能エネルギー，発送電の自治体による公営の復活とコジェネレーション施設の建設が新機軸として打ち出された。

政権交代から1年間は，州政府と電力会社は対立した。エネルギー担当相になったヤンセンはさしあたりブルンズビュッテル原発の閉鎖を目指した。同原発は，トラブルの多かった初期の沸騰水型軽水炉であり，技術監査協会北ドイツ支部とダルムシュタットのエコ研究所に委託した調査によって，配管の亀裂などが確認されていた。他州の同型炉も補強工事や閉鎖を余儀なくされると思われた。しかし原子炉安全委員会は危険性を否定した。それでも州は原発の停止を撤回せず，連邦環境省も静観したが，ハンブルク電力は手続き上の裁量濫用のかどで州に損害賠償を請求した。州はリューネブルク高等行政裁判所で敗訴し，命令の撤回と高額の訴訟費用の工面を余儀なくされ

表5-5　ニーダーザクセン州議会選挙と州政府

	CDU 席(%)	SPD 席(%)	FDP 席(%)	緑の党 席(%)	極右 席(%)	その他 席(%)	州首相	与党
1974	77(48.8)	67(43.1)	11(7.0)	0(—)	0(0.6)	0(0.4)	E. アルブレヒト(1976〜1990)	CDU
1978	83(48.7)	72(42.2)	0(4.2)	0(3.9)	0(0.4)	0(0.6)		CDU
1982	87(50.7)	63(36.5)	10(5.9)	11(6.5)	0(0.0)	0(0.4)		CDU
1986	69(44.3)	66(42.1)	9(6.0)	11(7.1)	0(0.0)	0(0.5)		CDU
1990	67(42.0)	71(44.2)	9(6.0)	8(5.5)	0(1.7)	0(0.6)	G. シュレーダー(1990〜1998)	SPD/緑
1994	67(36.4)	81(44.3)	0(4.4)	13(7.4)	0(3.9)	0(3.6)	G. グロゴフスキ(〜1999.12)	SPD
1998	62(35.9)	83(47.9)	0(4.9)	12(7.0)	0(2.8)	0(1.4)	S. ガブリエル(〜2003.3)	SPD

出典：Jun（2008: 292–294）に基づき作成。

たため，対決を避けて交渉路線へ転換した（Czada 1993: 87）。

　1980年代に原発依存率が急速に高まっていたため，原子力発電をゼロにするには電力会社との合意が必要だった。フェーバ社やその傘下のプロイセンエレクトラ社とシュレースヴァク社の方も，新規の発電所や送電網の認可を州政府から得る必要があった。1988年に両者の非公式の接触が始まり，州政府はフェーバ社やハンブルク電力に対し，州で最古のブルンズビュッテル原発の閉鎖と引き換えにクリュムメル原発とブロックドルフ原発の運転を保障すると持ちかけたが，補償がなければ株主が同意しないと拒否された。しかしフェーバ社社長ベニヒゼンフェルダーは州首相に対し，1億DMを貸してもよいので原発分の省エネルギーが可能かについて調査を行ってはどうかと提案した。これが1989年に実現する。

　州議会には将来のエネルギー供給に関する特別調査委員会が設置された。州政府は省エネ策への融資を盛り込んだエネルギー政策プログラムを発表した。さらにエネルギー公社を創設し，自治体のエネルギー政策を支援することになった。州政府とフェーバ社の代表は州の原子力の将来についての協議も始めた（Rieder 1998: 178–185）。

　1990年夏に赤緑政権が成立したニーダーザクセン州も同様の経過をたどった。ゴアレーベンには，フランスの再処理工場から戻ってきた高レベル放射性廃棄物の集中中間貯蔵場や，低熱量の放射性廃棄物の中間貯蔵場，使用済核燃料の搬入準備施設がつくられ，核輸送反対運動の焦点になった。また高レベル放射性廃棄物の最終処分場にふさわしいかを調べるため，1983年9

月に連邦物理工学研究所は岩塩鉱の試掘計画を鉱山局に申請し，1986年に試掘坑を掘った（Hohmuth 2014: 43-44, 50）[10]。

シュレーダー州首相は，緑の党に州環境相ポストを与えず，グリーンピース・ドイツの急成長に貢献したグリーファーンを州環境相に抜擢した。彼女はゴアレーベンの試掘や，ザルツギッターの旧鉄鉱山コンラート坑の低レベル放射性廃棄物処分場計画に関する手続きを遅らせるため，尽力したが，連邦環境相の指示や訴訟によって，それも限界だった。

1990年夏に赤緑連立州政権が誕生すると，フェーバ社社長ピルツは州首相シュレーダーと非公式協議を開始した。1991年5月，州と同社は共同でエネルギー公社を発足させ，省エネ技術や代替エネルギーを推進することになった。また原子力政策について共同の提言を3頁の文書にまとめ，1992年9月に化学労組の議長ラッペを通じて連邦首相コールに提出した[11]。こうしたSPDの州政権と電力会社の間で始まった協議は，連邦政府も巻き込んだ交渉につながるのである（Mohr 2001: 351-353）。

3. エネルギー・コンセンサス会議と原子力法改正

連邦政府はエネルギー計画の中で以下のように謳っていた[12]。「10. 将来のエネルギー政策にとって超党派のコンセンサス，市民・消費者による受容，経済界の協力，（略）州や自治体からの幅広い支持が，決定的に重要である」「連邦経済相は，連邦環境自然保護原子炉安全相と共同で，コンセンサスの可能性を協働で解明するための独立のスタッフで構成する委員会を招集する予定である」「委員会の勧告を連邦政府の意思決定過程に盛り込むことを考えている」（Stadt Frankfurt 1993: 19-20）。連邦政府は「将来の原子力政策」連邦議会特別調査委員会の元議長，ユーバーホルスト（SPD）を議長とする独立委員会を目指したが，設置に必要な財源を連邦議会の予算委員会で確保できなかった。しかし明らかに特別調査委員会がモデルになっていた。

連邦首相コールは1992年10月，原子力に関して政党の代表者と対話しようとエネルギー業界に提案する。これを受け11月，フェーバ社のピルツとRWE社のギースケの両社長はコールに書簡を送り，12月5日に公表した。

第5章　脱原発はどのようにして法律になったのか　179

既存の原発は徐々に運転を終了させるが，それまでは円滑に運転できるよう保障することや，技術が発展した場合のために原子力を将来のエネルギーの選択肢として残しておくことを提言し，連邦と州の政権を担当する政党の代表者を会合に招聘することを求めた[13]。これに対し，バイエルン電力の社長は両社の「単独行動」を批判した。背景には，フェーバや RWE は売り上げに占める電力事業の比率や，発電に占める原子力の比率が比較的低かったのに対し，バイエルン電力は逆だったことが指摘される。

1992 年 12 月，ドイツ環境自然保護連盟（BUND），グリーンピース，エコ研究所が会議に参加したいと求めた。翌年 2 月，連邦経済相レックスロートと連邦環境相テプファー，シュレーダー，ヘッセン州環境相フィッシャーの 4 人は会議を 3 月から始め，年内に結論を出すことや，会議の編成について合意した。しかし会議を懐疑的に見る意見は最初から強かった。会議を取り仕切る連邦環境相は 2 月，ヘッセン州環境相に対し，ハーナウのジーメンス MOX 燃料新工場の建設に認可を出すよう指示した。彼は 3 月の CDU と CSU の会派会合でも，会議の目的は原発の新設を可能にすることだと述べている。KWU の経営委員ヒュトルはドイツ産業連盟の原子力部会長として，「より安全な」原発を新設すべきだと主張した。環境団体ロビンウッドは，アリバイ的に環境 3 団体に参加を認めたと見ていた。ある反原発団体は利害対立を専門家間の論争に矮小化し，社会的な影響力を奪い去るのが目的だろうと批判した。

それでも 1993 年 3 月 20 日，政党代表者からなる「交渉団」と利益団体からなる「諮問機関」の 2 次元で構成する「エネルギー・コンセンサス会議」がボンで始まった。参加者は表 5-6 の通りである。当初は共通の解決策を見つけようという努力が見られたが，SPD 執行部選挙でシュレーダーが首相候補に浮上すると，連邦政府は消極的になった。翌年の連邦議会選挙を控え，SPD と緑の党に点数を与えないためである。連邦政府はまた SPD から譲歩を引き出す材料として石炭補助金の継続を持ち出し，SPD の反発を招いた。4 月に会議を主導していたピルツがアルプスの雪崩に巻き込まれて亡くなったことも痛手となった。5 月に CDU/CSU 会派が了承したポジション・ペーパーは，原子力を不可欠と位置づけ，ゴアレーベン，モアスレーベン，コン

180

表 5-6　エネルギー・コンセンサス会議の参加者

	所属・役職	氏名
連邦与党		
CDU	連邦議会・エネルギー政策担当	H. ゼージング
CDU	ザクセン州経財相	K. ショマー
CDU	連邦環境相	K. テプファー
CSU	連邦議会・エネルギー政策担当	K. ファルトルハウザー
CSU	バイエルン州環境相	P. ガウヴァイラー
FDP	連邦議会・エネルギー政策担当	K. ベックマン
FDP	連邦経済相	G. レックスロート
連邦野党		
SPD	ノルトライン・ヴェストファーレン州官房長官	W. クレメント
SPD	ヘッセン州首相	H. アイヒェル
SPD	連邦議会・エネルギー政策担当	V. ユング
SPD	連邦議会・環境政策担当	M. ミュラー
SPD	BW 州環境相 (第二次特別調査委員会議長)	H. B. シェーファー
SPD	ニーダーザクセン州首相	G. シュレーダー
緑の党	ヘッセン州環境相	J. フィッシャー
緑の党	党執行部	U. プロトニッツ
産業経済界		
独産業連盟	エネルギー委員長	J. ヘレウス
独産業連盟	原子力部会長・KWU 経営委員	A. ヒュトル
VEA	エネルギー購入者連盟代表	S. ローレンツ
電力業界		
電気事業連合会	経営評議員・RWE エネルギー社長	D. クーント
電気事業連合会	会長・シュトゥットガルト市技術事業公社	H. マーゲル
電気事業連合会	原子力専門委員会・EVS 社経営委員	K. シュテーブラー
労働組合		
IGBE	議長・SPD エネルギー委員会	H. ベルガー
DGB	連邦執行部・SPD エネルギー委員会	M. ゴイエニッヒ
ÖTV	議長・SPD エネルギー委員会	M. ヴルフマティース
環境団体		
IPPNW	核戦争反対国際医師の会	A. ドーメン
グリーンピース	原子力問題担当	H. ライング
BUND	環境自然保護連盟事務局長	O. ポッピンガ

注：ドイツ産業連盟（BDI, 1949 年設立）は産業界の利益を代表するが，ドイツ使用者団体連盟（BDA）が担う労使交渉には関与しない。エネルギー購入者連盟（VEA）は中小企業や公共機関を会員とする団体（1950年設立）。電気事業連合会（VDEW, 1892 年設立）は 2007 年，エネルギー・水道事業全国連合会（BDEW）に統合された。BW：バーデン・ヴュルテンベルク。

第 5 章　脱原発はどのようにして法律になったのか　181

ラートの最終処分場の推進を謳っていた。これは野党の強い反発を招く。1993 年 6 月末の会合で緑の党のフィッシャーは離脱を表明し、与党は原発が 40 年間運転し続けることしか望んでいないと批判した。対照的にレックスロート経済相は、ジーメンスがフランスのフラマトム社と共同開発中の新世代原子炉の建設を推進しようと主張した。

　この状況でシュレーダーは 1993 年夏からテプファーやバイエルン州政府との協議を行い、ゴアレーベン最終処分場計画の撤回や、従来の石炭補助策に代替するエネルギー税の導入に合意を得ようとした。しかし新たな石炭助成制度案は FDP や電力多消費産業、財務省の抵抗にあい、フェーバ社や RWE 社も乗ってはこなかった。SPD が政権をとっている産炭州や鉱業エネルギー労組は石炭補助策の維持を主張した。シュレーダーはテプファーと交渉して、原発の新設禁止をドイツ基本法に盛り込んで憲法の縛りをかけつつ、安全性を強化した原発の開発を認める妥協案を取りまとめた。しかしこの案は SPD 幹部会から拒否された。脱原発を決議した SPD の信頼と、連邦議会選挙を翌年に控えて連立を組むであろう緑の党との関係を損ないかねなかったからである（Stadt Frankfurt 1993: 209–230; Barthe and Brand 1996: 100–103）。こうしてコンセンサス会議は頓挫した。SPD は 11 月のヴィースバーデンでの党大会で、脱原子力の方針を再確認した[14]。

　それでも電力業界の要求を受け、1994 年 7 月に第 7 次原子力法改正が、連邦与党の賛成多数で成立した。法案には石炭電力補助策の焼き直しや、再生可能エネルギー電力の買取価格の引き上げも抱き合わせだった[15]。原子力法については、使用済核燃料を再処理せずに直接最終処分に回してもよいことになったのは、重要な改正だった（Hohmuth 2014: 47）[16]。直接最終処分を目的とした中間貯蔵をしても、原発の運転の認可に必要とされた廃棄物処理を確保していると認められた。ところがこれを口実に連邦政府はゴアレーベンの中間貯蔵場に使用済核燃料を強引に搬入しようとした。これに対する抗議行動が燃え上がった。11 月、連邦首相コールは、エネルギー・コンセンサス会議を再開したいと宣言し、新任の環境相メルケルに采配を委ねた。しかし翌年の会議には環境団体や労組ばかりか、電力業界の代表も参加せず、わずか 3 カ月で決裂した（Mez and Osnowski 1996: 179）。

この間，リューネブルク行政裁判所の判断を受け，使用済核燃料の輸送は一旦中止されるが上級審に覆される。1995 年 4 月，初めてゴアレーベンの中間貯蔵場への強行搬入が行われる[17]。2 回目の搬入は 1996 年 5 月で，6000 人の反対派による妨害を，警察と連邦国境警備隊の 9000 人が放水車と警棒を使って排除した（Kolb 1997）。これ以後，核輸送反対運動はドイツの反原発運動の中核となり，若者や農民の参加は現在まで絶えない。市民のこうした行動力は，1998 年に誕生する SPD と緑の党の赤緑連立政権に対しても，脱原子力政策の実現を迫ったのである。

4. 赤緑政権下の脱原子力合意と脱原発法

1998 年 9 月に連邦議会選挙が行われ，SPD が 4 年前よりも 4.5％増の 40.9％の得票率（298 議席），緑の党が 0.6％減の 6.7％（47 議席）となり，両党で過半数を確保した。10 月に締結された連立協定[18]は脱原発のタイムテーブルを 3 段階に設定し，①政権の最初の 100 日以内に原子力法を改正し，②最初の 1 年以内に電力会社と交渉して脱原発の方法について合意し，核廃棄物の処分についても協議を始め，③脱原発を具体化する法律の審議を始めたいとした。

連立協定の脱原発政策の責任者は，緑の党のトリティン連邦環境相と，政党無所属の W. ミュラー経済相だった。緑の党左派のトリティンは急進的な反原発路線をとっていたが，1990 〜 94 年のニーダーザクセン州赤緑政権で連邦問題・欧州問題大臣を務めたころから，シュレーダーと折り合いが悪かった。これに対し，RWE 社を経てフェーバ社の幹部だったミュラーはエネルギー・コンセンサス会議でシュレーダーを補佐した。脱原子力交渉の参加者は政府と電力会社に限られ，穏健な環境団体も閉め出されたため，緑の党には不利に働いた。

連邦環境自然保護・原子炉安全省の原子力安全規制部局は，これまで政策決定から原子力批判派を排除してきた。省全体も，法案作成作業で産業界の意見は聴くが，環境団体の意見は聴いたことはなく，州の赤緑政権とも長年対立してきた。そこでトリティンは，脱原子力法案の作成にあたって緑の党

第 5 章　脱原発はどのようにして法律になったのか　183

表 5-7　連邦議会選挙（1990 ～ 2013 年）

	投票率	CDU/CSU	SPD	FDP	緑の党	PDS/左翼	その他	総議席
1990.12. 2	77.8	319(43.8)	239(33.5)	79(11.0)	8(5.1)	17(2.4)	0(4.2)	662
1994.10.16	79.0	294(41.5)	252(36.4)	47(6.9)	49(7.3)	30(4.4)	0(3.6)	672
1998. 9.27	82.2	245(35.1)	298(40.9)	43(6.2)	47(6.7)	36(5.1)	0(5.9)	669
2002. 9.22	79.1	248(38.5)	251(38.5)	47(7.4)	55(8.6)	2(4.0)	0(3.0)	603
2005. 9.18	77.7	226(35.2)	222(34.2)	61(9.8)	51(8.1)	54(8.7)	0(3.9)	614
2009. 9.27	70.8	239(33.8)	146(23.0)	93(14.6)	68(10.7)	76(11.9)	0(6.0)	622
2013. 9.22	71.5	311(41.5)	193(25.7)	0(4.8)	63(8.4)	64(8.6)	0(11.0)	631

注：Bundeswahlleiter (2015: 22–24). 得票率は比例代表（第二票）。1990 年の緑の党は得票率が西と東の合計。
　　議席は東のみ。2013 年のその他は AfD 4.7%，海賊党 2.2%，NPD 1.3%。

から人材を登用し，ヘッセン州環境省からバーケを事務次官に，レンネベルクを原子力安全部長に引き抜いた（Rüdig 2000: 57–60）。

　1999 年からは連邦放射線防護局の長官に，ザクセン・アンハルト州の赤緑政権で環境省次官を務めた大学教授が就任している[19]。原子炉安全委員会や廃棄物処理委員会でも，委員長に原子力批判派が就いた。放射線防護委員会でも人事の多元化が進められた。原子炉安全協会の科学技術部長にも 2002 年から 2010 年まで原子力批判派が就いた（Radkau and Hahn 2013: 352–353）。

　しかしシュレーダー首相は 1999 年 1 月，原子力法改正案を閣議に提出する前に，電力業界と脱原発について交渉する方針を独断で決める。電力業界は再処理を即時停止すれば中間貯蔵場の容量が足りなくなり，原発が閉鎖に追い込まれると恐れていた。原子力法改正論議が思うように進まなかったことも一因となり，その月のヘッセン州議会選挙で SPD と緑の党は下野し，赤緑連邦政権も連邦参議院での多数派を失ったため，原子力推進派の州から抵抗を受けると覚悟しなければならなくなった（Rüdig 2000: 62）[20]。

　その後の交渉は，特に原発の運転期限をめぐって長期戦となった。ようやく 2000 年 6 月に連邦政府と電力業界は合意に達した[21]。この合意内容は 2002 年 4 月の第 10 次原子力法改正に盛り込まれた。連邦政府はこの改正を連邦参議院の同意を必要としない法案として扱った。1 条の法を定めた目的から利用の推進を削除し，原子力発電を順次終了させ，それまでの間は円滑な運転を保障することを代わりに追加した。原発の新設は禁止した。原発の

表 5-8　連邦政府（1994 〜 2016 年）

議会	政権始期	首相・内閣	与党	環境担当相
13	1994.11	コール V	黒黄	A. メルケル（CDU）
14	1998.10	シュレーダー I	赤緑	J. トリティン（緑）
15	2002.10	シュレーダー II	赤緑	J. トリティン（緑）
16	2005.11	メルケル I	大連立	S. ガブリエル（SPD）
17	2009.10	メルケル II	黒黄	N. レトゲン，P. アルトマイヤー（CDU）
18	2013.12	メルケル III	大連立	B. ヘンドリクス（SPD）

運転期間はそれぞれ稼働を始めてから 32 年とし，そこから算出された残存発電許容量（全原発平均であと 20 年ほど）に達した原発から順次停止される。一定の発電量の移譲も認められ，電力会社は古く経済性の劣る原発を早めに閉鎖し，その残存発電割当量を別の原発に回すこともできる。このため最後の原子炉がいつ閉鎖されるのか正確には特定できなくなり，迅速な脱原発を求める人々からは批判された。連邦政府は，法律で要求された高い安全基準を守りながら，原発の円滑な運転と廃棄物処理を確保する。引き換えに電力業界は全原発に定期的な安全審査を義務づけられる[22]。賠償責任額の上限は 10 倍に引き上げられた。すなわち 13 条 3 項 2 文の修正と 1977 年原子力賠償責任措置令の変更により，民間の損害賠償措置額は 5 億 DM（約 301 億円）から 25 億ユーロ（約 2947 億円）に引き上げられ，同額の国家補償も 5 億 DM から 25 億ユーロに増額された[23]。

　使用済核燃料は再処理工場への輸送が 2005 年 7 月以降禁止され，直接最終処分以外は許されなくなった。中間貯蔵場は原発に隣接して建設することが事業者に義務づけられた。それが完成するまでは，英仏の再処理工場から戻された高レベル廃棄物キャスターはゴアレーベンとアーハウスの集中中間貯蔵場に当面保管されることになり，使用済核燃料を 5 〜 6 年保管する暫定貯蔵所も建設された（Hohmuth 2014: 56–61, 64–65; Rüdig 2000: 67）。最終処分場の候補地だったゴアレーベンの岩塩鉱の試掘は停止して最大 10 年のモラトリアム（凍結期間）を設け，代替候補地も含めて再検討することになった。

　それまで核廃棄物関連施設の立地を決める際には，複数の候補地を比較することもなく，たまたま見つかった廃坑が選ばれ，原子力法ではなく鉱山法や放射線防護令のみに基づいて認可されていた。こうした不透明性は反対運

動を激化させる要因になった。そこで連邦環境相トリティンは1999年に最終処分場選定手続き作業部会を設置し、選定手続きや基準、様々な技術的選択肢の検討を委託した。部会の委員には地学や社会科学、化学、物理、数学、鉱山、廃棄物技術、工学、広報の専門家が、連邦地学原料局や原子炉安全協会、エコ研究所、放射線防護庁、幾つかの大学の代表とともに選出された。部会は2002年末に連邦・州の議会や主要政党が協力してゼロから選定を進める手続きについて勧告したが、高レベル放射性廃棄物処分場の選定を再開することにはまだ社会的にも政治的にも合意が得られなかった。とはいえ、この勧告はその後の論議を方向づけた（Radkau and Hahn 2013: 354-355; Hocke et al. 2015: 184-185）。

連邦の赤緑政権はまた環境省次官バーケの立案により、電力買取法を2000年に改正して再生可能エネルギー法へと発展させた。参考にしたのはノルトライン・ヴェストファーレン州のアーヘン市が1995年から実施した制度で、市の公社が再生可能エネルギー発電の電力を一定期間、固定価格で買い取ることで初期投資を回収できるようにし、普及を図るものである。これを参考にした新法は、再生可能エネルギー電力の①送電網への優先接続と②政府が定める固定価格での20年間の買い取りを義務づけた点が特徴である。発電設備を早く設置した方が得になるように、買取価格は年を追うごとに逓減することとなった（寺西2013: 78-81）[24]。2002年には火力発電所の排熱の利用を促すためのコジェネレーション法が、2004年にはEUの地球温暖化政策に合わせた排出権法が制定された。

また電力市場の自由化を進めるEUの指針に対応して、エネルギー事業法の改正が1998年から始まっていた[25]。生き残りをかけて電力大手は4社に再編された。まずバーデン電力とシュヴァーベン・エネルギー供給社が1997年に合併してバーデン・ヴュルテンベルク・エネルギー社（EnBW）を設立した。同社にはフランス電力が2000年から資本参加したが、2011年にバーデン・ヴュルテンベルク州が買い戻した[26]。2000年にはプロイセンエレクトラの親会社であるフェーバ社とバイエルン電力の親会社である合同工業企業株式会社[27]が合併してエーオン社が設立され、最大手の電力グループとなる。RWE社も2000年10月に合同ヴェストファーレン電力を吸収合

図 5-1　発電に占める原子力と再生可能エネルギーの比率の推移

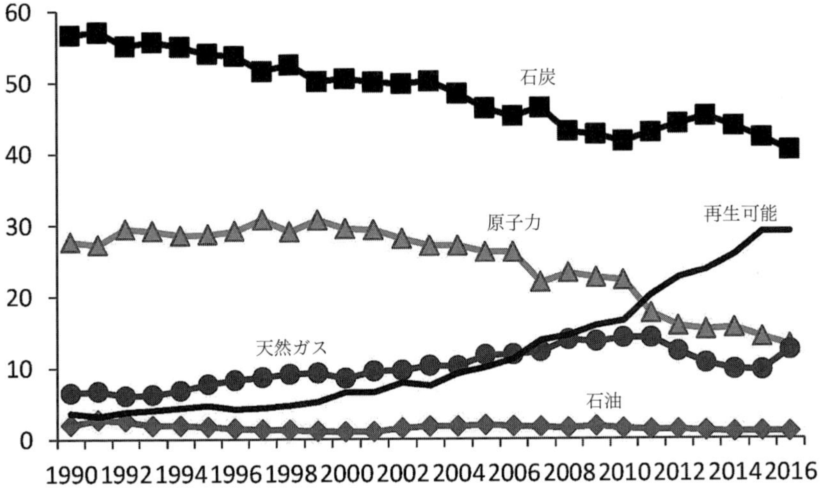

注：2017 年 2 月現在。
出典：AG Energiebilanzen: Bruttostromerzeugung in Deutschland ab 1990 nach Energieträgern.

併した。さらにスウェーデンのファッテンファル社が 2001 年にハンブルク
電力，2003 年にベルリンの電力事業などを傘下に収めてドイツに進出した。
しかしドイツでは当初，送電網利用料に政府は関与せず，送電線を所有する
大手と新規の発電事業者の交渉にまかされた。このためむしろ電力市場の寡
占が進んだ。これを問題視した EU の圧力もあり，2005 年にエネルギー事
業法が再改正され，送電網利用料は連邦の公社が規制することになった
(Illing 2016: 186-187, 214-217, 223)。火力や原子力の発電所を所有する大手電
力は再生可能エネルギーへの転換に消極的だった。それでも再生可能エネル
ギー法が少しずつ改善されて効果を発揮した結果，発電に占める比率は
1997 年から 2016 年にかけて再生可能エネルギーが 4.4％から 29.0％へ増加し，
原子力は 30.8％から 13.1％に低下した[28]。

　その間，2003 年にはシュターデ原発，2005 年にはオーブリッヒ原発が廃止
された[29]。この頃ファッテンファル社の原発では事故が相次ぎ，スウェーデ
ン国内では 2006 年 7 月にフォルスマルク原発で電気系統の故障から緊急電
源が機能不全に陥る事故，11 月にはエーオン社も共同出資するリングハル

第 5 章　脱原発はどのようにして法律になったのか　187

ス原発で火災が起きた。ドイツでは 2007 年 6 月，ブルンズビュッテル原発の緊急停止がきっかけで，ハンブルク近郊のクリュムメル原発で火災が発生した。ファッテンファル社は事故の詳細を積極的に開示しようとせず，シュレースヴィヒ・ホルシュタイン州当局と世論から批判を浴びた。結局，ブルンズビュッテル原発とクリュムメル原発は 2007 年以降，ほとんど停止したまま，福島の事故後に真っ先に閉鎖の対象となる。

　連邦政府と電力業界が脱原子力で合意した件について，保守与党のヘッセンとバイエルンの州政府は連邦憲法裁判所に提訴した。ヘッセン州政府はビブリス A 原発の安全審査をめぐり，連邦が電力業界との合意をたてに州の行政権限に不当に介入していると主張したが，2002 年 2 月の判決で退けられた。バイエルン州政府はゴアレーベンの試掘が相談なく凍結されたので違憲だと主張したが，2001 年 12 月に退けられた（Hohmuth 2014: 59）。

　連邦の赤緑政権は 2002 年 9 月の議会選挙で僅差で勝利した。ドイツ東部で起きた洪水に迅速に対応したり，国連安保理の対イラク武力行使決議案にフランスとともに反対したことが，有権者から評価されたのだろう。特に緑の党は議席を増やした。

　しかし 2005 年 5 月にノルトライン・ヴェストファーレン州議会選挙でSPD と緑の党が敗北すると，連邦首相シュレーダーは国民の信頼低下を理由に 1 年前倒しで連邦議会選挙を行うと宣言した[30]。9 月の連邦議会選挙では，SPD が 4.3％の得票率を失ったものの 34.2％に達し，CDU の 35.2％とほぼ拮抗した。FDP は 9.8％と躍進したものの，CDU と合わせても過半数に届かなかった。ところが緑の党が微減の 8.1％にとどまり，SPD と連立しても過半数に達しない。旧東ドイツの共産党の流れをくむ民主社会党が，西ドイツ地域で新たに結成された「労働と社会的公正のための選挙同盟」と連携して「左翼党・PDS」として選挙に臨み，8.7％と躍進したことが，選挙結果に影響を及ぼした。最終的にメルケルを首相とする二大政党の大連立政権が誕生した。原子力をめぐっては一致に至らず，前政権の脱原子力と自然エネルギー推進の政策が継続された。

188

5. メルケル政権の転換——原発運転期間延長から脱原発の確定へ

　2009 年 9 月の連邦議会選挙では，FDP，左翼党，緑の党の 3 小党が得票率を伸ばす一方（14.6%，11.9%，10.7%），SPD が 11.2% も減らして 23% にとどまり，CDU は微減して 33.8% だった。新自由主義・反福祉路線をとる FDP と，CDU・CSU との「黒黄」連立政権が，続投するメルケル首相のもと成立した。連立協定には既存の原発の運転期間を延長すると明記された。翌年 9 月，連邦政府は環境保全性・信頼性・支払可能性を強調したエネルギー供給構想を打ち出し，温室効果ガス排出削減目標の達成義務との関係で原子力を「過渡的技術」と評価した。さらに原発の運転期間延長と，それにより増大する電力会社の利潤の一部を再生可能エネルギーに投資すること，ゴアレーベンの試掘を再開することを規定した。野党の反対を見込み，原子力法改正は 2 つの法案に分けられた。原発の運転期限を延長する第 11 次改正では，1980 年より前から運転していた 7 基の古い原発は 8 年間，新しい 10 基の原発は 14 年間，運転期限が延長される。新規原発の禁止は維持された。ゴアレーベンの試掘は 10 月に再開された（Hohmuth 2014: 68, 77）[31]。

　CDU 所属の連邦環境相レトゲンらは原発の運転延長に反対したが，連邦経済相ブリューデレや CDU の経済派はできるだけ長い延長を望んだ。その背後には RWE 社長グロスマンを筆頭とする電力業界の圧力があった。再生可能エネルギーの業界団体や自治体，連邦環境局は延長に反対した（Radkau and Hahn 2013: 358-360）。メディアも，例えば第 1 テレビは調査報道番組で，古い原子炉に劣化の恐れがあるのに運転延長にお墨つきを与えた技術監査協会南ドイツ支部は，電力大手が会員になっており，客観的でないと批判的に報じた[32]。延長法案は抗議行動を再燃させ，2010 年 9 月のベルリンでは 4 万人（警察発表）がデモに参加し，フランスからゴアレーベンへ処理済の核廃棄物を輸送するのに抗議するデモには緑の党や左翼党の幹部も含め 2 万人が参加した。

　連邦議会では SPD，緑の党，左翼党の野党 3 党が延長法案に反対したが，10 月末に可決された。5 月のノルトライン・ヴェストファーレン州議会選挙

で再び赤緑政権が成立した結果，連邦与党（CDU/CSU と FDP）は連邦参議院で多数派ではなくなっていたので同意手続きは不要と主張した。同法案は2011 年 1 月に発効したが，これを不服としてベルリン，ブレーメン，ノルトライン・ヴェストファーレン，ブランデンブルク，ラインラント・プファルツの 5 州は 2 月末に，SPD と緑の党の議員 214 人も 3 月 4 日に連邦憲法裁判所に法令審査を申し立てた。

　第 11 次改正と同日に成立した第 12 次改正は，核燃料税の導入や「エネルギー・気候基金」の設置を盛り込んでいた。核燃料税は 2011 年 1 月から2016 年末まで課税され，年間 23 億ユーロの税収はアッセ旧岩塩坑内の最終処分実験施設の閉鎖などに充てるとされた。原発事業者は核燃料税の合憲性や EU 法への適合性に関して訴訟を起こしたが，判例は分かれた。一方，基金は再生可能エネルギーへの投資に充てられ，電力業界は今後 6 年間は年 2〜 3 億，2017 年以降は年数十億ユーロを自主的に支払うことになった。再生可能エネルギーは 2050 年までに電力消費の 80％に増やすが，電力消費の総量も削減される。核燃料税の導入は原発反対派や SPD も要求していたが，国庫への納税額や基金への拠出を差し引いても，電力会社には数百億ユーロの利潤が残ると見込まれていた（梶村 2011; Hohmuth 2014: 70–73）。

　2011 年 3 月 11 日，東日本大震災に伴って福島第一原発事故が発生した。メルケル首相は 3 月 15 日，原発の運転期間延長を 3 カ月凍結するとともに，事故続きで停止していたクリュムメル原発に加えて 7 基の旧型原発を当面停止するよう CDU や CSU の統治下にあった州の監督官庁に命じた。連邦政府は 3 月 22 日には，原発 17 基の安全審査を原子炉安全委員会に委託した。

　しかし 3 月 20 日にザクセン・アンハルト州で州議会選挙が行われ，CDUは得票率を減らし（32.5％），FDP は議席獲得要件の 5％に届かず全議席を失う一方，緑の党は得票率を増やして 7.1％を獲得した（左翼党 23.7％，SPD21.5％）。1 週間後の 3 月 27 日にはさらに 2 州で州議会選挙，1 州で自治体選挙が行われた。なかでも 58 年間にわたって CDU 主導の政権が続いていたバーデン・ヴュルテンベルク州で，緑の党が得票率を倍増させ 24.2％を獲得したことは衝撃だった。緑の党は，SPD と「緑赤」連立政権を樹立したのみならず，初めて州首相職（クレチュマン）を獲得した。ラインラント・プフ

190

ァルツ州でも SPD と緑の党の連立政権が誕生した。ヘッセン州の自治体選挙では，SPD と CDU が市町村全体で得票率を減らす一方，緑の党は倍増させて 18.3％となった。緑の党は 5 月 23 日のブレーメン州議会選挙でも CDU を抜いて第二党となり，第一党 SPD との「赤緑大連立」政権を樹立した。

　福島第一原発事故は緑の党にとって追い風となったが，党員数は事故前から増加していた。連邦の政権に加わった 1998 年秋に 5 万 1812 人で一旦ピークに達したが，2005 年に下野すると離党者が出た。しかしその後，他の政党とは対照的に党員が着実に増え，2011 年 3 月 11 日には過去最高の 5 万 4038 人となった。2008 年末に比べて約 1 万人の増加，2011 年 1 月よりも 1233 人も増えた[33]。緑の党の支持率もベルリンと並んでバーデン・ヴュルテンベルク州では SPD を抜いた。前年に州都シュトゥットガルトの中央駅改築問題をめぐる抗議行動が激化して緑の党の支持率を押し上げていた。

　世論も事故後に急変したのではない。公共放送局連盟（ARD）は恒例の「ドイツ・トレンド」世論調査[34] の一環で，ドイツの脱原発が「正しいと思うかどうか」を問うている（柴田・友清 2014）。赤緑政権と電力業界が合意してまもない 2001 年 3 月には脱原発を支持する人は 67％に達し，6 年後の 2007 年には若干下がったものの（51％），運転の延長を議論していた 2010 年 3 〜 8 月には 62％に回復し，福島原発事故直後の 2011 年 3 月 14 日に 71％で頂点に達した（「正しくない」はそれぞれ 29％，36％，32％，24％）。

　反原発運動も事故に即座に反応した。3 月 14 日には全国各地の集会に 11 万人が集まり，3 月 26 日にはドイツの反原発デモとしては過去最大の 25 万人，4 月 25 日の復活祭休日デモには 12 万人，5 月 28 日の全国デモには 16 万人が参加した（いずれも主催者発表）。5 月 28 日デモを例にとると，中央の主催者は BUND やロビンウッド，ナトゥアフロインデ（自然の友）といった環境団体や，反原発 4 団体，金融取引課税を求めるアタックなどの反グローバリズム団体，平和団体，金属労組から成っていた。これに各地の主催組織が加わる。労働総同盟もデモへの参加を呼びかけた。デモは全国 21 都市の統一行動として組織され，デモのホームページには各都市の主催組織，参加者数，発言者や音楽演奏を含む進行プログラム，デモルートが詳細にアップされていた。参加者が多かった都市はベルリンとミュンヘンが 2 万 5000 人，

第 5 章　脱原発はどのようにして法律になったのか　191

ハンブルクが2万人，ハノーファーが1万2000人，フライブルクが1万人だった。支持団体にはSPD，緑の党，左翼党の国政3野党が名を連ねており，党幹部もデモに参加した。

州議会選挙で連邦与党が敗北したのを受け，メルケル首相は先送りしていた脱原発を前進させると決断する。単なる人気取りと言われないよう，政策を転換するにあたって学術的な裏付けが必要になった。そこで設置されたのが，「安全なエネルギー供給に関する倫理委員会」である。

ドイツでは生命科学の発展に伴う倫理的課題を検討するための学術諮問機関が近年整備されてきている。連邦議会には現代医療の法と倫理に関する特別調査委員会が2000〜2005年の間に2度設置された。この頃シュレーダー首相は胚性幹細胞を利用した研究を推進するため，これに消極的な特別調査委員会とは別に，国家倫理審議会を2001年の政令によって設置した。2005年秋に成立した大連立（第1次メルケル）政権では，国家審議会を引き継ぐ形で「ドイツ倫理審議会」法が2007年に可決された。連邦議会と連邦政府が各13名，議員以外から推薦した任期4年の専門家で構成される（齋藤2007）。メルケルはこの仕組みをエネルギー政策に応用したのである。

安全なエネルギー供給に関する倫理委員会は17名で構成された。内訳を見ると以下の特徴が浮かび上がる。まず政界から引退した政治家が入っていた。ただし，緑の党は委員会自体が不要として参加を拒否した。利益団体の代表は化学産業の労使のみが入る。鉱業エネルギー労組はかつて原子力推進派であり，労使協調路線をとっている。対照的に，最大の産別労組だが反原発色が強い金属労組や，原発製造企業や電力会社からは委員が選ばれず，両極を排したようにも見える。学界からはエネルギー経済や原子力工学の専門家を入れず，代わりに社会的・倫理的側面に関連する様々な分野の学者（女性3名を含む）が加わった。脱原発の正当化が目的の委員会だから当然ではある。キリスト教の両宗派代表が入ったのも，合意民主制の歴史的起源を象徴している。

初会合は4月初め，連邦首相府で行われた。3日間は非公開の会議がベルリン近郊であった[35]。さらに4月末にはテレビとインターネットで中継された「公聴会」が11時間にわたって開かれ，28人の専門家や団体代表が出席

表 5-9 「安全なエネルギー供給に関する倫理委員会」委員一覧

ドイツ学術振興会会長，工学者＊	M. クライナー
リスク社会学者	U. ベック
リスク社会学者	O. レン
微生物学者	J. ヘッカー
森林土壌学者	R. ヒュトル
消費者政策学者，女性	L. ライシュ
環境政治学者，女性	M. シュラーズ
倫理学者，女性	W. リュッベ
プロテスタント教会バーデン州監督	U. フィッシャー主教
カトリック教会ミュンヘン・フライジング大司教	R. マルクス枢機卿
CDU，元連邦環境相・元国連環境計画事務局長＊	K. テプファー
CSU，元バイエルン州議会議長，カトリック中央委員会会長	A. グリュック
FDP，元連邦環境省次官・ニーダーザクセン州経済相	W. ヒルヒェ
化学大手 BASF 社長	J. ハンブレヒト
鉱業化学エネルギー労組（IGBCE）議長	M. ヴァシリアディス
SPD，元連邦研究技術相・元フランクフルト市長	V. ハウフ
SPD，元ハンブルク市長・連邦教育科学相	K. ドーナニー

注：＊は共同議長。各委員の肩書の博士と教授は省略。

した。この中にはエコ研究所やグリーンピース，ドイツ環境自然保護連盟（BUND），自然保護連盟（NABU），世界自然保護基金（WWF）のメンバーや，緑の党所属のフライブルク市長も含まれていた。このほかはアルミ産業や再生可能エネルギー業界，エネルギー・水道事業全国連合会，エーオンなどの企業・業界関係者，経済研究所の専門家もいた。5月に2度の非公開の会議を行い，倫理委員会は月末に最終報告書を発表した。

　報告書の最も重要な特色は，福島の事故を踏まえ原子力のリスクを再評価した点にある。日本のような「ハイテク国家」で被害の規模を把握することさえ難しい過酷な事故が起きたことを取り上げ，従来の確率論的・技術的リスク評価の限界を認めた。その上で，科学的のみならず倫理的・社会的基準も包括的に考慮する必要性を指摘する。しかしこれにも，様々なエネルギー源の長短を相対的に比較衡量する伝統的な立場と，原子力事故の甚大な被害を考えるとそれでは倫理的に不適当とする立場の2つがある。倫理委員会はそれぞれに理を認めるとともに，いずれの立場を採用しても，脱原発が望ましいと結論づけた（安全なエネルギー供給に関する倫理委員会2013）。これまで

第5章　脱原発はどのようにして法律になったのか　193

エネルギー経済や技術的側面を議論してきたので，社会的・倫理的側面に絞った討議が可能になった。

キリスト教会の姿勢についても触れておきたい。プロテスタントの場合，古くは1970年代後半のヴィール原発反対運動を地元の教会が支持したことがあった。しかし州レベルの教会組織が脱原子力を決議や声明の形で訴えるのはチェルノブイリ事故以降である。なかでもヴェストファーレンのプロテスタント州教会会議は1986年，「確実には制御できない多面的で大きな危険のゆえに，原子力発電のさらなる利用は，土地を開墾して守るという我々に託された役目と両立しえない」という理由で「被造物責任」を呼びかけ，「できるだけ速やかな原子力利用の放棄」を勧告した。同会議は1998年に赤緑連邦政権の脱原発政策を歓迎し，2005年にはエネルギー業界が主張する原子力発電は地球温暖化対策に有効であるという議論に疑問を投げかけた。

一方，カトリック教会が姿勢を明らかにするのはもっと遅く，1986年時点では，原子力利用を「倫理的に間違った道」として公然と拒絶したケルンの大司教や，コルピング職人組合，カトリック青年団体が批判したにすぎない。バイエルン州，特にレーゲンスブルクの大司教区は推進派で，ヴァッカースドルフの再処理工場をめぐり，反対する地元の司祭たちと対立した。後の法王ベネディクト16世となるローマ教皇庁教理省長官ラッツィンガーも推進派を支持した。ヴァチカンは国際原子力機関の創設メンバーの一つでもあった（IBB 2011: 59–60）。しかし2008年にはドイツ・カトリック中央委員会が，最終処分問題が解決されない限り原子力は選択肢ではないとするなど，批判的な風潮は強まった。

倫理委員会のお墨つきを得て，連邦政府は2011年6月に法案を提出する。それまでに野党会派は与党よりも先んじて法案を提出していた。緑の党は早くも3月15日に法案を提出して元の脱原発合意の復活を求め，5月の法案では6年以内に脱原発を完了するよう求めた。SPDは3月22日に提出した法案で，7基の旧型原発とクリュムメル原発を6月までに閉鎖すると定めた。左翼党の4月の法案は，閉鎖した原発から他の原発に残存発電量を移譲するのを禁じていた（Hohmuth 2014: 74）。

その間，原子炉安全委員会は5月14日に審査報告書を発表した。北ドイ

ツ技術監査協会（テュフ・ノルド）の事務局長が委員長，ブレーメン物理研究室のドンデラーが副委員長を務め，新旧の専門機関のバランスがとられていた。しかし時間的に余裕がなく，施設への立ち入り検査は行わず，事業者の申告のみに基づく審査だった。報告書は，旧型原発は航空機事故に脆弱であること，1基が洪水に耐久性がないことを指摘した以外，目新しさはなかった（熊谷 2016）[36]。

　原子炉安全委員会と倫理委員会の報告を受け，連邦参議院と連邦政府は6月にそれぞれ「エネルギー転換一括法案」を提出し，法案は翌月末に成立した。2002 年法と異なり，閉鎖する年が明記されており，7基の旧型原発とクリュムメル原発は法が発効すると即時閉鎖された。他の9基の原発は 2016 ～ 2022 年末までに段階的に閉鎖される（Hohmuth 2014: 74-75）。

　一方，欧州理事会は 2011 年3月に EU の 15 カ国やウクライナ，スイスにある 140 基以上の原発（ドイツは 12 基が対象）が地震や洪水などのリスクに耐えられるか検証する「ストレステスト」の実施を決めた[37]。メルケルは同じ時期にフランスのドーヴィルで開かれた G8 サミットでも各国にテストを実施するよう合意を取り付けた。

　ただしメルケル政権は，他国が原発を建設するにあたり協力しないとは言っていない。論争となったのは仏アレヴァとジーメンスの合弁企業がブラジル・リオデジャネイロ近郊に建設を予定していたアングラ原発3号機である。赤緑連邦政権では 2004 年に緑の党が独ブラジル原子力協定の破棄を主張したのに対し，SPD の連邦経済相クレメントは同意しなかった。CDU/CSU および FDP の第2次メルケル政権は 2010 年にアングラ3号機計画の事業リスクを引き受け，13 億ユーロの輸出保証を与えた。福島第一原発事故後，SPD は原子力国際協力を解消しようとしたものの，2014 年には大連立政権のガブリエル連邦経済相の下で協定維持に戻っている。その間，環境団体が，同原発は津波や地震に脆弱な立地にあり，住民の避難経路も海岸にしか確保されていないことを 2012 年に明らかにすると，連邦政府は輸出保証を保留し，現在に至る[38]。

　そうこうするうちにジーメンスは 2011 年に，アレヴァへ違約金6億 4800 万ユーロを払って独仏共同の原発事業からの撤退を決めた[39]。RWE も 2012

年夏，グロスマン社長の後継者が，英国をはじめ海外での原発建設を今後は追求しない方針を打ち出した[40]。

　こうして脱原子力が加速するに従い，電力会社は次々に訴訟を起こした。争点の第1は，旧型原発8基の即時停止を強制したことの是非である。例えばRWEはビブリス原発A・B号機の閉鎖をヘッセン州政府が指示したのは違法だと提訴していたが，カッセルの州高等行政裁判所は2013年2月にこの訴えを認めた（Hohmuth 2014: 696）。これを受け，RWEはヘッセン州政府と連邦に対し，2億3500万ユーロの損害賠償を求めて提訴した。スウェーデン資本のヴァッテンファルはワシントンの国際投資紛争仲裁裁判所にドイツを相手取って47億ユーロの損害賠償請求を申し立てた[41]。

　第2に，核燃料税の是非である。RWEとエーオンは共同で運転している原発に課された核燃料税に異議を申し立て，ミュンヘンの財務裁判所は2011年10月，違憲の疑いがあると判断した。同様にハンブルクの財務裁判所は2013年9月，エーオンの原発への課税に違憲の疑いが強いと判断し，連邦憲法裁判所とEU裁判所に審査を委ねた[42]。しかし2012年1月にバーデン・ヴュルテンベルク州財務裁判所は核燃料税を合憲でEU法にも合致していると判断してEnBW社の訴えを退けた[43]。EU裁判所も2015年6月に核燃料税はEU法に合致していると判断した[44]（熊谷 2016: 207-212）。

　訴訟のかたわら，電力会社の業績は急速に悪化した。例えばエーオンは2011年に創業以来初の赤字を計上し，その後も赤字は増え続けたため，大幅な人員削減を行っている。業績の悪化は脱原発が加速したことにもよるが，本質的な問題はむしろ2000年代の電力自由化に対する経営判断の誤りにあると環境団体は見ている[45]。原発の運転を引き延ばそうとロビー活動に傾注する一方，再生可能エネルギーへの投資はほとんど増やさなかった。このため太陽光発電の劇的な拡大と火力発電の競争力低下という新たな流れについていけなかったのである。自然エネルギー発電のほとんどは地域の民間や市営の事業体と家庭の自家発電が担い，大手から身近な事業者へ切り替える消費者が福島第一原発事故後に増えた。石炭火力への依存が大きいRWEは，原発の閉鎖に伴ってCO_2排出権の購入を増やさねばならず，株価は下落し，資金調達には送電網の売却しかなくなってきている。

大手電力 4 社は脱原発が予想より早まったため，後始末の費用に神経をとがらせている。大手 4 社は，後始末のために 383 億ユーロの引当金を積み立ててきたが，万一会社が倒産したら，この準備金は失われかねない。そこで 2014 年秋，連邦経済省次官バーケと，自然保護団体出身の連邦環境省次官フラスバルトが準備金の一部を公的基金に移管する案を起草した[46]。しかし電力会社は難色を示したため，ここでも交渉による解決が図られ，連邦政府は 2015 年秋に脱原子力資金調達委員会を設置した[47]。その後も電力会社と連邦政府は交渉を続け，翌年 11 月に与野党 3 会派（CDU/CSU，SPD，緑の党）は「核廃棄物処理責任再編法案」を連邦議会に共同で提出した。引当金の積み立てに代わって，法案の施行後は，まず 2017 年 7 月までに 173 億 8900 万ユーロの基本料金を 4 大電力会社は基金に払い込む。これに伴って，核廃棄物の中間貯蔵と最終処分の責任は，電力会社から連邦政府に移る。電力会社はさらに，追加の経費発生に備えて基本料金の 35.47 ％相当額（61 億 6700 万ユーロ）の「リスク保険料」を 2022 年末までに払い込む。電力会社は中間貯蔵の準備作業や原発廃炉の費用（約 197 億ユーロ）を引き続き負担する。基金の管理委員会は 2018 年以降，年次報告書を連邦議会に提出する。同法案には関連法令の改正も含まれており，2016 末に両院で可決された。これを受け，電力会社側には訴訟の取り下げに応じるよう連邦議会は要求している[48]。

　最終処分場の選定方法については，2011 年末に原子力問題連邦・州調整委員会が合意し，2013 年 7 月には左翼党を除く全会派の共同法案として最終処分場候補地選定法が成立した。立法の趣旨は，脱原発に関する国民的合意を受け，放射性廃棄物についても連邦や州，国家と社会の合意の下に解決を模索するとし，最終処分場の決定は市民参加を伴う透明な手続きで進めるとした[49]。法律の 29 条 2 項に従い，ゴアレーベンの試掘は終了した（Hohmuth 2014: 78–79）。新しい選定過程は以下のように想定されている。①高レベル放射性廃棄物処分委員会の設置（2014 年 4 月）[50]。処分委員会は 2016 年 6 月に選定方法や安全基準，回収可能性の是非などについての検討結果を提出した。候補地案は市民の参加する場でも検討した後，連邦議会で地表調査地点を決定する。② 2023 年に地下調査地点を決定する。③ 2031 年に候補地

を正式に決定する。各過程を終えるごとに法律を制定する（Hocke 2015: 189-190）。

最終処分問題の解決は容易ではないが，各原発に隣接して中間貯蔵場をすでに建設しているので，時間に余裕はあるだろう。原発問題は今や制度化され，ドイツ政治の後景に退いている。2013年の連邦議会選挙では，緑の党の得票率は前回10.7％から8.4％へ後退した一方，右派ポピュリスト新党の「ドイツのための選択肢（AfD）」がEU批判をくり広げ，議席を獲得できる5％に迫った。対照的に新自由主義路線のFDPは4.8％に落ち込んで全議席を失ったため，CDUは41％に得票率を増やしたにもかかわらず，SPDと再び大連立を組まざるを得なくなった。

2015年にはシリアを中心に難民を100万人受け入れるというメルケル首相の決断が，各地の州議選でCDUの苦戦を招き，反難民・移民を強調したAfDが各州議会選で躍進した。これを受け，各州の連立パターンも多様化している。例えば2016年のバーデン・ヴュルテンベルク州議会選挙で緑の党はさらに票を伸ばして第一党になり，クレチュマン州首相の再選が決まったが，SPDが伸び悩んだため，連立相手をCDUに切り替えた。一方，ベルリンではSPDと緑の党，左翼党との3党（赤赤緑）連立が成立した。

EUや難民，テロ対策などが政治の重要争点に浮上する中，メルケル首相に脱原発と難民受け入れという看板政策をとられてしまい，緑の党が低迷している。2017年秋の連邦議会選挙に向けて，SPDが新しい指導者のもと支持率を回復してきているが，州議会選挙では苦戦している。このため再び大連立政権になり，メルケル首相が続投するとの見方が出ている。

6.　脱原発の立法化の道筋

ここまで見てきた脱原発の立法化について改めて整理しておこう。脱原発の法案は1980年代半ば，連邦で野党だった緑の党とSPDによって初めて提起された。両党は1990年代前半，連立を組んでいた州政府の法的権限を駆使して州内の原子力施設の閉鎖や計画の撤回を試み，連邦の政権獲得を視野に脱原発立法の戦略を練った。選挙での競争を勝ち抜くことで立法化を実現

しようとしたのである。一方，チェルノブイリ原発事故が発生し，ヴァッカースドルフの再処理工場の建設反対運動が激化すると，電力大手は建設を1989年に中止し，SPD が主導するニーダーザクセン州やシュレースヴィヒ・ホルシュタイン州の政府との協議を開始した。連邦の保守政権も電力業界と野党とともに，脱原発の条件をめぐる交渉を試みるに至った。これは使用済核燃料の直接処分を目的にした中間貯蔵を可能にする1994年原子力法改正につながった。1998年に赤緑連邦政権が誕生すると，脱原発の条件交渉が本格化し，電力業界との脱原発合意（2000年）と2002年の原子力法改正をもたらした。赤緑の連邦・州政権下ではまた，エコ研究所や自然保護団体出身の専門家が行政職員や諮問・鑑定機関の役職を占めるようになった。第2次メルケル政権が2010年秋の原子力法改正で原発運転期間の延長を決めたため，反原発運動は再び活発になり，福島第一原発事故後の大規模なデモや各地の州議会選挙における緑の党の躍進につながった。脱原発は世論に定着し，キリスト教両宗派にも浸透した。このためメルケル首相は脱原発にかけていたブレーキをアクセルに踏み替え「倫理委員会」を設置した上で，エネルギー転換法案を成立させる。これにより連邦議会の与野党に脱原発の広範な合意が形成された。残る懸案である核廃棄物の最終処分や費用負担の問題についても，交渉と参加による解決と立法化が図られている。

注

1) 立法理由書は BT-Drs.10/2200; 連邦憲法裁判所判事（1983 ～ 1994 年。1987 年から長官）と連邦大統領（1994 ～ 1999 年）を務めた CDU のヘルツォークは無限責任導入を支持したが，10 億マルクの 10 倍以上になる大事故発生の場合は国家が前面に立ち，連邦議会が「慣習にとらわれない」補償を呼びかけるだろうと 1984 年 9 月の原子力フォーラム（ミュンヒェン）で発言していた（21 世紀政策研究所 2013: 152–155）。

2) チェルノブイリ事故に際しては原子力法 38 条（パリ条約非加盟国での事故に対する国家補償）に基づき，国家補償が行われた（21 世紀政策研究所 2013: 157）。

3) BT-Drs.10/1913, 29.8.1984.

4) BT-Drs.10/6700, 9.12.1986, new eingebracht als BT-Drs.11/13, 19.2.1987.

5) TAZ 31.5.1989: „Mir san die Chaoten" — Der Widerstand in Wackersdorf; ZEIT 17.4.1987: Das bayerische Verwaltungsgericht hob die atomrechtliche Baugenehmigung auf.

6) Spiegel 16/17.4.1989: "Es lag jenseits unserer Vorstellungskraft".

7) ZEIT 22.9.2006: Das unterschätzte Gesetz. 法案は，緑の党との共同提出を嫌った CDU/ CSU 会派が単独で提出する形をとった。対象となる発電所の規模が小さかったので，大手電力会社は当初，この法律に反対しなかった。しかししだいに訴訟で抵抗を始めた。電力自由化を推進した EU も同法を補助金とみなして批判したが，2000 年代に入ると積極的に評価するようになった。

8) 1990 年に東ドイツの元国営キャンプ施設に約 2000 人の子どもが保養のために招かれた。科学者のプフルークバイルら東ドイツ民主化運動グループ「新フォーラム」が実現に尽力した。

9) 1987 年州議会選挙の際，ライバルのエングホルムに対しスパイ行為などの違法な手段を行使していたことが明るみに出たバルシェルは，ジュネーヴのホテルで死亡しているところを発見された。後にエングホルムはバルシェル事件に関する調査委員会で偽証（スパイ行為を選挙前に知らなかったという嘘の証言）をした疑いが浮上し，1993 年に州首相や SPD の連邦首相候補を辞任し，翌年政界を引退した。

10) 連邦物理工学研究所は 1983 年にゴアレーベンの適性を浸水の恐れから疑問視していたが，コール政権の圧力により，報告書を書き直していたことが，2009 年の報道で明るみに出た。これについても関係者の協議の際のメモが残されていた。Spiegal Online 9.9.2009: Wie die Regierung Kohl die Gorleben-Gutachter unter Druck setzte.

11) Spiegel 50/7.12.1992: Kernenergie. Geordnetes Auslaufen.

12) 指針は全 14 項目，うち第 1 ～ 8 項目が目的規定，第 9 項目と引用した第 10 項目が狭義の指針，第 11 ～ 14 項目が優先的行動領域。BT-Drs.12/1799 v.11.12.1991.

13) 具体的提案は以下の通り。①原発 1 基の計画的運転終了前にベースロード用発電所 1 基を新設する。②原発の残存運転期間の定義を行う。③英仏との再処理を契約に違反せずに終了する。④廃棄物処理方法として直接最終処分を認知する。④現存の，および将来発生予定のプルトニウムを MOX 燃料に加工する。⑤旧東ドイツのモアスレーベンで低レベル放射性廃棄物の最終処分場を再稼働する。⑥高レベル放射性廃棄物については代替候補地が確保された場合に限り，ゴアレーベンの計画を終了する。

14) ただし利益団体の会合は 1994 年に合計 12 回行われた。BT-Drs. 17/1898, 2.6.2010.

15) 1991 年 11 月から行われていた石炭交渉もふまえて 1994 年法は電力石炭特別会計を設け，電気料金から徴収した電力石炭税をプールしようとした。しかし連邦憲法裁判所は 1994 年 10 月，これを違憲と判じた。そこで電力石炭法がさらに改正され，消費者ではなく連邦とノルトライン・ヴェストファーレン州，ザール州の負担で電力用石炭への助成を 2005 年まで続けながら，縮小することになった（Illing 2016: 164–165）。

16) 第 7 次改正はチェルノブイリによる被害にかんがみて 7 条 2a 項を導入し，公衆への危険防止措置の追加を原発認可の条件にできるようにした。しかし 2002 年改正は原発新規の認可を禁止し，不要になった 7 条 2a 項を廃止した（Hohmuth 2014: 47, 60）。

17) ドイツでは使用済核燃料の輸送・貯蔵容器をキャスター（CASTOR）と呼ぶ。元々は GNS 社の登録商標。日本ではキャスクと呼ばれ，その中に高レベル放射性廃棄物のステンレス容器（キャニスター）が収容される。

18) Aufbruch und Erneuerung –Deutschlands Weg ins 21. Jahrhundert. Koalitionsvereinbarung zwischen der Sozialdemokratischen Partei Deutschlands und BÜNDNIS 90/DIE GRÜNEN. Bonn, 20. Oktober 1998.

19) 原発近傍に住む子どもたちの発ガンリスクに関する疫学調査（Kikk 調査）を連邦環境省は放射線防護庁を通じて専門家に委託し，低線量被曝の影響を調べさせた。ここにも，こうした人事の痕跡を見ることができる。調査は 2003 年に開始され，2007 年末に結果が公表された。なかでも原発の 5 km 以内への居住と 5 歳未満の幼児のガン，特に白血病のリスク増加との間に関連があることを認めたものの，原因は不明とした。

20) 1999 年 11 月時点の参議院（総数 69）では，各州の与党構成と持ち票との兼ね合いで，SPD 単独与党州が 13 票，赤緑州が 10 票で，計 26 票にしかならなかった。他に SPD と PDS の連立州（3 票）や SPD と CDU の大連立州（11 票）は中立と考えても，SPD と FDP の連立州（4 票）や CDU と FDP の連立州（11 票），CDU/CSU の単独与党州（17 票）の協力取り付けは難しくなった（Lehmbruch 2000: 174）。

21) Vereinbarung zwischen der Bundesregierung und den Energieversorgungsunternehmen vom 14.6.2000. 合意の冒頭で両当事者は，数十年続いた原子力をめぐる論議を終了させ，社会の平穏に寄与する意義を強調した。脱原子力合意は法理論的には法的拘束力のない紳士協定と見られている。署名は 1 年後の 2001 年 6 月 11 日にずれ込んだ。

22) 定期的安全審査の義務化に応じて，連邦政府は連邦議会に対する包括的な審査報告書を 1999 年，2002 年，2005 年に作成した。

23) 賠償措置額の徴収は米国に似て，二層構造となっている。第一層の原子力責任保険では 2 億 5564 万 5000 ユーロ（5 億マルク分）を原子炉保険組合が引き受ける。第二層は事業者間相互保証であり，4 大電力会社が，保有する原子炉の熱出力に応じて 22 億 4435 万 5000 ユーロを手当てする。2002 年改正以後，国家補償の適用は，事故が戦争や異常かつ巨大な自然現象に起因する場合や，外国の事故により国内で損害が発生し，海外の事業者に損害賠償が請求できないか，補償額が少ない場合を想定している。損害賠償費用が民間損害賠償措置や国家補償の上限 25 億ユーロを超える場合，国家責任原則の米国とは異なり，事業者が無限賠償責任を負う（遠藤 2013: 67–68）。同じく無限責任原則をとる日本では民間の損害賠償措置額を超えた賠償への国家の関与が「援助」という曖昧な規定になっている。

24) 再生可能エネルギー法では，初期投資が多くかかる太陽光発電の買取価格を大幅に引き上げ，普及を促したが，日射量の少ないドイツでは発電効率の悪い太陽光発電への過剰投資を招いたため，2012 年の法改正以降，買取価格は引き下げられた。

25) 域内共通電力市場に関する EU 議会と理事会の 1996 年 12 月 19 日の 96/92/EG 指針。

26) 買戻し価格が不当に高かったという批判が CDU 所属の州首相マップスに向けられ，2011 年 3 月の州議会選挙での CDU の敗北の一因となった。

27) 合同工業株式会社（VIAG）社は 1923 年設立の国営企業だったが，1986 年から徐々に民営化されていた。

28) 2016 年の比率は原子力 13.1％，再生エネルギー 29.0％で，後者のうち風力 11.9％，

バイオマス 7.0 %，太陽光 5.9 %，水力 3.2 %，廃棄物発電 0.9 % だった。AG Energiebilanzen, 2017: Bruttoerzeugung in Deutschland ab 1990 nach Energieträgern.

29) 2001 年 3 月の第九次原子力法改正では原子力法と放射線防護令が，EU 法に応じた安全・賠償責任・健康保護の基準に変更された（Hohmuth 2014: 61–62）。また 2001 年 9 月 11 日の世界貿易センターへの攻撃に触発され，意図的な飛行機の墜落に対する原発の防護措置が裁判上の論点になった（2009 年 11 月の連邦憲法裁判所判決）。

30) 序章で触れたように，首相の解散権は制限されているので，実際には議会で SPD 会派に棄権させて信任案を否決させた上で，首相が連邦大統領に議会解散を提案した。

31) 1990 年から鉱山法にも環境影響評価と市民参加が規定されたため，放射線防護庁は試掘について新たな計画の作成を提案していたが，連邦環境省は聴聞会の開催義務のなかった 1983 年に作成された古い計画を持ち出して聴聞会の開催を避けた。

32) Atomkraft - Laufzeitverlängerung trotz Sicherheitsdefiziten. 15.7.2010, Kontraste (http://www.rbb-online.de/kontraste/)

33) Spiegel Online 12.3.2011: Neuer grüner Mitglieder-Rekord.

34) ARD Blitz-Umfrage „Atom-Katastrophe in Japan": Ausstieg aus der Atomenergie, 14.3. 2011. (http://www.infratest-dimap.de/umfragen-analysen/bundesweit/ard- deutschlandtrend/2011/maerz-extra/)

35) http://www.bundesregierung.de/nn_1264/Content/DE/Artikel/2011/04/2011-04-21-ethikkommission-klausurtagung.html

36) RSK, Anlagenspezifische Sicherheitsüberprüfung (RSK-SÜ) deutscher Kernkraftwerke unter Berücksichtigung der Ereignisse in Fukushima-I (Japan).

37) しかし立入検査まで受けた原発は少なく，また航空機墜落や材料劣化，避難計画，テロのリスクなどがほとんど考慮されなかったと環境団体は批判した。Spiegel Online 14.6.2012: Umweltschützer kritisieren AKW-Stresstest.

38) Spiegel Online, 29.3.2014: Grüne kritisieren Verlängerung von Atomvertrag mit Brasilien; Spiegel Online, 4.3.2012: Gutachten warnt vor brasilianischem Fukushima; https://www.urgewald.org/kampagne/das-ist-doch-kein-atomausstieg/angra-3

39) Spiegel Online 18.9.2011: Siemens verkündet Totalausstieg aus Atomgeschäft.

40) Spiegel Online 18.6.2012: Neuer RWE-Chef will keine Atomkraftwerke mehr bauen. なお，RWE 社が手放した英国の原発建設事業を買取ったのは日立である。

41) Spiegel Online 15.10.2014: Vattenfall verklagt Deutschland auf 4,7 milliarden Euro.

42) Spiegel Online 29.1.2013: Gericht hält Atomsteuer für verfassungswidrig. 対象となったグラーフェンラインフェルト原発について，エーオンは結局，核燃料税の負担の重さを理由に法律上の目標よりも 7 カ月前倒しして 2015 年 5 月末の閉鎖を決めた。

43) FG Baden-Württemberg: Kernbrennstoffsteuer ist verfassungsgemäß. becklink 1018153.

44) Beckonline 12.11.2016: EuGH: Brennelementesteuer mit EU-Recht vereinbar.

45) Spiegel Online 10.3.2015: Greenpeace-Studie. Stromkonzerne sind an ihren Problemen selbst schuld.

46）　SZ 17.12.2014: Atomkonzern sollen Milliarden in Fonds einzahlen. フラスバルトはドイツ
自然保護連盟（NABU）の会長（1992 ～ 2003 年）や ZDF テレビ審議委員などを務め
た後，赤緑連邦政権下で連邦環境省の自然保護部長（2003 ～ 2009 年），連邦環境局
（UBA）長官（2009 ～ 2013 年）を経て 2013 年に環境省事務次官になった。

47）　Bundesministerium für Wirtschaft und Energie, Ergänzende Informationen zur „Kommission zur
Überprüfung der Finanzierung des Kernenergieausstiegs (KFK)“, 14.10.2015; 日本原子力産業
協会「ドイツ：脱原子力経費として審査委員会が事業者に 233 億ユーロの負担勧告」
2016 年 4 月 28 日（http://www.jaif.or.jp/160428-a/）。3 人の共同議長は SPD のブランデン
ブルク州元首相，CDU のハンブルク州元首相，および緑の党の元連邦環境相トリティ
ンが務めた。他の 16 名の委員は，連邦議会各会派の環境・エネルギー問題担当議員や
幾つかの州の元大臣，ザクセン州首相，産業連盟会長と労働総同盟議長，世界野生生
物基金の担当者，電力会社の代理人，プロテスタント教会主教，弁護士など。

48）　Spiegel Online 27.4.2016: Atomkonzerne können sich für 23 Milliarden Euro freikaufen;
11.10.2016: Offenbar Einigung über Kosten für Atommüll-Entsorgung; Entwurf eines Gesetzes zur
Neuordnung der Verantwortung in der kerntechnischen Entsorgung. BT-Drs.18/10469,
29.11.2016; BR-Drs.768-16, 16.12.2016; Die Bundesregierung, 16.12.2016: Im Bundesrat
beschlossen. Finanzierung des Atomausstiegs sichern.

49）　同法 17 条 4 項 3 文には環境法制救済法（Umweltrechtsbehelfsgesetz）3 条にいう関係自
治体の訴権（Klagerecht）も地下試掘場選定に関して導入された。

50）　議長 2 名はともに元環境省政務次官経験者で一方は CDU 所属の女性，もう一方は
SPD 所属の男性で自然保護団体ナトゥアフロインデ代表。学者と社会団体から各 8 名，
連邦議会議員と州政府から常任委員各 8 人，代理各 8 人，合計 50 名。https://www.
bundestag.de/endlager/mitglieder/kommission

終章

民主政治のシステムの変化と脱原発

バーデン・ヴュルテンベルク州の「緑赤」連立政権の初回閣議（2011 年 5 月 12 日）。
右列は緑の党，左列は社会民主党（SPD）の閣僚たち。右列最前列が緑の党所属と
しては初の州首相クレチュマン。2016 年からはキリスト教民主同盟（CDU）をジ
ュニア・パートナーとする「緑黒」連立政権に移行した
撮影：Landesregierung Baden-Württemberg（flickr で公開）

本書を締めくくるにあたり，段階的に脱原発を決めていったドイツの政治システムについて，各章を通した分析を行いたい。最初に，本書で取り上げた原発に関する主要な決定を記し，脱原発までの道筋を確認しておこう。

①ヴィール原発計画の中断（1975 年）：原子力政策に打撃を与えた最初の重要な決定は，原発予定地の占拠を受けて州裁判所が下した工事中断命令である。長期的にみると，州政府が同原発の建設計画を 1980 年代に放棄する発端となった。

②ブロックドルフ原発判決（1977 年 2 月）：原発の認可には核廃棄物の処理能力の確保が必要だとしたため，他の原発計画も数年間にわたって建設工事が中断し，新設が凍結された。

③ゴアレーベンの核廃棄物総合処理センター計画の撤回（1979 年）：原発を建設し続けるには核廃棄物の処理能力を確保しなければならず，連邦政府は再処理工場を中核とする同計画を推進したが，ニーダーザクセン州政府が最終的に拒否を表明した。ゴアレーベンでは，集中中間貯蔵場の建設と高レベル放射性廃棄物の最終処分場の試掘は続行された。

④高速増殖炉事業の中止（1991 年）：ノルトライン・ヴェストファーレン州政府が 1985 年にはほぼ完成していた高速増殖炉の運転をなかなか認可せず，連邦政府は最終的に事業中止を余儀なくされた。

⑤ヴァッカースドルフ再処理工場の建設中止（1989 年）：将来高速増殖炉で使うプルトニウムを使用済核燃料から取り出すための再処理工場も，必要性が低下したため建設が中止された。使用済核燃料はとりあえず英仏の再処理工場に持っていくことになった。

⑥ハーナウのプルトニウム・ウラン混合燃料工場の増設・運転の中止（1995 年）：高速増殖炉用の MOX 燃料を製造する必要性もなくなった。

ここまでが，原子力施設の建設や運転が中止された流れである。これ以降は，脱原発の条件交渉と立法化の流れである。

⑦使用済核燃料の直接最終処分の合法化（1994 年の原子力法改正）：再処理の必要性が低下するなか，中間貯蔵場での保管後に直接処分に回してもよいことになった。原子力政策の焦点は既存の原発をいつまで動かすかに移った。

⑧電力業界と赤緑連邦政権の脱原発合意（2000 年）と脱原発法（2002 年）：

原発の新設は明文で禁止され，英仏への再処理委託は 2005 年半ばから禁止された。運転中の原発は 2022 年頃を目途に段階的に停止することになり，ゴアレーベンの最終処分場の試掘は凍結された。

⑨原発運転期間の延長（2010 年）：第 2 次メルケル政権は電力業界から圧力を受け，原発廃止の期限を先送りした。

⑩脱原発の確定（2011 年）：福島第一原発事故を受け，第 2 次メルケル政権は原発運転の延長を撤回し，2022 年を脱原発の最終期限とする法律を制定した。

⑪最終処分場候補地選定法（2013 年）：赤緑政権時代の選定手続き作業部会の提言を踏まえ，与野党の合意の下に法律を制定した。

⑫核廃棄物処理責任再編法案の可決（2016 年）：廃炉や核廃棄物最終処分の費用負担について政府と電力業界の交渉が決着した。

この過程において，政治システムにはどのような変化が起き，これらの決定とどのようにかかわっていたのかを以下で検証する。最後に，ドイツの脱原発を可能にした政治的条件についてまとめたい。

（1）政治参加のシステム

SPD や労組への参加　西ドイツでは戦前の経験をふまえて大衆運動や直接民主制を否定する風潮があったが，1960 年代末の学生運動以降，特に若者の政治参加が拡大した。1969 年に成立した社民・自民政権は参加民主主義を重視し，選挙権年齢も 18 歳に引き下げたほか，原子力法を改正して市民参加の機会を拡げた。西ドイツの政治システムは政党に中心的役割を与えており，参加の受け皿も当初は政党が担った。若者の入党が増えたことで，SPD の価値観も変化した。SPD や労働組合の大会は，原発について議論する場となり，各組織が 1980 年代に方針を転換する機会を提供した。

反原発運動への参加　原発を推進する社民・自民政権に失望が広がるにつれ，社会運動が重要性を増した。ヴィール原発計画をめぐっては，住民投票は反対派の有効な武器にはならなかった。しかし敷地の占拠や裁判闘争に多数の市民がかかわったことで，全国メディアが報道し，州裁判所は工事の中断を命じた。これがバーデン・ヴュルテンベルク州政府の意思決定に影響を

及ぼした（①）。許認可権限を持ち，電力会社の大株主でもある州政府は交渉による解決の道を探り，最終的にヴィール原発計画を撤回することになった。ヴィール原発反対運動は全国に影響を与え，ブロックドルフ原発反対運動はとりわけそうだった（②）。

　緑の党への参加　1970年代末からは参加民主主義や男女平等を訴える緑の党が，若者の受け皿となった。ただし緑の党は，各レベルの議会に進出し，SPDと連立して自治体や州の行政を担う機会が増えると，参加民主主義を後退せざるをえなくなった。

　抗議行動の持続とNGOへの参加　反原発運動の担い手は1980年代後半以降，住民と若者からなる抗議グループや，BUND，グリーンピースなどの環境NGO，エコ研究所やIPPNWなどの批判的専門家団体に分岐し，参加の仕方は多様化していく。抗議運動はヴァッカースドルフ再処理工場をめぐって激化し，建設の中止を促したほか（⑤），ゴアレーベンの集中中間貯蔵場への核廃棄物輸送に反対する運動で再燃し（⑦），脱原発立法で成果を出すよう連邦の赤緑政権を促した（⑧）。反原発運動は原発運転延長法案（⑨）の可決前後や，福島第一原発事故後に大規模デモを素早く組織してその動員力を見せつけ，脱原発の確定を後押しした（⑩）。

(2)　メディアシステム

　ヴィール原発の反対運動が全国でテレビ放映され，ブロックドルフ原発紛争が激化するにつれ，市民の参加はさらに刺激された。ドイツのジャーナリズムは比較的左派色が強く，原発にも批判的だった。原子力には肯定的な保守系紙も高速増殖炉については早くから批判的な論陣を張っていた。そしてチェルノブイリ原発事故によって報道と世論は反原発が支配的となる。このほか，ヘッセン州のSPDと緑の党の連立交渉や緑の党内の派閥対立，連邦と州の対立劇は，政局を好むメディアに格好の素材を提供した。こうした文脈で原発や核燃料工場の事故，派遣労働問題，核燃料企業の不祥事などについても積極的に報道され，政党や労組，世論の変化に一役買った。反ナチ抵抗運動を経験した世代に続いて，学生運動を経験した世代がジャーナリストになり，『タッツ』のような新しい新聞も創刊された。

終章　民主政治のシステムの変化と脱原発　209

(3) 法治国家のシステム

原発裁判 ドイツの司法は保守的な体質で知られていたが，ヴィールの占拠を境に下級審の判決は変化する。特に 1977 年のブロックドルフ原発判決は核廃棄物の処理能力の確保を原発の認可の条件としたことで，工事の中断や新設計画の凍結をもたらした（①②）。変化した背景には，裁判官の世代交代がこの頃進んでいたことや，下級審が比較的自律性を有することがある。しかし裁判で原発の建設や運転の中止が確定したのはミュルハイム・ケアリッヒ原発のみである。ヴァッカースドルフ再処理工場の建設やハーナウの核燃料工場の拡張，核廃棄物の輸送に関しては，下級審は認可を無効としたが（⑤⑥⑦），上級審では覆されている。高速増殖炉をめぐる連邦憲法裁判所の判決は，認可を渋る州政府の主張を認めなかった（④）。

原子力法と立地手続き 原子力法が定める認可手続きは，数次にわたる工期のたびに，聴聞会や資料の開示，訴訟の機会を保障した。核燃料工場を例にとると，州議会や市議会の緑の党会派による質疑は資料の開示をさらに促し，また緑の党員でもある住民は訴訟や刑事告発により，原子力施設の操業に一定の影響を及ぼした（⑥）。聴聞会には立地自治体のみならず，周辺市町村の住民や環境団体の専門家も参加できる。それでも市民が参加できる機会は十分とはいえず，近年は核廃棄物に関して制度的改善が図られている（⑪）。

政府や電力会社による訴訟 連邦・州間や与野党間の紛争の解決にも裁判は利用され，競争政治や交渉政治を補完してきた。電力業界も脱原発について交渉するために訴訟を利用してきた。裁判所は保守派の州政府の異議を認めず，2002 年の脱原発法を支持したが（⑧），原発の強制閉鎖や核燃料税については電力業界の主張を認めた判決もある（⑨，⑩）。

(4) 討議政治

原発問題が紛糾すると必ず推進・反対両派の参加する対話の場が設けられるようになった。これは，重要な決定を下す前に互いの主張を確認し争点を整理する「踊り場」のような機能を果たし，単なるガス抜きには終わらなかった。

市民対話（1975～77 年） ヴィール原発反対運動（①）をきっかけに連邦

政府は，「原子力市民対話」と銘打って市民や団体に情報を提供し，批判派の視点も取り入れた討議や学習会の場を保障した。これはスウェーデンの試みにならったものであるが，原子力の必要性を確信しながらも市民参加を奨励する SPD の理念にも基づいていた。

ゴアレーベン国際評価会議（1978 ～ 79 年）　ニーダーザクセン州首相が核廃棄物総合処理センター構想の安全性を討議するために設けたもので，国際的な専門家を招聘した。会議が終わるころに米国スリーマイル島原発事故が発生し，反原発運動が再燃すると，CDU 所属の同州首相は計画の中止を表明した（③）。連邦が原子力政策を遂行するには拒否権プレイヤーたる州との交渉が不可避なことが明白になった。

「将来の原子力政策」連邦議会特別調査委員会（1979 ～ 82 年）　連邦議会でもノルトライン・ヴェストファーレン州でも与党 SPD・FDP 内に高速増殖炉の建設に反対する人々が登場してきたので，新たな政治的合意を構築するため設置された。連邦議会の運営規則に基づく正式な機関である。議員と専門家で構成される委員の選定には政党や州，議会常任委員会，原発の賛否のバランスが考慮された。第 2 次特別調査委員会は多数派が高速増殖炉の建設を引き続き支持する形で終了したが，批判的専門家の分析力を認めて高速増殖炉の中止（④）やその後の原子力政策に影響を及ぼした。

エネルギー・コンセンサス会議（1993 年）　特別調査委員会の経験や，再処理工場と高速増殖炉の建設中止，新規原発建設の終了を受け，連邦，州，与野党，財界，電力会社，労組，環境団体といった利害関係者が行った脱原発の条件交渉である。利害の隔たりを縮められず頓挫したものの，1994 年の原子力法改正（⑦）につながった。

「安全な電力供給に関する倫理委員会」（2011 年）　福島第一原発事故後，脱原発へ政策を転換するため，メルケル首相（CDU）が利害関係者を排した専門家の討議の場として設置し，短期間で結論を出した（⑩）。

　以上が原子力政策に関する主な討議の場である。委員の構成のバランスが配慮されているのが大きな特徴である。また，無作為抽出された「平均的な市民」を集めた場ではないことも特徴である。反原発運動が強かったドイツでは特に，原子力施設の予定地の住民にとって，「平均的な市民」を集めた

調査は疑わしく感じられる。社会はバラバラの個人の集合体ではなく，団体や政党に組織されていることが当然と考えられているからでもあろう。

(5) 団体政治のシステム

労組主流の脱原発への転換 労組内では 1976 〜 77 年のブロックドルフ原発をめぐる対立を機に賛否両論が表面化する。やがて原発における労働問題に取り組むうちに，原発への態度は徐々に変わり始める。チェルノブイリ原発事故によって労働総同盟はついに脱原発へ転換する。SPD の路線転換との相乗効果も重要である。1980 年代に原子力施設や，緑の党との連立をどうするかといった問題をめぐり，SPD が政治戦略を転換していく過程で，労組の意識も変化した。それがあらためて SPD の転換と赤緑の連立ブロックの確立を後押しし，政党間の競争条件の変化をもたらした。労組の変化は間接的な形で核燃料工場の閉鎖のような決定を支えたのである（⑥）。

批判的専門家の制度化 元来，原子炉安全委員会や技術監査協会などを通じて原子力産業界寄りの専門家が安全審査の手続きに関与しており，利益相反の問題が生じやすかった。これに対し，ヴィール原発反対運動から派生したエコ研究所をはじめ，原発に批判的な科学者の組織化が進んだ。彼らの能力は，ゴアレーベン国際評価会議において初めて注目され，総合処理センター計画の撤回を後押しした（③）。

また連邦議会の第 1 次特別調査委員会では，将来のエネルギー需給について反対派の専門家が作成した脱原発案と，推進派の専門家が作成した原発増設案が対等に扱われた。第 2 次特別調査委員会（1981 〜 82 年）では高速増殖炉の安全性に関して反対派と推進派の科学者が別々に調査を行う「並行研究」が実施された。高速増殖炉の許認可権限を持つノルトライン・ヴェストファーレン州政府は，批判的専門家に安全性について鑑定を委託し，運転の開始を阻止した（④）。

ヘッセン州の赤緑政権は，州環境エネルギー省職員に緑の党員を登用し，エコ研究所や法律専門家の協力を得て核燃料工場への監督を強め，連邦での政権獲得をにらんで脱原発法案を作成した（⑥⑧）。1998 年に成立した連邦の赤緑政権以降，緑の党員資格を持つ行政職員や自然保護団体の幹部が連邦

の環境省・経済省などの次官や部局長に任用され，また放射線防護委員会や
原子炉安全委員会，原子炉安全協会などの委員にはエコ研究所や環境団体の
専門家が登用され，脱原発政策の立案や実施に関与している（⑪⑫）。

(6)　競争政治のシステム

　緑の党の州議会選挙参入　1970年代末にFDPは，支持層の重なった緑の
党に票を奪われた。このため，ノルトライン・ヴェストファーレン州や連邦
議会のFDPからは高速増殖炉の建設に慎重な声が高まった。しかしFDPは
1980年代にCDU/CSUとの保守連立路線に転換し，原発推進を固めることで，
緑の党との差異化を図った。緑の党が選挙戦に加わったことはゴアレーベン
の総合処理センターに関するCDUのニーダーザクセン州首相の判断にも影
響を及ぼした（③）。

　SPDの緑の党との競争　FDPがSPDとの連立を解消し，また緑の党が躍
進したのを受け，SPDは1980年代に戦略の選択を迫られた。まず原発への
批判姿勢を強め，緑の党との競争に勝とうとする戦略がとられた。これによ
りノルトライン・ヴェストファーレン州のSPDは高速増殖炉を阻止し，州
内の脱原発を達成して政権の維持に成功した（④）。またシュレースヴィヒ・
ホルシュタイン州のSPDは，ブロックドルフ原発の運転開始は阻止できな
かったものの，1988年に政権を獲得し，脱原発政策を追求した。両州の
SPDはチェルノブイリ原発事故後，連邦のSPDが党大会で打ち出す脱原発
方針の作成にもかかわった。

　赤緑連立ブロックの形成　次にSPDがとったのは，緑の党と連立を組む
戦略である。ヘッセン州ではSPDが核燃料工場や原発の運転に雇用の面で
固執したため，第1次赤緑州政権は短命（1985～87年）に終わったが，第
2次赤緑州政権（1991～99年）で両党の不一致は解消した。こうして安定し
たヘッセン州の赤緑政権は，連邦の保守連立政権の介入を退けて核燃料工場
の閉鎖を実現するとともに，そのノウハウや人脈を連邦の赤緑政権（1998～
2005年）の脱原発立法に生かした（⑥⑧）。

　近隣西欧諸国をみてみると，1980年代初頭に緑の党が国会に進出したベ
ルギーでは他の主要政党が明確には脱原発路線に転換していない。緑の党が

終章　民主政治のシステムの変化と脱原発　　213

参加した連立政権は 2003 年に脱原発法を制定したものの，その後は脱原発の先送りを続けている。1980 年の国民投票で将来的な脱原発を打ち出したスウェーデンでは，左の共産党と右の中央党が 1970 年代に反原発に転じたものの，最大政党の社会民主労働党や労働組合が二の足を踏み，脱原発は部分的な実施にとどまっている。近年は緑の党が定着し，社会民主労働党と連立を組んだため，老朽化する原発の廃止に再び踏み出しつつある。一方，フランスでは左右の主要政党が共産党も含めて全て原発推進のため，緑の党の圧力が十分に働かず，労組も脱原発には転換していない。これに対し，ドイツでは SPD と緑の党が脱原発をかすがいに連立政権をつくることで政策の実現を図ったり，CDU/CSU と FDP の保守連立に圧力をかけて政策を変えさせたのが特徴である。

　最終的にドイツの脱原発を確実にしたのは，福島第一原発事故後に 3 つの州議選で CDU が敗北し，緑の党が躍進したこと，それを支えた反原発デモや世論の圧力である。この状況をみて CDU のメルケル首相は，脱原発への転換を決断したのである（⑩）。

(7)　交渉政治のシステム

　連邦と州の交渉政治　連邦と州がそれぞれ原発の許認可権を持ち，それゆえ互いの協力を必要とするドイツの連邦制の特徴は，交渉政治の前提である。ゴアレーベンの総合処理センター計画を CDU の州首相が拒否できたのもそれゆえであり，高速増殖炉についてもノルトライン・ヴェストファーレン州の SPD 政権はこれを活用した（③④）。

　政府と電力業界の交渉　原発や高速増殖炉，再処理工場，核燃料工場の建設中止や計画撤回が進むと，原子力政策の選択肢は狭まり，当事者間に妥協の余地が生まれた。ニーダーザクセン州の赤緑政権やシュレースヴィヒ・ホルシュタイン州の SPD 政権とフェーバ社長が協議したのを皮切りに，脱原発の条件交渉が始まった。エネルギー・コンセンサス会議（1993 年）の開催は，電力業界内の利害の違いによって可能になった面もある。この延長線上に 1994 年原子力法改正や，赤緑政権と電力業界の脱原発合意（2000 年），脱原発法の制定（2002 年）がある（⑦⑧）。脱原発の期限は電力業界の圧力に

より一旦先延ばしされたものの（⑨），福島第一原発事故後のメルケル首相の決断によって延長は撤回され，決着がついた。エネルギー転換法が制定されて以降は，核廃棄物や廃炉の費用負担について与野党の交渉による合意形成が図られている（⑩⑪⑫）。なかでも与野党共同提案で可決された2013年の最終処分場候補地選定法は，政党や州のバランスに加えて市民や自治体の発言権を保障した点が特徴である。

　ドイツの脱原発を可能にした政治的条件とは何だったのか。第1に，市民の活発な政治参加である。政党や労働組合でも積極的な活動が見られるのに加え，社会運動やデモ，NGO に参加する人が多い。反原発運動からは，緑の党や批判的専門家の団体も生まれた。第2に，批判的なジャーナリズムや独立した司法，原発立地手続きの特徴も，原子力施設の建設や運転を中断させる力となった。第3に，緑の党の登場による SPD の変化である。両党が歩み寄り，連立して州の政権につくようになると，政権交代による脱原発の実現の可能性が生まれた。また SPD の変化に促されて，労働組合も態度を変えた。第4に，SPD や赤緑政権に起用された批判的な専門家が原子力施設の安全規制や脱原発政策の立案を助けたのも特徴的である。「対抗専門家」は特別調査委員会のような熟議の場においても重要な役割を果たした。第5に，原発の許認可権を有する連邦と州，政府と電力業界が妥協を迫られたことである。ここから脱原発の条件交渉が始まり，徐々に立法化された。最後に，原発大事故のインパクトが挙げられる。チェルノブイリ事故は SPD や労働組合の脱原発路線への転換を加速し，保守政権も州の赤緑政権との競争を意識して環境省を設置した。そして福島第一原発事故は州議会選挙に影響を与え，保守政権は脱原発を先送りできなくなったのである。

終章　民主政治のシステムの変化と脱原発　　215

参考文献

青木聡子（2013）『ドイツにおける原子力施設反対運動の展開』ミネルヴァ書房。

安全なエネルギー供給に関する倫理委員会（2013）『ドイツ脱原発倫理委員会報告
　　──社会共同によるエネルギーシフトの道すじ』吉田文和・シュラーズ，ミラン
　　ダ編訳，大月書店。

石田勇治（2015）『ヒトラーとナチ・ドイツ』講談社現代新書。

石村修（2011）「ドイツ官吏法における政治的自由」晴山一穂・佐伯祐二・榊原秀
　　訓・石村修・阿部浩己・清水敏『欧米諸国の「公務員の政治活動の自由」──そ
　　の比較法的研究』日本評論社：101-124。

イングルハート，ロナルド（1978）『静かなる革命』三宅一郎ほか訳，東洋経済新
　　報社。

ヴァルラフ，ギュンター（1987）『最底辺──トルコ人に変身して見た祖国・西ド
　　イツ』シェーンエック・マサコ訳，岩波書店。

遠藤典子（2013）『原子力損害賠償制度の研究　東京電力福島原発事故からの考
　　察』岩波書店。

梶村太一郎（1993）「独ハーナウのMOX製造工場　建設中止へ」『原子力資料情報
　　室通信』231号。

梶村太一郎（2011）「政権を揺さぶるドイツ反原発運動」『世界』1月号：167-175。

加藤秀治郎（2003）『日本の選挙』中公新書。

熊谷徹（2016）『ドイツ人が見たフクシマ──脱原発を決めたドイツと原発を捨て
　　られなかった日本』保険毎日新聞社。

小堀眞裕（2012）『ウェストミンスター・モデルの変容──日本政治の「英国化」
　　を問い直す』法律文化社。

齋藤純子（2007）「ドイツ倫理審議会法──生命倫理に関する政策助言機関の再
　　編」『外国の立法』234号：174-184。

塩津徹（2003）『現代ドイツ憲法史──ワイマール憲法からボン基本法へ』成文堂。

篠原一（2004）『市民の政治学』岩波新書。

柴田鐵治・友清裕昭（2014）『福島原発事故と国民世論』ERC出版。

高木仁三郎（1999）『市民の科学をめざして』朝日選書。

高木仁三郎・渡辺美紀子（2011）『食卓にあがった放射能』七つ森書館。

田口富久治・中谷義和（2006）『比較政治制度論』（第3版）法律文化社。

中内通明（1980）「西ドイツのエネルギー政策——エネルギープログラムとその展開」『レファレンス』353号：7-32。

中内通明（1984）「西ドイツの原発とその政策」『レファレンス』402号：9-44。

西田慎（2012）「反原発運動から緑の党へ——ハンブルクを例に」若尾祐司・本田宏編『反核から脱原発へ——ドイツとヨーロッパ諸国の選択』昭和堂：116-154。

21世紀政策研究所（日本経済団体連合会）（2013）『報告書　新たな原子力損害賠償制度の構築に向けて』。

ハーバーマス，ユルゲン（1985-87）『コミュニケイション的行為の理論（上中下）』河上倫逸ほか訳，未來社。

林香里（2002）『マスメディアの周縁，ジャーナリズムの核心』新曜社。

フュルステンベルク，フリードリッヒ（2000）「ドイツの雇用関係」（北林英明訳）桑原靖夫，グレッグ・バンバー，ラッセル・ランズベリー編『先進諸国の雇用・労使関係——国際比較　21世紀の課題と展望』日本労働研究機構：260-288。

ベック，ウルリッヒ（1998）『危険社会——新しい近代への道』東廉・伊藤美登里訳，法政大学出版局。

保木本一郎（1988）『原子力と法』日本評論社。

堀田芳朗（1986）『世界の労働組合』日本労働協会。

本田宏（2000-2001）「原子力をめぐるドイツの紛争的政治過程（1）（2）（3）」『北海学園大学法学研究』36（2）；36（3）；37（1）。

本田宏（2011）「ドイツの脱原発をめぐる政治過程」『生活経済政策』175号。

本田宏（2013）「欧米諸国の労働組合と原子力問題」『大原社会問題研究所雑誌』658号。

本田宏（2014）「原子力をめぐるドイツの政治過程と政策対話」『経済學研究』（北海道大学大学院経済学研究科）63（3）。

本田宏（2016a）「ドイツの「原子力村」と安全規制の政治争点化（I）（II）」『北海学園大学法学研究』52（1）；52（2）。

本田宏（2016b）「ドイツの労働組合と原発」『北海学園大学開発論集』98号。

本田宏（2016c）「高速増殖炉はなぜ稼動できなかったのか——ドイツ政治の論理」『北海学園大学法学研究』52（3）。

本田宏（2017）「環境・エネルギー政策」正躰朝香・津田由美子・日野愛郎・松尾秀哉編『現代ベルギー政治』ミネルヴァ書房（近刊）。

本田宏・堀江孝司編（2014）『脱原発の比較政治学』法政大学出版局。

山下龍一（1989）「西ドイツ原発設置許可の多段階的構造（一）」『法学論叢』125（2）：99-117。

ルップ，ハンス・カール（2002）『現代ドイツ政治史――ドイツ連邦共和国の成立
と発展』（第 3 版増補改訂）深谷満雄・山本淳訳，彩流社。

Abelshauser, Werner（2009）Nach dem Wirtschaftswunder. Der Gewerkschafter, Politiker und
　　Unternehmer Hans Matthäfer. Bonn: Dietz.

Alber, Jens（1985）Modernisierung, neue Spannungslinien und die politischen Chancen der
　　Grünen, Politische Vierteljahresschrift 26: 211–226.

Altenburg, Cornelia（2010）Kernenergie und Politikberatung. Die Vermessung einer Kontro-
　　verse. Wiesbaden: VS Verlag.

Barthe, Susan, and Karl-Werner Brand（1996）Reflexive Verhandlungssysteme. Diskutiert am
　　Beispiel der Energiekonsens-Gespräch, in Volker von Prittvitz, ed., Verhandeln und Argu-
　　mentieren. Dialog, Interessen, und Macht in der Umweltpolitik. Oplanden: Leske + Budirch:
　　71–109.

Bechberger, Mischa, Lutz Mez, and Annika Sohre eds.（2008）Windenergie im Länderver-
　　gleich. Steuerungsimpulse, Akteure und technische Entwicklungen in Deutschland, Däne-
　　mark, Spanien und Großbritannien. Frankfurt am Main: Peter Lang.

Berg-Schlosser, Dirk and Thomas Noetzel, eds.（1994）Parteien und Wahlen in Hessen 1946–
　　1994. Marburg: Schüren Presseverlag: 133–166.

Bormann, Nils-Christian（2010）Patterns of Democracy and Its Critics. LIVING REVIEWS
　　IN DEMOCRACY 2: 1–14.

Brand, Karl-Werner（1998）Humanistischer Mittelklassen-Radikalismus. Die Erklärungskraft
　　historisch-struktureller Deutungen am Beispiel der „neuen sozialen Bewegungen", in Kai-
　　Uwe Hellmann and Ruud Koopmans eds., Paradigmen der Bewegungsforschung. Entstehung
　　und Entwicklung von Neuen sozialen Bewegungen und Rechtextremismus. Oplanden: West-
　　deutscher: 33–50.

Bundeswahlleiter（2015）Ergebnisse früherer Bundestagswahlen. Wiesbaden.

Bürklin, Wilhelm P., Gerhard Franz, and Rüdiger Schmitt（1984）Die hessische Landtagswahl
　　vom 25. September 1983: Politische Neuordnung nach der „Wende" ?, Zeitschrift für Parla-
　　mentsfragen 15（2）: 237–253.

Cohen, Jean L. and Andrew Arato（1992）Civil Society and Political Theory. Cambridge: The
　　MIT Press.

Czada, Roland（1990）Politics and administration during a 'nuclear-political' crisis. The Cher-
　　nobyl disaster and radioactive fallout in Germany, Contemporary Crises 14: 285–311.

Czada, Roland（1993）Konfliktbewältigung und politische Reform in vernetzten Entschei-
　　dungsstrukturen. Das Beispiel der kerntechnischen Sicherheitsregulierung, in Roland Czada

and Manfred G. Schmidt, eds., Verhandlungsdemokratie, Interessenvermittlung, Regierbarkeit. Wiesbaden: Westdeutscher: 73–100.

Czada, Roland (2003) Technische Sicherheitsregulierung am Beispiel der Atomaufsicht in Deutschland und den Vereinigten Staaten, in Roland Czada, Susanne Liitz, and Stefan Mette, eds., Regulative Politik. Zähmungen von Markt und Technik. Wiesbaden: Springer Fachmedien: 35–102.

Diez, Elmar (2000) Ein langer Weg führte zum Erfolg. http://alt.gruene-fraktion-hanau.de/Person/Diez/Diez_Ein langer Weg.htm (2013 年 1 月 1 日閲覧)

Donsbach, Wolfgang and Thomas E. Patterson (2004) Political News Journalitsts. Partisanship, Professionalism, and Political Roles in five Countries, in Frank Esser and Barbara Pfetsch, eds., Comparing Political Communication. Theories, Cases, and Challenges. Cambridge: Cambridge University Press: 251–270.

Dube, Norbert (1988) Die öffentliche Meinung zur Kernenergie in der Bundesrepublik Deutschland, 1955–1986. WZB Papers FS II. Berlin: Wissenschaftszentrum Berlin zur Sozialforschung: 88–303.

Düding, Dieter (1998) Volkspartei im Landtag. Die sozialdemokratische Landtagsfraktion in Nordrhein-Westfalen als Regierungsfraktion 1966–1990. Bonn: Dietz.

Eichhorn, Peter, et al. (1991) Verwaltungslexikon. 2. Auflage. Baden-Baden: Nomos.

Emnid-Institut (1986) Information 38 (5–6).

Emnid-Institut (1988) Information 40 (2–3).

Esche, Falk, and Jürgen Hartmann, eds. (1990) Handbuch der deutschen Bundesländer. Frankfurt am Main: Campus: 309–345.

Fischer, Joschka (1986) Der Ausstieg aus der Atomenergie ist machbar - Mit einem Beitrag von Otto Schily. Hamburg: Rowohlt Taschenbuch Verlag.

Fischer, Joschka (1987) Regieren geht über Studieren. Ein politisches Tagebuch. Frankfurt am Main: Athenäum.

Flam, Helena, ed. (1994) States and Anti-Nuclear Movements. Edinburgh: Edinburgh University Press.

Franz, Gerhard, Robert Danzinger, and Jürgen Wiegend (1983) Die hessische Landtagswahl vom 26. September 1982: Unberechenbarkeit der Wahlerpsyche oder neue Mehrheiten?, Zeitschrift für Parlamentsfragen 14 (1): 62–82.

Guggenberger, Bernd, and Udo Kempf, eds. (1984) Bürgerinitiativen und repräsentatives System. 2. Auflage. Opladen: Westdeutscher Verlag.

Hallin, Daniel C., and Paolo Mancini (2004) Comparing Media Systems: Three Models of Media and Politics. Cambridge: Cambridge University Press.

Hartel, Reiner (2000) Rot-grüne Politik und die Regulation gesellschaftlicher Naturverhältnisse in Frankfurt am Main. Münster: Verlag Westfälisches Dampfboot.

Hartmann, Jürgen (1997) Handbuch der deutschen Bundesländer. 3., erweiterte und aktualisierte Neuausgabe. Frankfurt am Main: Campus.

Hatch, Michael T. (1986) Politics and Nuclear Power: Energy Policy in Western Europe. Lexington, KY: University Press of Kentucky.

Hatch, Michael T. (1991) Corporatism, Pluralism and Post-industrial Politics: Nuclear Energy Policy in West Germany, West European Politics 14: 73–97.

Hatzfeldt, Hermann, Helmut Hirsch, and Roland Kollert (1988) Der Gorleben-Report. Ungewissheit und Gefahren der nuklearen Entsorgung. Frankfurt am Main: Fischer-Taschenbuch-Verlag.

Hauff, Volker (1986) Energie-Wende. Von der Empörung zur Reform. Mit den neuesten Gutachten zum Ausstieg aus der Kernenergie. München: Knaur.

Herrmann, Broka, Karin Guder, and Jochen Vielhauer, eds. (1990) Wildwuchs unter Sachzwang. 10 Jahre die Grünen Hessen. Sondernummer „Stichwort Grün". Wiesbaden: Die Grünen Hessen.

Hessische Staatskanzlei (2000) Hessen ABC. Das Nachschlagewerk zur Hessischen Landespolitik. Wiesbaden.

Hocke, Peter and Beate Kallenbach-Herbert (2015) Always the Same Old Story? Nuclear Waste Governance in Germany, in Achim Brunnengräber, Maria Rosaria Di Nucci, Ana Maria Isidoro Losada, Lutz Mez, Miranda A. Schreurs, eds., Nuclear Waste Governance. An International Comparison. Wiesbadeen: Springer VS: 177–201.

Hohmuth, Timo (2014) Die atomrechtspolitische Entwicklung in Deutschland seit 1980. Darstellung, Analyse, Materialien. Berlin: Berliner Wissenschafts-Verlag.

Holzapfel, Klaus-J. and Uwe Asmus, eds. (1992) Hessischer Landtag: 13. Wahlperiode, 1991–1995. Volkshandbuch. 2. Auflage. Rheinbreitbach: Neue Darmstädter Verlagsanstalt.

Hüllen, Rudolf van (1990) Ideologie und Machtkampf bei den Grünen. Untersuchung zur programmatischen und innerorganisatorischen Entwickllung einer deutschen „Bewegungspartei". Bonn: Bouvier.

Illing, Falk (2016) Energiepolitik in Deutschland. Die energiepolitischen Maßnahmen der Bundesregierung 1949–2015. 2. Auflage. Broschiert. Baden-Baden: Nomos.

Internationales Bildungs- und Begegnungswerk (IBB) (2011) Tschernobyl und die europäische Solidaritätsbewegung. Norderstedt: Books on Demand.

Jahn, Detlef (1993) New Politics in Trade Unions. Applying Organization Theory to the Ecological Discourse on Nuclear Energy in Sweden and Germany. Aldershot: Dartmouth Publishing Company.

Johnsen, Björn (1988) Von der Fundamentalopposition zur Regierungsbeteiligung. Die Entwicklung der Grünen in Hessen 1982-1985. Marburg: Schüren Presseverlag.

Jun, Uwe, Melanie Haas, and Oskar Niedermayer, eds. (2008) Parteien und Parteiensystem in den deutschen Ländern. Wiesbaden: VS Verlag für Sozialwissenschaften.

Jungk, Robert (1977) Der Atomstaat -Vom Fortschritt in die Unmenschlichkeit. München: Kindler Verlag (『原子力帝国』 山口祐弘訳, 社会思想社, 1989 年).

Katzenstein, Peter J. (1987) Policy and Politics in West Germany: the Growth of a Semisovereign State. Philadelphia: Temple University Press.

Keck, Otto (1984) Der Schnelle Brüter. Eine Fallstudie über Entscheidungsprozesse in der Großtechnik. Frankfurt am Main: Campus.

Kepplinger, Hans Mathias (1988) Die Kernenergie in der Presse. Eine Analyse zum Einfluß subjektiver Faktoren auf die Konstruktion von Realität, Kölner Zeitschrift für Soziologie und Sozialpsychologie 40: 659-683.

Kitschelt, Herbert P. (1986) "Political Opportunity Structures and Political Protest. Anti-Nuclear Movements in Four Democracies", British Journal of Political Science 16: 57-85.

Knitter, Harald (1998) Basisdemokratie und Medienelite: Die Parteiprominenz der GRÜNEN in der Presse. Münster: LIT.

Kolb, Felix (1997) Der Castor-Konflikt. Das Comeback der Anti-AKW-Bewegung, Forschungsjournal Neue soziale Bewegungen 10 (3): 16-29.

Kolb, Felix (2007) Protest and Opportunities. The Political Outcomes of Social Movements. Frankfurt am Main: Campus.

Koopmans, Ruud (1995) Democracy from Below. New Social Movements and the Political System in West Germany. Boulder, Colo.: Westview.

Kriesi, Hanspeter, Daniel Bochsler, Jörg Matthes, Sandra Lavenex, Marc Bühlmann and Frank Esser (2013) Democracy in the age of globalization and mediatization. Basingstoke: Palgrave Macmillan.

Kuhlwein, Eckart (2010) Der Streit um die Atomenergie in der SPD Schleswig-Holstein in den 70er Jahren. Ein Auszug aus Links, dickschädelig und frei: 30 Jahre im SPD-Vorstand in Schleswig-Holstein, Hamburg: Tredition. PDF.

Lehmbruch, Gerhard (1996) Die korporative Verhandlungsdemokratie in Westmitteleuropa, Swiss Political Science Review 2 (4): 1-41 (「中欧西部における団体協調型交渉デモクラシー」河崎健訳, 加藤秀治郎編 『西欧比較政治』一藝社, 2002 年: 166-191).

Lehmbruch, Gerhard (2000) Parteienwettbewerb im Bundesstaat. Regelsysteme und Spannungslagen im politischen System der Bundesrepublik Deutschland. 3. Auflage. Wiesbaden:

Westdeutscher.

Lijphart, Arend (2012) Patterns of Democracy: Government Forms and Performance in Thirty-Six Countries. Second Edition. New Haven: Yale University Press (『民主主義対民主主義——多数決型とコンセンサス型の 36 カ国比較研究』(原著第 2 版) 粕谷祐子・菊池啓一訳, 勁草書房, 2014 年).

Logan, Rebecca, and Dorothy Nelkin (1980) Labor and nuclear power, Environment 22 (2): 6-34.

Markovits, Andrei S. and Philip S. Gorski (1993) The German Left. Red, Green and Beyond. Cambridge: Polity.

Marth, W. (1992) Der Schnelle Brueter SNR 300 im Auf und Ab seiner Geschichte. KFK-Forschungsbericht-4666. Kernforschungszentrum Karlsruhe.

Martin, Jacob (1987) Der atomindustrielle Komplex und das Recht. Hintergründe des Hanauer ALKEM-Prozess, Kritische Justiz 20 (4): 434-448.

Matthöfer, Hans (1977) Interviews und Gespräche zur Kernenergie. 2. Auflage. Heidelberg und Karlsruhe: C. F. Müller.

Meng, Richard (1993) Links der Mitte. Welche Chancen hat Rot-Grün? Marburg: Schüren Presseverlag.

Mez, Lutz (1997) Energiekonsens in Deutschland? Eine politikwissenschaftliche Analyse der Konsensgespräch. Voraussetzungen, Vorgeschichte, Verlauf und Nachgeplänkel, in Hans Günter Brauch, ed., Energiepolitik. Berlin and Heidelberg: Springer.

Mez, Lutz and Rainer Osnowski (1996) RWE. Ein Riese mit Ausstrahlung. Köln: Kiepenheuer & Witsch.

Mohr, Markus (2001) Die Gewerkschaften und der Atomkonflikt. Münster: Westfälisches Dampfboot.

Mohr, Markus (2011) Die Gewerkschaften und die „Ordnung" eines Aufstiegs aus der Atomindustrie. http//:www.labournet.de/branchen/bergbau/mohr1.pdf

Müller-Jentsch, Walther (1989) Basisdaten der industriellen Beziehungen. Frankfurt am Main: Campus.

Mütter gegen Atomkraft (2006) Mütter Courage. Magazin der Mütter gegen Atomkraft e.V.: München.

Nelkin, Drothy and Michael Pollak (1981) The Atom Besieged. Extraparliamentary Dissent in France and Germany. Cambridge, Massachusetts: MIT Press.

Oppeln, Sabine Von (1989) Die Linke im Kernenergiekonflikt. Deutschland und Frankreich im Vergleich. Frankfurt am Main: Campus.

Overhoff, Klaus (1984) Die Politisierung des Themas Kernenergie. Regensburg: Roderer.

Radkau, Joachim (1983) Aufstieg und Krise der deutschen Atomwirtschaft 1945-1975. Verdrängte Alternativen in der Kerntechnik und der Ursprung der nuklearen Kontroverse. Reinbek bei Hamburg: Rowohlt Taschenbuch-Verlag.

Radkau, Joachim, und Lothar Hahn (2013) Aufstieg und Fall der deutschen Atomwirtschaft. München: Oekom (『原子力と人間の歴史──ドイツ原子力産業の興亡と自然エネルギー』山縣光晶・長谷川純・小澤彩羽訳, 築地書館, 2015 年).

Raschke, Joachim (1993) Die Grünen. Wie sie wurden, was sie sind. Körn: Bund-Verlag.

Rave, Klaus (1988) Programmarbeit – und sie bewegt doch! Die Rolle der SPD Schleswig-Holsteins in der Programmdiskussion der sechziger Jahre. Demokratische Geschichte 3: 611-624.

Redaktion Atom Express (1997) ...und auch nicht anderswo! Die Geschichte der Anti-AKW Bewegung. Göttingen: Verlag Die Werkstatt.

Reichardt, Sven (2008) Große und Sozialliberale Koalition (1966-1974), in Roland Roth and Dieter Rucht eds., Die sozialen Bewegungen in Deutschland seit 1945, Frankfurt am Main: Campus: 71-91.

Rieder, Stefan (1998) Regieren und Reagieren in der Energiepolitik. Die Strategien Dänemarks, Schleswig-Holsteins und der Schweiz im Vergleich. Bern: Paul Haupt.

Roth und Rucht (2002) Neue soziale Bewegungen, in Martin Greiffenhagen und Sylvia Greiffenhagen, eds., Handwörterbuch zur politischen Kultur der Bundesrepublik Deutschland. Wiesbaden: Westdeutscher Verlag: 296-303.

Rucht, Dieter (1988) Wyhl: Der Aufbruch der Anti-Atomkraftbewegung, in Ulrich Linse, Reinhard Falter, Dieter Rucht, and Winfried Kretschmer, eds., Von der Bittschrift zur Platzbesetzung. Konflikte um technische Großprojekte. Bonn: J. H. W. Dietz: 128-64.

Rüdig, Wolfgang (1990) Anti-Nuclear Movements. A World Survey of Opposition to Nuclear Energy, Harlow, Essex: Longman.

Rüdig, Wolfgang (2000) Phasing Out Nuclear Energy in Germany, German Politics 9 (3): 43-80.

Rudzio, Wolfgang (2015) Das politische System der Bundesrepublik Deutschland. Wiesbaden: Springer Fachmedien.

Scharf, Thomas (1989) Red Green coalitions at local level in Hesse, in Eva Kolinsky, ed., The Greens in West Germany. Organisation and Policy Making. Oxford: Berg Publishers: 159-187.

Scharpf, Ftitz W. (1993) Versuch über Demokratie im verhandelnden Staat, in: Roland Czada and Manfred G. Schmidt, eds., Verhandlungsdemokratie, Interessenvermittlung, Regierbarkeit. Wiesbaden: Westdeutscher: 25-50.

Schmitt, Rüdiger (1987) Die hessische Landtagswahl vonl 5. April 1987: SPD in der „Modernisierungskrise"?, Zeitschrift für Parlamentsfragen 18 (3): 343–361.

Schmitt-Beck, Rüdiger (1991) Die hessische Landtagswahl vom 20. Januar 1991: Im Schatten der Weltpolitik kleine Verschiebungen mit großer Wirkung, Zeitschrift für Parlamentsfragen 22 (2): 226–244.

Schmidt, Manfred G. (2010) Demokratietheorien. Eine Einführung. 5. Auflage. Wiesbaden: VS Verlag für Sozialwissenschaften.

Schmidt, Manfred G. (2011) Das politische System Deutschlands: Institutionen, Willensbildung und Politikfelder. 2. Auflage. München: C. H. Beck.

Sieker, Ekkehard, ed. (1986) Tschernobyl und die Folgen. Fakten – Analysen – Ratschläge. Bornheim-Merten: Lamuv Verlag, 10–23.

Sontheimer, Michael (1987) Die Hanauer Plutoniumküche. Die ZEIT, 20. Februar.

Stadt Frankfurt a.M., Umweltdezernat, Tom Koenigs, and Roland Schaeffer, eds. (1993) Energiekonsens. Der Streit um die zukünftige Energiepolitik. Gesellschaftliche Verständigung: Aufgaben und Lösungsmöglichkeiten. Symposium Energiepolitische Verständigungsaufgaben des Umwelt Forum Frankfurt a. M. am 26. Februar 1993. München : Raben-Verlag.

Stephany, Manfred (2005) Zur Geschichte der NUKEM -1960 bis 1987. Norderstedt: Books on Demand.

Tretbar-Endres, Martin (1993) Die Kernenergiediskussion der SPD-Schleswig-Holstein - Ein Beispiel innerparteilicher Willensbildung (1971–1983), Demokratische Geschichte 8: 347–372.

Vandamme, Ralf (2000) Basisdemokratie als zivile Intervention. Der Partizipationsanspruch der Neuen Sozialen Bewegungen. Oplanden: Leske + Budrich.

Veen, Hans-Joachim and Jürgen Hoffmann (1992) Die Grünen zu Beginn der neunziger Jahre. Profil und Defizite einer fast etablierten Partei. Bonn: Bouvier.

Vorländer, Hans (2010) Demokratie. Geschichte, Formen, Theorien. 2. Auflage. München: C. H. Beck.

Vorstand der SPD (1986) Jahrbuch der Sozialdemokratischer Partei Deutschlands 1984–1985, Bonn: Vorwärts Verlag.

Zängl, Wolfgang (1989) Deutschlands Strom. Die Politik der Elektrofizierung vom 1866 bis heute. Frankfurt am Main: Campus.

Zur Sache (1980) Zukünftige Kernenergie-Politik. Kriterien–Möglichkeiten- Empfehlungen. Bericht der Enquete-Kommission des Bundestages. 2 Bände. Bonn: Druckhaus Bayreuth.

あとがき

　本書は，ドイツが脱原発を決定するまでに，どのような政治過程を積み重ねていったのかをたどりながら，その民主政治の特徴を明らかにしようとした。すでに多く語られてきたエネルギー政策の分析にしなかったのは，原発事故によって民主主義の質こそが問われるべきだと思うからである。広島や長崎，世界中の核実験場で甚大な被害を出した核爆弾は，少数の大国によって秘密裏に開発された。その副産物として生まれた原子力発電は，核兵器を持たない国においても，その危険性が議会や世論によって批判的に検討されないまま導入され，拡大されてきた。その問い直しを始めたのは市民である。

　反原発運動への人々の参加は，ドイツの政治システムに連鎖的な変化を引き起こした。運動から生まれた緑の党の参入により，原発の是非をめぐって政党間の選挙競争が強まり，社会民主党という大政党の変化が始まった。緑の党と社会民主党は歩み寄り，連立して州の政権につくようになる。高速増殖炉や再処理工場，核燃料工場などをめぐって，原発推進派の連邦政府との駆け引きが始まる。重要な原子力施設の建設が全て止まると，電力業界も既存の原発の運転を維持しようと連邦・州政府，与野党と交渉を始める。これが結果的に脱原発の決定に至るのである。

　こうした過程においては，批判的な報道をためらわないジャーナリズム，裁判所の積極的な司法判断，原発の賛否両方の立場の専門家を参加させた討議の場，原発労働問題に取り組み社会民主党の転換を支えた労働組合，原子力施設の安全性について批判的な提言を州政府に行う新しい専門家団体といった要素も，補完的な役割を果たしていた。そこで本書は，参加民主主義，競争民主制，交渉民主制の３つの主要なサブシステムが相互作用し，それを報道，法治国家，団体，討議の４つの要素が補完するものとして，ドイツの民主政治を捉えてみた。これはドイツの原発政策の事例から導き出し，ドイツの変化を分析するためのモデルである。とはいえ，上の７つの部分が連関

227

する政治システムという視点は一般性をもつので，他の政策領域についても
ドイツ政治を分析するヒントを与えられるかもしれない。また，日本がなぜ
原発推進を止められずに大事故に至ったのか，原発のほとんどが止まってい
るのになぜその現状を受けとめられないでいるのか，日本の民主制に欠けて
いるものは何かを考える手がかりも提供できるのではないかと思っている。

　本書は，大学院時代から現在まで25年にわたる研究生活の成果である。
環境問題を政治学で研究するという志を抱いて進学した当初は，様々な環境
問題やNGOに関心を持ちつつ，ドイツ緑の党の研究から始めた。しかし博
士課程に進んでからオランダに留学すると，西欧の「新しい社会運動」の研
究における原発反対運動の重要性を知り，次第に原発問題に焦点を絞るよう
になった。しかし持病のため帰国してから，当面は日本の事例の調査に重点
を置いたので，ドイツは比較対象という位置づけになった。この頃大学の紀
要に書いた不十分な論文（本田 2000–2001）を福島原発事故後に何度も書き直
し（本田 2012, 2014b, 2016c），叩き直したものが，第1・2章である。

　第3章の元になった論文（本田 2016b）は，2012年度の比較政治学会の報
告原稿や『大原社会問題研究所雑誌』に発表した論文（本田 2013）を発展さ
せたものである。また修士論文（1994年）を書き直して博士論文（2002年）
に盛り込んだものを，2015年9月末から半年間ベルリンで研究滞在した際
に全面的に再構成した論文（本田 2016a）から，さらに贅肉を落としたもの
が第4章である。第5章は，2013年の日本政治学会や環境経済政策学会の
報告原稿に基づく紀要論文（本田 2014a）を一部取り入れながら，大半は書
き下ろしたものである。古い学術書から連立協定，裁判所の判例（Beck
Online），議会議事録，原子力研究所や諸問機関の報告書，『シュピーゲル』
や『ツァイト』の古い記事に至るまで，電子化が急速に進んだことの恩恵は
大きい。修士課程の頃は，『フランクフルター・アルゲマイネ』の紙版を製
本した重い束を抱えて図書館を歩き回ったのだから，感慨深い。

　大学生向けのテキストにも活用できるように，文体はできるだけ読みやす
くなるようにした。ドイツ政治の流れや政治・社会制度についてもわかる内
容にしている。しかし本書は学術書としての性格も持つので，詳しく調べた
い人のために細かく注をつけた。ドイツの脱原発については，日本語で書か

228

れた不正確な情報に基づく記述も見受けられるので，原典を示すことを重視した。省略されがちな新聞や一般雑誌の記事の標題や日付も逐一注記し，記事を見つけられるようにした。ドイツ語の固有名詞の表記は，ドゥーデンの発音辞典なども参考にしながら，実際の発音に近いものを採用したもの（ジーメンス，アーデナウアー）と，慣用的表記を選択したものがある（ルール工業地帯，メルケル）。しかし結局は自分の好みで選んだ面がある。邦訳のある外国語文献は，参照した方の言語の頁を引用した。

　本書の内容は，比較政治，選挙分析，民主主義論，行政学，地方政治，法学，労働経済学，エネルギー政策，環境社会学，ジャーナリズム論，科学史など，多岐にわたる。様々な関連分野の学生や研究者，市民活動にかかわっている市民の方にお勧めしたい。ただし無数の意思決定の積み重ねとして歴史を描いているが，どの事実を取り上げるかは，あくまで政治学的視点で選んでいる。しかし出来合いの理論を実証するためではなく，ドイツの原発問題という事例に即した分析になっている。

　本書の完成までにお世話になった方は数え知れず，全員のお名前を挙げることは到底できない。非礼を承知で，限られた範囲の方のお名前のみ記しておきたい。法政大学出版局の奥田のぞみさんには，『脱原発の比較政治学』に続いて徹底的な校正をしていただいた。北大時代の恩師，田口晃先生と吉田文和先生には長年のご指導に感謝したい。中村研一先生には，科学研究費補助金（2002〜2005年度／基盤研究（A）「地球市民社会の政治学」課題番号14202009）も含めて，感謝を申し上げたい。アムステルダム大学時代のH-A van der Heijden先生と故 Uwe Becker先生にも学恩がある。本書の完成は直接には，ベルリン自由大学環境政策研究所での在外研修を助成してくださった北海学園大学と受け入れていただいた Miranda Schreurs 教授（現・ミュンヒェン工科大学）に負っている。2度にわたるドイツでの在外研修中は，Helena Flam, Steffi Richter, Christian Overländer, Gesine Foljanty-Jost, Wolfgang Kraushaar, Felix Jawinski, Axel Philipps, David Chiavacci, 小熊英二，綾香レシュケ，梶村太一郎の各氏にお世話になった。故山本佐門先生はじめ，自由な大学の環境を守り続けてきた北海学園大学の同僚や職員諸氏には感謝したい。比較政治学会やドイツ学会の関係諸氏や，重複するが前著の共著者，特に若尾祐司と堀

あとがき　　229

江孝司の両氏にも謝意を表したい。飯田哲也氏（環境エネルギー政策研究所）には個人的にも，原子力資料情報室とグリーンピース・ジャパンには資料面で，お世話になった。G8 洞爺湖サミットの後から故越田清和氏らと始めた読書会は今も続いているが，そこから派生した 2012 〜 14 年度科学研究費補助金・基盤研究 C「現代社会運動のアジェンダ──『フクシマ』以後の社会変革」（課題番号 24530644）の助成も役立った。さっぽろ自由学校「遊」をはじめ，鍛えてくれた札幌の市民運動界にも感謝したい。また SNS の「友達」からは日々励まされているが，多様な新聞・雑誌の電子版からの情報も得ることができた。原稿執筆と校正にはベルリンと札幌のカフェも欠かせなかった。最後に，長年苦労をかけた家族には特別の感謝をささげる。

2017 年 6 月

本田　宏

人名索引

あ 行

アーデナウアー（Konrad Adenauer） 12, 14, 29, 70, 229

アイヒェル（Hans Eichel） 125, 134, 160, 181

アルトナー（Günter Altner） 39, 83

アルブレヒト（Ernst Albrecht） 73-74, 151, 178

イングルハート（Ronald Inglehart） 46, 217

ヴァイザー（Gerhard Weiser） 150

ヴァイマル（Karlheinz Weimar） 159, 162

ヴァリコフ（Alexander Warrikoff） 130, 132, 153

ヴァルマン（Walter Wallmann） 70, 109, 125-126, 139, 151, 153-154, 157

ヴァルラフ（Wallraff, Günter） 105, 217

ヴィルツ（Günther Wirths） 128

エームケ（Wolfgang Ehmke） 148

エプラー（Erhard Eppler） 37, 39

エングホルム（Björn Engholm） 56, 177, 200

か 行

カッツェンシュタイン（Katzenstein, Peter J.） 4-5, 21

ガブリエル（Heinz-Werner Gabriel） 102

ガブリエル（Sigmar Gabriel） 168, 178, 185, 195

ギースケ（Friedhelm Gieske） 179

キッチェルト（Kitschelt, Herbert P.） 5

キュッパース（Christian Küppers） 162

クーニ（Horst Kuni） 103, 107

クニツィア（Klaus Knizia） 83, 92

クライナート（Hubert Kleinert） 139

クラウス（Armin Clauss） 143, 150, 154

クリージ（Hanspeter Kriesi） 25

グリーファーン（Monika Griefahn） 179

クレチュマン（Winfried Kretschmann） 38, 148, 190, 198, 206

クレメント（Wolfgang Clement） 87, 181, 195

クローゼ（Hans-Ulrich Klose） 56-57

グロスマン（Jürgen Großmann） 189, 196

ケーニヒス（Tom Koenigs） 148, 225

ケアシュゲンス（Karl Kerschgens） 141, 148

ゲアラッハ（Willi Görlach） 144, 154

ゲンシャー（Hans-Dietrich Genscher） 69-70, 81

コール（Christiane Kohl） 148

コール（Helmut Kohl） 23, 70, 85, 102, 179, 182, 185, 200

コーンベンディット（Daniel Cohn-Bendit） 137-138, 160, 168

ゴイレン（Reiner Geulen） 153, 166

コシュニク（Hans Koschnik） 72

コンスタンティ（Reinhard Konstanty） 156

さ 行

ザイラー（Michael Sailer） 147

シェーファー（Harald B. Schäfer） 83, 85, 181

シェファー（Roland Schaeffer） 148, 225

シャラー（Alfred Schaller） 99, 101

シュタインキューラー（Franz Steinkühler） 110

シュテーガー（Ulrich Steger） 144-145, 154, 156

シュトラウス（Franz Josef Strauß） 29, 60, 84, 173-174

シュトル（Wolfgang Stoll） 14, 83, 92, 129, 132, 153

シュトルテンベルク（Gerhard Stoltenberg） 31, 51, 56, 151

シュペート（Lothar Späth） 38, 43-44, 149

シューマッハー（Kurt Schumacher）

シュミッツ゠フォイアハーケ（Inge Schmitz-

231

Feuerhake) 107

シュミット（Helmut Schmidt）22, 58–59, 70–72, 74, 84–85, 99–100, 135

シュミット（Manfred G. Schmidt）20–21

シュレーダー（Gerhard Schröder）23, 111, 151, 160, 168, 178–185, 188, 192

シュンペーター（Joseph A. Schumpeter）19

ショイブレ（Wolfgang Schäuble）149

シリー（Otto Schily）167

た 行

タンプリン（Arther R. Tamplin）51

ツィーグラー（Gerhard Ziegler）133

ツィーラン（Manfred Zieran）134, 138, 161

ツィンマーマン（Friedrich Zimmermann）70, 148–150

ディーツ（Elmar Diez）133, 144, 160

ディック（Georg Dick）148, 160

ディットフルト（Jutta Ditfurth）134, 138, 142, 161

デヴィット（Siegfried de Witt）39

テプファー（Klaus Töpfer）89, 112, 150, 157, 159, 162, 177, 180–182, 193

デミリシ（Necati Demirci）106–107

ドーナニー（Klaus von Dohnanyi）57, 193

ドゥチュケ（Rudi Dutschke）55, 148

トラウベ（Klaus Traube）80, 147

トランペルト（Rainer Trampert）142

トリティン（Jürgen Trittin）168, 183, 185–186, 203

ドンデラー（Richard Lothar Donderer）88, 91–92, 195

は 行

バーケ（Rainer Baake）161, 169–170, 184, 186, 197

ハーバーマス（Jürgen Habermas）46, 218

ハーン（Lothar Hahn）147

ハイバッハ（Marita Haibach）148

ハウフ（Volker Hauff）70, 84, 89, 102, 109, 153, 160, 193

バウム（Gerhart Baum）70, 131

ハリン（Daniel C. Hallin）15

バルシェル（Uwe Barschel）56, 177, 200

ビューロー（Andreas von Bülow）70, 84

ヒュトル（Adolf Hüttl）180–181

ビルクホーファー（Adolf Birkhofer）83–85, 166

ヒルシュ（Helmut Hirsch）74, 91

ピルツ（Klaus Piltz）111, 179–180

ヒンデンブルク（Paul von Hindenburg）9

フーゲンベルク（Alfred Hugenberg）15

ファールトマン（Friedhelm Fahrtmann）87, 89

フィッシャー（Joschka Fischer）117–118, 137, 139, 141–142, 147–148, 150, 152, 154, 160–162, 164, 180–182

フィルビンガー（Hans Filbinger）36, 38, 43–44, 60

プファイファー（Alois Pfeiffer）83, 101

プフルークバイル（Sebastian Pflugbeil）200

ブラウル（Iris Blaul）161

フラスバルト（Jochen Flasbarth）197, 203

ブラント（Heinz Brandt）100

ブラント（Willy Brandt）22, 69–71, 100, 135

ブリューデレ（Rainer Brüderle）189

ヘーフェレ（Wolf Häfele）83, 85

ヘアマン（Klaus Hermann）162

ベック（Ulrich Beck）46, 193

ベニヒゼンフェルダー（Rudolf von Bennigsen-Foerder）174, 178

ベネッケ（Jochen Benecke）84, 91

ヘルツォーク（Roman Herzog）199

ベルナー（Holger Börner）119, 123, 125, 135, 137, 139–140, 143, 145, 152–154

ホラチェク（Milan Horáček）138–139

ま 行

マットヘーファー（Hans Matthöfer）49, 70

マップス（Stefan Mappus）38, 201

マティーゼン（Klaus Matthiesen）54

マンチーニ（Paolo Mancini）15

ミュラー（Werner Müller）183

メルケル（Angela Merkel）2, 23, 114, 177, 182, 185, 188–190, 192, 195, 198–199, 208, 211, 214–215

モーア（Markus Mohr）95

や 行

ヤーン（Detlef Jahn） 95, 114-115
ヤンセン（Günther Jansen） 54, 177
ユーバーホルスト（Reinhard Ueberhorst） 80-85, 147, 179
ユンク（Robert Jungk） 39, 44, 80, 98, 102, 112
ヨヒムゼン（Reimut Jochimsen） 87-89

ら 行

ラウ（Johannes Rau） 87, 89, 147, 176
ラッツィンガー（Joseph Ratzinger） 194
ラッペ（Hermann Rappe） 111, 156, 179
ラフォンテーヌ（Oskar Lafontaine） 147

リーゼンフーバー（Heinz Riesenhuber） 70, 89, 148
リーデル（Ulrike Riedel） 148, 161
レイプハルト（Arend Lijphart） 4, 19-21, 25
レームブルッフ（Gerhard Lehmbruch） 5, 19-21
レックスロート（Günter Rexrodt） 180-182
レトゲン（Norbert Röttgen） 185, 189
レンツァー（Christian Lenzer） 150
レンネベルク（Wolfgang Renneberg） 184
ローゼンベルク（Ludwig Rosenberg） 97
ロヴィンズ（Amory B. Lovins） 74
ロスナーゲル（Alexander Roßnagel） 147, 153, 177

事項索引

AEG　30-32, 128-129

AfD（ドイツのための選択肢）　184, 198

ARD（ドイツ公共放送局連盟）　16-17, 166, 191

BWR（沸騰水型軽水炉）　30-31, 86

CDU（キリスト教民主同盟）　14, 17, 29, 36-38, 40, 43, 47, 51, 56, 58, 69-70, 125-126, 151, 175, 180, 189, 201, 207

CSU（キリスト教社会同盟）　14, 29, 69-70, 83-84, 148, 150-151, 173-174, 176, 181, 184, 190, 193, 200-201

EnBW（バーデン・ヴュルテンベルク・エネルギー）　32, 186, 196

FDP（自由民主党）　14, 37, 54-55, 58-59, 69-72, 79, 81, 85-86, 90, 126, 131, 134-135, 182, 198, 213

GAL（緑・オルタナティヴ・リスト）　54-55, 57-58, 135, 140, 142

GE（ゼネラルエレクトリック）　30, 128

GLU（緑のリスト・環境保護）　54, 57, 73

GRS（原子炉安全協会）　40, 42, 83-84, 88, 121, 166-167, 184, 186, 213

Kikk 調査（原発近傍に住む子どもたちの発ガンリスク疫学調査）　201

KWU（クラフトヴェルクユニオン）　30-31, 77, 98-99, 106-108, 129, 175, 180-181

MOX（プルトニウム・ウラン混合酸化物）　66, 106, 129-133, 144, 159, 162-163, 180, 200, 207

NATO（北大西洋条約機構）　58, 85

NPD（ドイツ国民民主党）　13, 38, 56, 126

PDS（民主社会党）　14, 160, 184, 188, 201

PWR（加圧水型軽水炉）　30-31

RBU（原子炉燃料ユニオン）　128-131, 145-147, 153, 155-157, 160-161, 166

RWE（ライン・ヴェストファーレン電力）　29-32, 42, 51, 78, 89, 122, 127-129, 158, 174, 176-177, 179-183, 186, 189, 195-196, 202

SBK（高速増殖原発有限会社）　77

SNR-300（高速増殖炉）　31, 68, 77-78, 80-89

SPD（ドイツ社会民主党）　7, 10, 14, 17-18, 22, 37, 39, 53-60, 68-72, 80-81, 85-91, 97, 100, 109, 115-116, 125, 137, 140, 145, 147, 153-155, 160, 172, 175-176, 182, 206, 227

THTR-300（高温炉）　31, 86-87, 89

WDR（西ドイツ放送）　17, 48

ZDF（第 2 テレビ）　17, 149-150, 203

あ 行

アーハウス　73, 185

アーヘン・モデル　186

新しい社会運動　24, 44-47, 49, 115, 164, 228

アッセ　190

アルケム（アルファ化学冶金 ALKEM）　77, 83, 92, 105-106, 129-133, 143-145, 147, 153-157, 159, 161, 163

アルザス　35, 38-39, 43

アルゼンチン　29

アレヴァ　195

異議申立て（Einwände）　34, 36, 40-42, 51, 144

一人称の政治（Politik in erster Person）　137

インターアトム　30-31, 77, 80, 100, 166

ヴァイマル共和国　7, 10-11, 15, 19, 46, 127

ヴァッカースドルフ　75, 90, 111, 113, 152, 167, 173-174, 194, 199, 207, 109-210

ヴィール　31, 34-41, 43-44, 47-52, 57, 59, 194, 207-210, 212

ウェスチングハウス（WH）　30

ヴェルト（WELT）　16-17, 48

運転期間延長　189-190, 208

エーオン（E.On）　32, 186-187, 193, 196, 202

営業法（Gewerbeordnung）　130

エコ研究所（Öko-Institut）　39, 59, 83, 85, 90-91, 112-113, 121, 143, 147, 152, 162, 165, 177, 180, 186, 193, 199, 209, 212

エネルギー計画　34, 44, 71-72, 81, 179

エネルギー公社（Energieagentur）　178-179

エネルギー行動会（Aktionskreis Energie der Betriebsräte）　99, 101, 109, 113

エネルギー転換（Energiewende）　29, 171-172, 195, 199, 215

エレクトロワット　88, 91, 121

オーストリア　9, 19, 25, 73-74, 81, 149, 174

オランダ　19, 30, 53, 64, 76-80, 90, 129

か 行

カールシュタイン　29, 31, 106, 128, 155

カールスルーエ　23, 31-32, 37, 60, 76, 78-79, 87, 102-103, 105, 129, 175

科学技術の水準（Stand von Wissenschaft und Technik）　120

化学労組（IGCPK）　95, 97, 99, 101, 108-111, 113-114, 116, 127, 156-157, 159, 179

核技術委員会（KTA）　101, 121, 167, 171

核燃料税　172, 190, 196, 202

核不拡散条約（NPT）　77

過激派条例　44, 47

カトリック　10, 13, 47, 53, 126, 193-194

カルカー（SNR-300）　31, 53, 64, 68, 77-83, 86-90, 167, 175

環境保護市民イニシアチヴ全国連盟（BBU）　37, 52-53

監督役会（Aufsichtsrat）　30, 54, 57, 96, 98, 111, 114, 127, 167

管理委員会（Verwaltungsrat）　18, 158, 162

技術監査協会（テュフ TÜV）　23, 40, 42, 103, 121, 131-132, 144, 153, 156, 159, 162, 176-177, 189, 195, 212

共同決定　96, 102, 108, 110, 114

キリスト教労組同盟（CGB）　115, 127, 156-157

金属労組（IGM）　57, 95, 97-101, 108-114, 127, 159, 162, 191

区会（Ortsbeiräte）　146, 166

グリーンピース（Greenpeace）　91, 179-181, 193, 209

クリュムメル原発　31, 50, 56, 98, 178, 188, 190, 194-195

郡参事（Kreisbeigeordneter）　125

郡参事会（Kreisausschuß）　125, 159

郡長（Landrat）　125, 173

現実派（Realos）　141-142, 146, 164-165, 167

県長官（Regierungspräsident）　123, 161

県庁（Bezirksregierung）　123

原発に反対する母の会　152

憲法裁判所　11-13, 16, 18, 22-24, 40, 42, 80, 89, 91, 147, 154, 160, 188, 190, 196, 199-200, 202, 210

原子村（Atomdorf）　119, 128

原子力委員会　29-30, 70, 76, 97, 120

原子力帝国（Atomstaat）　44, 80, 98, 222

原子力法　29, 34, 36, 40-41, 52, 59, 71, 75, 88-89, 92, 119-120, 130-132, 154, 164, 168, 171-174, 179, 182-185, 189, 199, 202, 207-212, 214

原子力連邦・州調整委員会（LAA）　120, 150, 197

原子炉安全委員会（RSK）　23, 29, 40, 42, 89, 92, 120, 148, 151, 166-167, 171, 177, 184, 190, 194-195, 212-213

原理派（Fundis）　134, 137-142, 161, 164-165, 168

ゴアレーベン　55, 73-75, 113, 171, 178-180, 182-182, 185, 188-189, 197, 200, 207-209, 211-214

公害防止法（Bundesimmissionsschutzgesetz）　130, 171

鉱業エネルギー労組（IGBE）　83, 97, 99-101, 109-110, 113-114, 182, 192

合同ヴェストファーレン電力（VEW）　32, 83, 86, 92, 186

コーポラティズム　7, 15, 21, 25

公務運輸労組（ÖTV）　54, 95, 97-98, 100-101, 108-109, 111, 113

コジェネレーション　56, 177, 186

コジェマ（仏核燃料公社）　73, 130, 132, 174

国際投資紛争仲裁裁判所（ICSID）　196

高温炉（THTR-300）　31, 86, 89, 91-92, 109, 128-129

事項索引　235

高速増殖炉　30-31, 53, 63-68, 75-92, 100, 111, 121, 129-130, 133, 154, 167, 175, 207, 209-214

公聴会（Anhörung）　79, 143, 145, 192

肯定的暫定全体判断（vorläufiges positives Gesamturteil）　41

個別許可（Freigabe）　42

コンラート坑　113, 179

さ 行

再処理工場　30, 55, 66-67, 71-74, 90, 93-94, 101-104, 111, 113, 125, 129-130, 135, 138, 141, 145, 152, 167, 173-174, 178, 185, 194, 199, 207, 209-211, 214

再生可能エネルギー　83, 108, 152, 168, 177, 187, 189-190, 193, 196

再生可能エネルギー電力買取法（Stromeinspeisungsgesetz）　176, 182

再生可能エネルギー法（EEG）　186, 201

最終処分場選定手続き作業部会（AkEND）　186

ザルツギッター　113, 152, 179

参事会制（Magistratverfassung）　123

暫定貯蔵所（Interimslager）　185

ジーメンス（Siemens）　29-31, 77, 89-90, 98, 111, 128-129, 159-163, 175, 180, 182, 195

事後命令（nachträgliche Auflagen）　132

指示（Weisung）　40, 41, 81, 89, 119-120, 147, 154, 162, 177, 179-180

事前同意（Vorabzustimmungen）　132, 153, 157, 159, 162, 165

自然保護連盟（NABU）　193, 203

執行取締役（Geschäftsführer）　129-130, 132, 145

執行役会（Vorstand）　96

市民イニシアチヴ（Bürgerinitiative）　34-35, 37-38, 43, 45, 51-53, 60

市民対話（Bürgerdialog）　47, 49, 61, 210-211

ジャーナリズム　15, 209, 215

シュヴァーベン・エネルギー供給（EVS）　32, 34, 36, 181, 186

従業員代表委員（Betriebsrat）　24, 96, 98-102, 105, 107-109, 111, 114, 127, 133, 156-157, 162, 165

住民投票（Bürgerentscheid）　11, 37, 208

縦覧（Auslegung）　40, 42

シュテルン（Stern）　16, 44, 48, 102, 153

シュピーゲル（Der Spiegel）　16-17, 48, 60, 87, 101, 155, 167, 174

シュポンティ　137-139

シュレースヴァク（Schleswag AG）　51, 61, 178

シュレースヴィヒ・ホルシュタイン　17, 50-57, 59, 72, 80-81, 83, 95, 99, 150-151, 175-177, 188, 199, 213-214

使用済核燃料　66, 68, 71-74, 110, 130, 171, 178, 182-183, 185, 199-200, 207

新ルール新聞（Neue Ruhr Zeitung）　149

スウェーデン　4-5, 18, 20, 49, 60, 95, 115, 148, 187, 196, 211, 214

スリーマイル島　48-49, 55, 74, 108, 211

制度内への長征（langer Marsch durch die Institutionen）　55, 148

生命保護世界同盟（WSL）　35

世界自然保護基金（WWF）　193

占拠　34, 38-39, 44-45, 47-53, 59, 137, 142, 173, 207-208, 210

総合処理センター（Entsorgungszentrum）　72-75, 100, 207, 211-214

損害賠償　29, 43, 119, 172, 177, 185, 196, 201

た 行

第1テレビ　17, 107, 148, 150, 189

対抗専門家（Gegenexpert）　6, 8, 24, 53

対等代表制（Parität）　20, 96

多極共存型（Consociational）　19-20

闘う民主制（wehrhafte Demokratie）　13

脱物質主義　46, 115

タッツ（ターゲスツァイトゥング，TAZ）　16, 49, 156

チェルノブイリ原発　44, 48-49, 86, 88-89, 91, 95, 109-110, 112, 114-115, 146, 148, 151-152, 165, 172-173, 176, 194, 199-200, 209, 212-213, 215

中間貯蔵場（Zwischenlager）　71-74, 120, 168, 178, 183-185, 198, 207, 209

聴聞会（Erörterung）　24, 36, 40-42, 51, 88, 113, 131, 133, 144, 163-164, 166, 173-174, 202, 210

ツァイト（Die ZEIT） 16-17, 48

ツヴェンテンドルフ原発 73, 81

底辺民主制（Basisdemokratie） 24, 47, 126, 142, 148, 164, 166

デグッサ（ドイツ金銀分離所） 128-129, 158

鉄道労組 97, 112-113

電気事業連合会（VDEW） 163, 181

電力市場の自由化 60, 186, 196, 200

電力石炭税（Kohlepfennig） 91, 110, 200

ドイツ核燃料再処理会社（DWK） 73, 174

ドイツ環境自然保護連盟（BUND） 51, 144, 148, 166, 180-181, 191, 193

ドイツ産業連盟（BDI） 180-181

ドイツ使用者団体連盟（BDA） 96, 181

ドイツラジオ放送（Deutschlandfunk） 17, 150

ドイツ労働総同盟（DGB） 7, 14, 68, 72, 83, 95-102, 105, 107-110, 114-116, 127, 147, 156-157, 181, 191, 203, 212

特別調査委員会（Enquete-Kommission） 81-85, 91-92, 167, 178-179, 181, 192, 211-212

トランスヌクレアール 129, 156-159

な　行

ナチス 5, 9-11, 13, 15, 19, 44, 46-47, 96, 98, 100, 128

ナトゥアフロインデ（NaturFreunde Deutschlands） 191, 203

ニーダーザクセン 17, 22, 25, 34, 54-55, 58, 72-74, 81, 92, 99, 102, 111, 113, 142, 151-152, 160, 175-176, 178, 181, 183, 199, 207, 213-214

ヌーケム（核化学冶金 NUKEM） 31, 127-129, 131-132, 143-145, 147, 153, 155-159

ネッカーヴェストハイム原発 31, 44, 58, 112, 174

ノイエス・ドイチュラント 16, 151

ノルトライン・ヴェストファーレン（NRW） 17-18, 22-23, 30, 53, 68, 72-73, 78, 80, 86-87, 98, 91-92, 108, 110, 121, 147, 149, 166, 175-176, 181, 186, 188-190, 200, 207, 211-214

は　行

バーデン・ヴュルテンベルク 17, 22, 30, 32, 34-38, 57, 59-60, 72, 76, 83, 92, 101, 108, 120, 122, 142, 149-150, 167, 175, 181, 186, 190-191, 196, 198, 206, 208

バーデン電力 30, 32, 34, 36-37, 43, 186

バート・ゴーデスベルク綱領 68, 70

ハーナウ 105-107, 109, 111, 122-123, 128-130, 133, 136, 143-146, 153-157, 159, 161-164, 166, 176, 180, 207, 210

ハーナウ環境保護イニシアチヴ（IUH） 133, 144-145

バイエルン 14, 17-18, 22, 29-30, 34, 54, 58-59, 72, 83, 90, 106-109, 113, 120-121, 128, 131, 144, 150, 152, 156, 159, 162, 166, 168, 173-176, 182, 188, 194

バイエルン電力 29-30, 32, 89, 128, 173-174, 180, 186

パキスタン 158

派遣労働（Leiharbeit） 29, 101-107, 155, 209

ハム・ユーントロップ（THTR-300） 31, 86, 109

バンカー（貯蔵庫） 105, 132, 145, 151, 153, 163

ハンブルク電力（HEW） 32, 50-51, 57, 60, 98, 177-178, 187

東ドイツ 10, 14, 29, 31, 60, 71, 73, 112, 151, 160, 175, 188, 200

被造物責任（Schöpfungsverantwortung） 194

批判の専門家 7, 8, 91, 209, 211-212, 215

ビブリス原発 31-32, 109, 122, 138, 143,147, 153, 157, 159, 161-162, 176, 188, 196

ビルト（BILD） 16-17

比例代表 4, 10, 13, 18-21, 24, 122, 125-126

ファッテンファル（Vattenfall） 32, 187-188

フェーバ（合同電力鉱山株式会社 VEBA） 30, 32, 50-51, 111, 174, 178-180, 182,-183, 186, 214

福祉国家 14, 68, 135

福島第一原発事故 3, 57, 95, 114, 190-191, 195-196, 199, 208-209, 211, 214-215

ブラジル 195

フランクフルター・アルゲマイネ（FAZ） 16-17, 48, 79, 128

フランクフルター・ルントシャウ（FR） 16-17, 48, 106, 116, 127, 149, 155, 157, 162

プルサーマル 129
プルトニウム 3, 65-66, 71, 76-77, 79, 88, 104-105, 107, 129-133, 144-147, 153-156, 157-158, 161-163, 200, 207
ブルンズビュッテル原発 31, 50, 98, 103, 109, 177-178, 188
プロイセンエレクトラ（PREAG） 32, 50, 61, 86, 89, 167, 178, 186
ブロックドルフ 27-28, 31, 49-60, 71, 98-100, 114, 178, 207, 209-210, 212-213
プロテスタント 13, 47, 53, 125, 142, 176, 193-194, 203
並行研究（parallele Forschung） 83-85, 92, 212
平和運動 47, 58, 97, 161
ベーテ・タイト事故（Bethe-Tait-Störfall） 88
ヘッセン原子力政策部会（Arbeitsgruppe hessische Atomenergiepolitik） 147
ヘッセン州経済技術省（HMWT） 131-132, 145, 153, 156-157
ベルギー 4, 25, 76-78, 80, 90, 129, 158, 163, 167, 213
法治国家（Rechtsstaat） 5-7, 10-11, 23, 210
ホーベク（Hobeg） 128-129, 147, 159, 166
放射線防護委員会（SSK） 40, 42, 70, 120, 149-151, 167, 184, 213
放射線防護庁（BfS） 152, 167, 186, 201-202
放射線防護令 29, 98, 104, 106-107, 120, 152, 155-156, 171-172, 185, 202
放送委員会（Rundfunkrat） 18, 25
北西ドイツ発電（NWK） 32, 50-51, 54, 61, 98
舗道の砂浜（Pflasterstrand） 138, 166

ま 行

マイン・キンツィヒ郡 105, 127, 136, 146, 157, 159
緑の党（Die Grünen） 5, 14, 17-18, 24, 44, 47, 54-60, 73, 81, 84, 86-87, 90, 105-107, 115-116, 123, 125-126, 133-156, 158-161, 164-168,

171-184, 188-195, 197-200, 209-215
南ドイツ新聞（SZ） 16-17, 48, 167
ミュルハイム・ケアリッヒ原発 31, 41, 210
モアスレーベン 180, 200
モル 158
もんじゅ 65, 67-68

や 行

ユーラトム（欧州原子力共同体） 29, 76-77, 161
ユーリッヒ 31-32, 60, 83, 86
輸出保証（Hermes-Bürgschaften） 195
世論調査 7, 49-50, 74, 80, 141, 154, 161, 191

ら 行

ラアーグ 94, 102, 130, 174
臨界 76, 78, 104, 119, 130, 132-133, 168
倫理委員会 114, 192-195, 199, 211
倫理審議会（Nationaler/deutscher Ethikrat） 167, 192
連邦環境省（環境自然保護・原子力安全省 BMU） 107, 151, 165, 168, 176-177, 183, 197, 201-203
連邦環境相 109, 112, 152-153, 157, 159, 161-163, 165, 167, 177, 179-181, 183, 186, 189, 193, 203
連邦研究技術省（BMFT） 40, 42, 49, 60, 70, 78, 84, 89, 102-103, 120, 151, 167
連邦参議院 1-2, 5, 11, 22-23, 37, 119, 148, 177, 184, 190, 195
連邦内務省（BMI） 40, 42, 58, 70-71, 98, 103, 123, 130-132, 147, 149, 151
連邦物理工学研究所（PTB） 73, 120, 132, 167, 179, 200
ローテーション 126, 141, 153, 164
労災保険組合（Berufsgenossenschaft） 105, 107, 121, 156

著者紹介

本田 宏（ほんだ ひろし）

北海学園大学法学部政治学科教授。1968 年生まれ。1999 年北海道大学大学院法学研究科博士課程単位取得退学。博士（法学）（北海道大学）。専門は政治過程論，比較政治。
おもな業績：『脱原子力の運動と政治——日本のエネルギー政策の転換は可能か』（単著，北海道大学図書刊行会，2005 年），『反核から脱原発へ——ドイツとヨーロッパ諸国の選択』（共編，昭和堂，2012 年），『脱原発の比較政治学』（共編，法政大学出版局，2014 年）など。

参加と交渉の政治学
ドイツが脱原発を決めるまで

2017 年 8 月 1 日　初版第 1 刷発行

著　者　本田　宏
発行所　一般財団法人　法政大学出版局
　　　　〒102-0071　東京都千代田区富士見 2-17-1
　　　　電話 03（5214）5540　振替 00160-6-95814
製版・印刷：平文社，製本：根本製本
装幀：奥定泰之
© 2017　Hiroshi Honda
Printed in Japan

ISBN 978-4-588-62537-4

好評既刊書

脱原発の比較政治学
本田宏・堀江孝司編　2700 円

持続可能なエネルギー社会へ　ドイツの現在、未来の日本
舩橋晴俊・壽福眞美編　4000 円

平和なき「平和主義」　戦後日本の思想と運動
権赫泰著／鄭栄桓訳　3000 円

危険社会　新しい近代への道
U. ベック著／東廉・伊藤美登里訳　5000 円

世界リスク社会
U. ベック著／山本啓訳　3600 円

「人間の安全保障」論　グローバル化と介入に関する考察
M. カルドー著／山本武彦・宮脇昇・野崎孝弘訳　3600 円

反市民の政治学　フィリピンの民主主義と道徳
日下渉著　4200 円

人間存在の国際関係論　グローバル化のなかで考える
初瀬龍平・松田哲編　4200 円

境界線の法と政治
中野勝郎編　3000 円

表示価格は税別です

法政大学出版局